工学结合·基于工作过程导向的项目化创新系列教材
国家示范性高等职业教育土建类"十三五"规划教材

建筑材料检测与应用

JIANZHU
CAILIAO JIANCE
YU YINGYONG

主　编　陈婷

副主编　王远东　史国庆
　　　　陈　晨　董宇毅
　　　　段薇薇　焦龙飞

U0362671

华中科技大学出版社
http://www.hustp.com
中国·武汉

内 容 提 要

本教材内容包括:认识建筑材料、气硬性胶凝材料的验收及应用、水泥的检测及应用、混凝土的检测及应用、建筑砂浆的检测及应用、建筑钢材的检测及应用、墙体材料的检测及应用、防水材料的检测及应用、绝热与吸声材料的应用、建筑装饰材料的应用、高分子材料的应用,共计11个学习情境。

本书可作为高职高专建筑工程技术专业、建设工程管理专业、工程造价专业等土建类专业学生学习建筑材料课程的教学用书,同时也可作为材料员、试验员等工程一线技术人员进行材料基础知识培训的教材及工作参考用书。

为了方便教学,本书还配有电子课件等教学资源包,任课教师和学生可以登录"我们爱读书"网(www.ibook4us.com)免费浏览,任课教师还可以发邮件至 husttujian@163.com 免费索取。

图书在版编目(CIP)数据

建筑材料检测与应用/陈婷主编.—武汉:华中科技大学出版社,2017.6(2021.8重印)
国家示范性高等职业教育土建类"十三五"规划教材
ISBN 978-7-5680-2788-5

Ⅰ.①建… Ⅱ.①陈… Ⅲ.①建筑材料-检测-高等职业教育-教材 Ⅳ.①TU502

中国版本图书馆 CIP 数据核字(2017)第 095961 号

建筑材料检测与应用
Jianzhu Cailiao Jiance yu Yingyong

陈 婷 主编

策划编辑:康 序
责任编辑:狄宝珠
责任监印:朱 玢
出版发行:华中科技大学出版社(中国·武汉)   电话:(027)81321913
          武汉市东湖新技术开发区华工科技园   邮编:430223
录 排:武汉正风天下文化发展有限公司
印 刷:武汉市籍缘印刷厂
开 本:787mm×1092mm 1/16
印 张:17.5
字 数:443千字
版 次:2021年8月第1版第3次印刷
定 价:45.00元

本书若有印装质量问题,请向出版社营销中心调换
全国免费服务热线:400-6679-118   竭诚为您服务
版权所有   侵权必究

前言

—————— ○ ○ ○

建筑就是一个由建筑材料堆砌起来的艺术品。建筑材料的质量与品种决定了建筑物的质量和功能。作为未来的工程技术人员,必须具备一定的建筑材料检测技能和应用技巧,才能正确评价材料质量,合理而经济地选择和使用材料。因此,笔者以建筑材料课程建设为契机,以真实的建筑工程项目为学习任务来源,与企业合作开发了《建筑材料检测及应用》教材。

建筑材料课程历来都是土建类专业的重要专业基础课,旨在培养学生对建筑材料技术性能的检测技能和材料选型及应用的能力。笔者通过多年的课程教学经验积累,在课程讲义及课程实验指导书的基础上,反复修改,形成了本教材。该教材的最大特点是以建筑工程项目为依托,采用任务驱动教学的方法,把实际工作任务作为学习任务,引导学生完成建筑材料性能检测和材料应用训练。不仅使学生熟练掌握常见建筑材料的性能检测的标准方法及应用技巧,还使学生熟悉材料员、试验员岗位的工作内容、工作程序和岗位要求,从而巩固和丰富了学生的理论知识,使他们分析和解决问题的能力得到提高,同时培养了学生严肃认真、实事求是的工作作风。

本教材内容包括:认识建筑材料、气硬性胶凝材料的验收及应用、水泥的检测及应用、混凝土的检测及应用、建筑砂浆的检测及应用、建筑钢材的检测及应用、墙体材料的检测及应用、防水材料的检测及应用、绝热与吸声材料的应用、建筑装饰材料的应用、高分子材料的应用,共计11个学习情境。本书由咸阳职业技术学院陈婷主编,由西安职业技术学院王远东、咸阳职业技术学院史国庆、南京科技职业学院陈晨、咸阳职业技术学院董宇毅、段薇薇和焦龙飞担任副主编。编写分工如下:学习情境1、学习情境2、学习情境3、学习情境4由陈婷编写;学习情境5由焦龙飞编写;学习情境6由史国庆编写;学习情境7由陈晨编写;学习情境8由董宇毅编写;学习情境9、学习情境10由王远东编写;学习情境11由段薇薇编写。本书由咸阳市住建局陈浩,陕西建工第六建设集团有限公司杨维军、丁新建主审。

本书可作为高职高专建筑工程技术专业、建设工程管理专业、工程造价专业等土建类专业学生学习建筑材料课程的教学用书,同时也可作为材料员、试验员等工程一线技术人员进行材料基础知识培训的教材及工作参考用书。

本书在编写过程中,得到了许多建筑业企事业单位的大力支持,得到了参与学院各位领导和职能部门的无私帮助,同时也参考了许多相关的印刷版教材及国家、行业标准,以及大量的网络资源,在此一并对支持该教材编写和出版的各界人士表示衷心的感谢!

为了方便教学,本书还配有电子课件等教学资源包,任课教师和学生可以登录"我们爱读书"网(www.ibook4us.com)免费浏览,任课教师还可以发邮件至 husttujian@163.com 免费索取。

由于编者的水平有限，书中缺点和不足在所难免，恳请专家、同行不吝赐教，期待读者提出宝贵意见，反馈至 173856982@qq.com，以臻完善。

编　者

2017 年 7 月

目录

———○ ○ ○

学习情境 1 认识建筑材料

任务 1 建筑材料的类型划分及标准认知

教学目标

知识目标

（1）了解建筑材料的发展历程及趋势。

（2）掌握建筑材料的类型划分依据。

（3）理解建筑材料的标准、规范类型及编号含义。

技能目标

（1）会正确判断建筑材料的类型归属。

（2）能正确查找建筑材料的标准、规范。

学习任务单

任务描述

小王是一名新上岗的材料员，与师傅一起负责建筑材料的采购、验收和管理。师傅要求小王根据设计图纸对某学校的综合教学楼项目所用建筑材料进行归类处理，并查阅相应的材料标准，为随后的建筑材料选购及质量检测打好基础。你能帮助小王完成这项工作任务么？

咨询清单

（1）建筑材料类型的不同划分方法。

（2）建筑材料的技术标准分类及符号含义。

成果要求

（1）完成对某校综合教学楼项目所用建筑材料的分类处理。

（2）找到项目所用建筑材料的技术标准,并判断标准类型。

完成时间

资讯学习 50 min,任务完成 30 min,评估 20 min。

资讯交底单

一、建筑材料的类型

1. 按化学成分分类

建筑材料按化学成分分类如表 1-1 所示。

表 1-1　建筑材料按化学成分分类表

无机材料	金属材料	黑色金属:钢、铁
		有色金属:铝、铜等及其合金
	非金属材料	天然石材:砂、石及各种岩石制品
		烧土制品:黏土砖、瓦、陶瓷等
		胶凝材料:石灰、石膏、水玻璃、菱苦土、水泥等
		玻璃:平板玻璃、安全玻璃、装饰玻璃等
		以胶凝材料为基料的人造石材:混凝土、水泥制品、硅酸盐制品
有机材料	植物质材料	木材、竹材
	沥青材料	石油沥青、煤沥青、改性沥青、沥青制品
	高分子材料	塑料、涂料、胶黏剂
复合材料	无机-有机复合材料	沥青混凝土、聚合物混凝土
	金属-非金属复合材料	钢筋混凝土、钢丝网水泥、塑铝复合板
	其他复合材料	水泥石棉制品

2. 按使用功能分类

建筑材料按使用功能不同,可分为结构材料、围护材料和功能材料。

1）结构材料

结构材料是构成建筑物受力构件和结构所用的材料,如梁、板、柱、基础等构件或结构使用的材料。结构材料应具有足够的强度和耐久性。常用的结构材料有钢材、砖、石材、混凝土、木材等。

2）围护材料

围护材料是用于建筑围护结构的材料,如墙体、屋面等部位使用的材料。围护材料不仅要求具有一定的强度和耐久性,还要求具有良好的保温、隔热、隔声性能。常用的围护材料有砖、砌块、大型墙板、瓦等。

3）功能材料

功能材料是能够满足各种功能要求所使用的材料,如防水材料、装饰材料、保温隔热材料、吸声隔声材料等。常用的功能材料有沥青、陶瓷、玻璃、石膏及其制品等。

3. 按来源不同分类

建筑材料按来源不同可分为天然材料和人造材料。

二、建筑材料技术标准的类型和符号含义

建筑材料技术标准是材料生产、质量检验、验收及材料应用等方面的技术准则和必须遵守的技术法规,包括产品规格、分类、技术要求、检验方法、验收规则、标志、运输、储存及使用说明等内容,是供需双方对产品质量验收的依据。我国标准代号及表示方法如表1-2所示

表1-2　我国标准代号及表示方法

标准种类	代号	表示方法(例)
国家标准	GB(强制性标准) GB/T(推荐性标准) GBn(内控标准)	代号、标准编号、颁布年代 (GB 12958—1991)
行业标准(部标准)	JC(建材行业强制性标准) JC/T(建材行业推荐性标准) JGJ(建筑工程行业强制性标准) JGJ/T(建筑工程行业推荐性标准)	代号、标准编号、颁布年代 (JGJ/T 246—2012)
专业标准	ZB	代号、专业类号、标准号、颁布年代 (ZBQ15002—1989)
地方标准	DB(地方强制性标准) DB/T(地方推荐性标准)	代号、行政区域、标准号、颁布年代 (DB14 323—1991)
企业标准	QB	代号/企业代号、顺序号、发布年代 (QB/203 413—1992)

任务实施

现有某学校综合教学楼项目,所用建筑材料及其部位信息如表1-3所示。请对这个项目中所应用的建筑材料进行类型划分,并通过团队合作的方式查询每一种建筑材料所遵循的技术标准代号。完成情况填写在表1-3中。

表 1-3 某项目建筑材料及其部位信息

建 筑 材 料	使 用 部 位	类 型 判 断	技 术 标 准
混凝土	基础垫层、基础、梁、板、柱、散水等		
钢筋	钢筋混凝土结构		
烧结黏土砖	±0.000 以下 室外及外墙		
承重多孔砖	±0.000 以下 内墙 ±0.000 以上 外墙、楼梯间墙、卫生间墙体		
加气混凝土砌块	±0.000 以上 其他部位		
水泥砂浆	墙体砌筑、抹面		
水泥混合砂浆	墙体砌筑		
花岗石	室外踏步及平台、门厅、走道		
条石	残疾人坡道		
涂料	外墙饰面		
地面砖	卫生间、办公室、会议室等地面		
水磨石	混凝土支模操作实训室地面		
乳胶漆	室内墙面及顶棚饰面		
釉面砖	卫生间墙面		
铝条板	门厅、展厅、走道的吊顶		
铝合金方板	卫生间吊顶		
合成树脂磁漆	木材面楼梯栏杆		
合成树脂调和漆	金属面楼梯栏杆		
XPS 挤塑泡沫保温板	屋面保温		
APF 自黏改性沥青防水卷材	屋面防水		
铝合金	门、窗		
木材	门		
玻璃	幕墙		
不锈钢	管道		
PPI 型降噪 UPVC 管	排水管		
硅橡胶 氯化丁基橡胶	密封材料		

拓展内容

建筑材料检测的工作内容有哪些?

建筑材料检测是根据现有技术标准、规范的要求,采用科学合理的技术手段和方法,对被检测建筑材料的技术参数进行检验和测定的过程。其目的是判定所检测材料的各项性能是否符合质量等级的要求以及是否可以用于建筑工程中,这是确保建筑工程质量的重要环节。

建筑材料检测主要包括见证取样、试件制作、送样、检测、填写检测报告等环节。

课后练习与作业

一、填空题

(1) 根据建筑材料的化学成分,建筑材料可分为(　　)、(　　)、(　　)三大类。

(2) 根据建筑材料在建筑物中的部位或使用功能,大体可分为(　　)、(　　)、(　　)三大类。

(3) 建筑材料的技术标准主要包括(　　)、(　　)两方面的内容。

二、单项选择题

(1) 以下哪种材料不属于常用的三大建筑材料(　　)。

A. 水泥   B. 玻璃

C. 钢材   D. 木材

(2) 以下不是复合材料的是(　　)。

A. 混凝土   B. 灰砂砖

C. 铝合金   D. 三合板

(3) 目前,(　　)是最主要的建筑材料。

A. 钢筋混凝土及预应力钢筋混凝土   B. 建筑塑料

C. 铝合金材料   D. 建筑陶瓷

三、实践应用

请通过团队合作的方式制作一份建筑材料汇报材料。以多媒体形式呈现为佳。汇报主题可选以下任意一个:

(1) 建筑材料发展史;

(2) 新型建筑材料;

(3) 绿色建筑材料。

成绩评定单

成绩评定单如表1-4所示。

表 1-4 成绩评定单

检查项目	分项总分	个人自评(20%)	组内互评(30%)	教师评定(50%)
学习态度	20			
知识掌握	15			
技能应用	15			
任务完成	25			
爱护公物	10			
团队合作	15			
合计	100			

学习情境 2

气硬性胶凝材料的验收及应用

　　建筑上通常把通过自身的物理化学作用后,能够由浆体变成坚硬的固体,并在变化过程中把散粒材料(如砂和碎石)或块状材料(如砖和石块)胶结成为具有一定强度的整体材料,统称为胶凝材料。

　　胶凝材料根据成分不同可以分为无机胶凝材料和有机胶凝材料。无机胶凝材料根据硬化条件的不同又可分为气硬性胶凝材料和水硬性胶凝材料。气硬性胶凝材料是只能在空气中硬化、保持或继续发展强度的胶凝材料,适用于地上部分和干燥建筑,如石灰、石膏、水玻璃等。水硬性胶凝材料是不仅能在空气中,而且能更好地在水中硬化、保持或继续发展强度的胶凝材料,适用于地上、地下和水中建筑,如水泥。胶凝材料类型如图 2-1 所示。

$$
胶凝材料
\begin{cases}
无机胶凝材料
\begin{cases}
气硬性胶凝材料:石灰、石膏、水玻璃 \\
水硬性胶凝材料:水泥
\end{cases} \\
有机胶凝材料:沥青、树脂、橡胶
\end{cases}
$$

图 2-1　胶凝材料类型

任务 1 建筑石灰的验收标准及应用

教学目标

知识目标

（1）了解石灰的生产过程。
（2）掌握石灰的类型。
（3）掌握石灰的技术标准。
（4）掌握石灰的正确应用方法。
（5）掌握石灰储运的正确方法。

技能目标

(1) 会阅读建筑石灰的质量检测报告。

(2) 能正确查找建筑石灰的标准、规范。

学习任务单

任务描述

某学校综合教学楼项目基础回填需要用到 3∶7 灰土,砌筑砂浆和抹面砂浆拌制也需要用到石灰产品。师傅要求小王首先考察市场上的石灰产品,挑选出适合的石灰产品;其次,了解如何对石灰产品进行正确的存储和运输,编制建筑石灰储运管理规定;最后,指导工人正确使用石灰产品,确保工程质量。你能帮助小王完成这些工作任务么?

咨询清单

(1) 石灰产品的类型及应用。

(2) 不同类型石灰产品的验收指标。

(3) 建筑石灰的储运要求。

成果要求

(1) 学会阅读石灰产品质量检测报告。

(2) 编制建筑石灰储运管理规定。

(3) 对使用建筑石灰不当引起的工程质量问题进行原因分析并提出改善措施。

完成时间

资讯学习 40 min,任务完成 40 min,评估 20 min。

资讯交底单

一、石灰产品的类型及应用

1. 石灰的生产

(1) 生产原料:凡是以碳酸钙为主要成分的天然岩石,如石灰岩、白垩、白云质石灰岩等,都可用来生产石灰(主要成分为 $CaCO_3$ 和少量 $MgCO_3$);另外,化工副产品电石渣(成分:$Ca(OH)_2$)也可以用来生产石灰。如图 2-2 所示。

(2) 制备条件:高温煅烧(温度:900~1100 ℃)。

煅烧温度高或时间长则产生过火石灰,长期使用后会崩裂、鼓泡。

煅烧温度过低或时间过短则产生欠火石灰。欠火石灰的产生降低了石灰质量(CaO 含量低)。

煅烧温度、时间恰好的称为正火石灰。

(3) 原理。

$$CaCO_3 \xrightarrow{\text{煅烧}} CaO + CO_2 \uparrow$$

$$MgCO_3 \xrightarrow{\text{煅烧}} MgO + CO_2 \uparrow$$

图 2-2　石灰石(左)和电石渣(右)

(4)产物:生石灰(主要成分为 CaO 和少量 MgO),如图 2-3 所示。

图 2-3　块状生石灰(左)和粉状生石灰(右)

2. 石灰的熟化

(1)熟化定义:块状生石灰(CaO)遇水消解成膏状或粉末状的 $Ca(OH)_2$ 的过程。

(2)熟化原理:

$$CaO + H_2O \rightleftharpoons Ca(OH)_2 + 64.88 \ kJ$$

(3)熟化方法:

①淋灰法:分层淋水,可得消石灰粉;

②化灰法:"陈伏"两周以上可得石灰膏、石灰乳。为了消除过火石灰的危害,石灰浆应在储灰坑中保存两星期以上,称为"陈伏","陈伏"期间,石灰表面应保有一层水分,与空气隔绝,以免碳化。

(4)熟化特点:放出大量热,体积膨胀 1～2.5 倍。

3. 石灰的类型

(1)石灰按是否熟化可分为生石灰、熟石灰(也称为消石灰)。

(2)生石灰按加工情况不同可分为建筑生石灰(块状)和建筑生石灰粉。

(3)生石灰按化学成分不同可分为钙质石灰和镁质石灰。划分标准如表 2-1 所示。

表 2-1 钙质石灰和镁质石灰的划分标准

类 别	名 称	代 号	MgO 含量/(%)
钙质石灰	钙质石灰 90	CL 90-Q CL 90-QP	≤5
	钙质石灰 85	CL 85-Q CL 85-QP	
	钙质石灰 75	CL 75-Q CL 75-QP	
镁质石灰	镁质石灰 85	ML 85-Q ML 85-QP	>5
	镁质石灰 80	ML80-Q ML80-QP	

说明:代号 CL 表示钙质石灰,ML 表示镁质石灰,Q 表示块状,QP 表示粉状。

（4）消石灰按加工情况不同可分为建筑消石灰粉、石灰膏、石灰乳。如图 2-4 所示。

图 2-4 建筑消石灰粉(左)和石灰膏(右)

（5）消石灰按化学成分不同可分为钙质消石灰和镁质消石灰。划分标准如表 2-2 所示。

表 2-2 钙质消石灰和镁质消石灰的划分标准

类 别	名 称	代 号	MgO 含量/(%)
钙质消石灰	钙质消石灰 90	HCL 90	≤5
	钙质消石灰 85	HCL 85	
	钙质消石灰 75	HCL 75	
镁质消石灰	镁质消石灰 85	HML 85	>5
	镁质消石灰 80	HML80	

说明:代号 HCL 表示钙质消石灰,HML 表示镁质消石灰。

4. 石灰产品的应用

（1）生石灰：在食品包装中，常用颗粒状生石灰做干燥剂。在畜禽养殖业中，也应用生石灰进行畜禽栏舍的消毒。在现代建筑领域，可利用生石灰粉制成轻质板材。将生石灰磨细成生石灰粉，配合纤维状填料或轻质骨料加水搅拌成型为坯体，然后再通入二氧化碳进行人工碳化而制成一种轻质板材，用于非承重的内隔墙和顶棚。

（2）消石灰：在建筑领域中，消石灰比生石灰应用更广泛。可用石灰乳制成石灰乳涂料，主要用于要求不高的室内粉刷。用石灰膏或消石灰粉可配制成石灰砂浆或水泥石灰混合砂浆，用于抹灰和砌筑。用消石灰粉与黏土拌合后制成灰土，再加上砂或石屑、炉渣等即成三合土。灰土和三合土可广泛用于建筑物的基础和道路的垫层。

二、石灰产品的验收指标

1. 建筑生石灰的验收指标

根据《建筑生石灰》(JC/T 479—2013)标准，建筑生石灰在进行质量验收时要对化学成分、产浆量、细度三类指标进行检测。物理检测需遵照 JC/T 478.1—2013 标准进行，化学分析需遵照JC/T 478.2—2013标准进行。具体检测标准如表 2-3 所示。

表 2-3 建筑生石灰的检测标准

名称	化学成分/（%）				产浆量/ $(dm^3/10\ kg)$	细度	
	CaO+MgO	MgO	CO_2	SO_3		0.2 mm 筛余量/（%）	90 μm 筛余量/（%）
CL 90-Q CL 90-QP	≥90		≤4		≥26 —	— ≤2	— ≤7
CL 85-Q CL 85-QP	≥85	≤5	≤7		≥26 —	— ≤2	— ≤7
CL 75-Q CL 75-QP	≥75		≤12	≤2	≥26 —	— ≤2	— ≤7
ML 85-Q ML 85-QP	≥85				— —	— ≤2	— ≤7
ML80-Q ML80-QP	≥80	>5	≤7		— —	— ≤7	— ≤2

2. 建筑消石灰的验收指标

根据《建筑消石灰》(JC/T 481—2013)标准，建筑消石灰在进行质量验收时要对化学成分、游离水、细度和安定性四类指标进行检测。物理检测需遵照 JC/T 478.1—2013 标准进行，化学分析需遵照 JC/T 478.2—2013 标准进行。具体检测标准如表 2-4 所示。

表 2-4　建筑消石灰的检测标准

名称	化学成分/（%）			游离水/（%）	安定性	细度	
	CaO＋MgO	MgO	SO₃			0.2 mm 筛余量/（%）	90 μm 筛余量/（%）
HCL 90	≥90	≤5	≤2	≤2	合格	≤2	≤7
HCL 85	≥85						
HCL 75	≥75						
HML 85	≥85	＞5					
HML80	≥80						

　　建筑石灰应在出厂时按现行标准进行质量检测，与表 2-2 和表 2-3 标准相符合时，则判定为合格产品，反之为不合格产品。出厂的石灰产品应提供质量证明书，证明书上应注明厂名、产品名称、标记、检验结果、批号和生产日期。

三、建筑石灰的储运要求

　　依据《建筑生石灰》（JC/T 479—2013）和《建筑消石灰》（JC/T 481—2013）标准，建筑石灰在出厂时应按标准进行袋装或散装包装，如进行袋装，则每个包装袋上应标明产品名称、标记、净重、批号、厂名、地址和生产日期；如进行散装，同样要提供对应于袋装产品的信息标签。具体包装形式由供需双方协商确定。

　　建筑生石灰属于自热材料，因此，不应与易燃、易爆和液体物品混装。建筑生石灰、建筑消石灰在运输和储存时都不应受潮和混入杂物，不宜长期储存。不同类石灰应分别储存或运输，不得混杂。

任务实施

　　任务 1　石灰产品质量检测报告（见表 2-5）的阅读。

表 2-5　石灰产品质量检测报告

产品名称	生石灰粉	产品类别	钙质生石灰粉
		商标	—
检验单位	某建材检验中心	检验类别	抽检
生产单位	某白灰总厂	样品等级	合格品
抽样地点	厂内库房堆放	抽样日期	2014 年 3 月 13 日
样品数量	2 kg	抽样人	李×× 陈××
抽样技术	100T	原编号或生产日期	2012 年 3 月
检验依据	JC/T 479—2013	检验项目	全项
检验结论	依据 JC/T 479—2013 标准评定，该批号生石灰粉为钙质生石灰粉，符合一等品要求。 一等品 签发日期：2014 年 3 月 16 日		

续表

产品名称	生石灰粉		产品类别	钙质生石灰粉
			商标	—
检验结果				

	指标名称		质量要求	实测结果
建筑生石灰粉	$CaO+MgO$ 含量,%	不小于	85	86
	CO_2 含量,%	不大于	7	4
	MgO 含量,%	不大于	5	3
	SO_3 含量,%	不大于	2	1
	细度	0.09 mm 筛的筛余,% 不大于	7	6.3
		0.20 mm 筛的筛余,% 不大于	2	1.2

任务2 编制建筑石灰储运管理规定。

任务3 进行室内抹面的某民房墙面出现"爆灰"和"网状裂纹",如图 2-5 所示。请分析原因并提出改进措施。

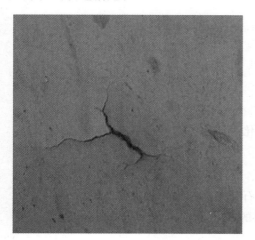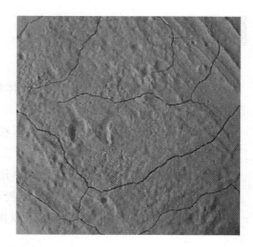

图 2-5 爆灰（左）和网状裂纹（右）

拓展内容

建筑石灰在抹面中的应用技巧

石灰膏或消石灰粉可配制成石灰砂浆或水泥石灰混合砂浆用于抹灰,但在施工过程中容易出现"爆灰"和"网状裂纹"现象,影响工程质量。因此,在应用石灰产品进行抹面时,应注意下列两个注意事项:

其一,石灰膏要充分"陈伏",用以消除过火石灰水化速度慢,硬化后的水化反应导致抹面表面出现体积膨胀、鼓包、崩裂等"爆灰"现象。

其二,用消石灰粉配制抹面砂浆时要加入麻刀、纸筋等纤维状材料,用以消除石灰在硬化过程中的明显收缩,从而使墙面产生"网状裂纹"的现象。

知识连接

1. 建筑石灰的硬化过程

建筑石灰的硬化过程是指石灰浆在空气中逐渐干燥变硬的过程。由结晶(析晶)和碳化两个作用共同完成。

(1)结晶(析晶)作用:石灰膏中的游离水分蒸发或被砌体吸收,$Ca(OH)_2$胶体析出,逐渐结晶,促进硬化。

(2)碳化作用:石灰膏表面的$Ca(OH)_2$与潮湿空气中的CO_2反应生成$CaCO_3$晶体的过程。

$$Ca(OH)_2 + CO_2 + nH_2O \rightarrow CaCO_3 + (n+1)H_2O \uparrow$$

2. 石灰特点

(1)可塑性好。

(2)凝结硬化慢、强度低。

(3)硬化时体积收缩大。

(4)吸湿性强、耐水性差。

课后练习与作业

一、填空题

(1)石灰熟化时放出大量( ),体积发生显著( );石灰硬化时放出大量( ),体积产生明显( )。

(2)石灰的特性有:可塑性( ),硬化( ),硬化时体积( )和耐水性( )等。

二、判断题

(1)石灰"陈伏"是为了降低石灰熟化时的发热量。 ( )

(2)石灰的干燥收缩值大,这是石灰不宜单独生产石灰制品和构件的主要原因。 ( )

(3)石灰是气硬性胶凝材料,所以由熟石灰配制的灰土和三合土均不能用于受潮的工程中。 ( )

(4)石灰可以在水中使用。 ( )

三、单选题

(1)石灰在消解(熟化)过程中( )。

A. 体积明显缩小 　　　　　　　　　B. 放出大量热量

C. 体积不变 　　　　　　　　　　　D. 与$Ca(OH)_2$作用形成$CaCO_3$

(2)( )浆体在凝结硬化过程中,其体积发生微小膨胀。

A. 石灰 　　　　B. 石膏 　　　　C. 菱苦土 　　　　D. 水玻璃

(3)为了保持石灰的质量,应使石灰储存在( )。

A. 潮湿的空气中 　　　　　　　　　B. 干燥的环境中

C. 水中 　　　　　　　　　　　　　D. 蒸汽的环境中

(4) 石灰硬化过程实际上是( )过程。

A. 结晶　　　　　　　B. 碳化　　　　　　　C. 结晶与碳化

(5) 石灰在硬化过程中,体积产生( )。

A. 微小收缩　　　　　　　　　　B. 不收缩也不膨胀

C. 膨胀　　　　　　　　　　　　D. 较大收缩

(6) 石灰熟化过程中的"陈伏"是为了( )。

A. 有利于结晶　　　　　　　　　B. 蒸发多余水分

C. 消除过火石灰的危害　　　　　D. 降低发热量

(7) 罩面用的石灰浆不得单独使用,应掺入砂子、麻刀和纸筋等以( )。

A. 易于施工　　　B. 增加美观　　　C. 减少收缩　　　D. 增加厚度

(8) 抹面用石灰膏应在储灰坑中存放( )天以上。

A. 7　　　　　　　B. 15　　　　　　　C. 28　　　　　　　D. 30

(9) 建筑石灰分为钙质石灰和镁质石灰,是根据( )成分含量划分的。

A. 氧化钙　　　　B. 氧化镁　　　　C. 氢氧化钙　　　　D. 碳酸钙

四、多选题

(1) ( )成分含量是评价石灰质量的主要指标。

A. 氧化钙　　　B. 碳酸镁　　　C. 氢氧化钙　　　D. 碳酸钙　　　E. 氧化镁

(2) 建筑生石灰的技术指标包括( )

A. CaO+MgO 含量(%)　　　　　　　B. 未消化残渣含量(5 mm 圆孔筛筛余)(%)

C. CO_2 含量(%)　　　　　D. 产浆量　　　　　E. 体积安定性

(3) 建筑消石灰粉的技术指标包括( )

A. CaO+MgO 含量(%)　　　B. 游离水(%)　　　C. CO_2 含量(%)

D. 细度　　　　　E. 体积安定性

五、实践应用

(1) 某工地急需配制石灰砂浆,当时有消石灰粉、生石灰粉及块状生石灰可供选用。因块状生石灰价格相对便宜,便选用了,并马上加水配制石灰膏,再配制成石灰砂浆。使用数日后,石灰砂浆出现众多突出的膨胀性裂缝。根据以上情况,请回答下列问题。

① 试分析石灰砂浆出现膨胀性裂缝的原因。

② 试指出该工地应采取什么样的防治措施。

(2) 某临时建筑物室内采用石灰砂浆抹灰,一段时间后出现墙面普遍开裂的现象。

① 试分析其原因。

② 依据案例说明石灰的特征有哪些?

③ 石灰的主要用途有哪些?

④ 说明采用何种措施避免案例中提到的问题?

⑤ 石灰在使用和保管时要注意哪些问题?

(3) 灰土和三合土是什么? 用途是什么? 石灰耐水性差的特点为什么不会受到基础的潮湿环境的影响呢?

成绩评定单

成绩评定单如表 2-6 所示。

表 2-6　成绩评定表

检查项目	分项总分	个人自评(20％)	组内互评(30％)	教师评定(50％)
学习态度	20			
知识掌握	15			
技能应用	15			
任务完成	25			
爱护公物	10			
团队合作	15			
合计	100			

任务 2　建筑石膏的验收标准及应用

教学目标

知识目标

(1) 了解石膏的生产过程。

(2) 掌握石膏的类型。

(3) 掌握石膏的技术标准。

(4) 掌握石膏的应用范畴。

技能目标

(1) 会阅读建筑石膏的质量检测报告。

(2) 能正确查找建筑石膏的标准、规范。

(3) 能分辨不同的石膏制品的应用范畴。

学习任务单

任务描述

　　某校综合实训楼项目进行室内顶棚装修时需要用石膏板进行吊顶,师傅要求小王考察市场中的石膏板后选择性价比最高的一种,并提供该产品的质量检测报告。你能帮助小王完成这项工作任务吗?

咨询清单

（1）石膏产品的类型。

（2）不同类型石膏产品的验收指标。

（3）建筑石膏的应用。

成果要求

（1）对校园中的建筑石膏的具体应用形式及应用范畴进行归类汇总。

（2）阅读石膏产品质量检测报告。

完成时间

资讯学习 20 min,任务完成 20 min,评估 10 min。

资讯交底单

一、石膏产品的类型

石膏是一种以 $CaSO_4$ 为主要成分的气硬性胶凝材料。

1. 生产原料

（1）天然二水石膏（$CaSO_4 \cdot 2H_2O$），又称软石膏或生石膏。

（2）天然无水石膏（$CaSO_4$），又称硬石膏。

（3）化工石膏。

如图 2-6 所示。

图 2-6 天然石膏（左）和化工石膏——磷石膏（右）

2. 生产工艺

生产工艺包括破碎、煅烧、粉磨。

3. 生产产品

（1）建筑石膏：

（二水石膏）——→（β型半水石膏）

(2)高强石膏:

$$(二水石膏)\longrightarrow(\alpha 型半水石膏)$$

4. 建筑石膏的类型

根据石膏生产原材料的不同,石膏可分为以下几种。

(1) 天然建筑石膏:代号 N。以天然石膏为原料制取的建筑石膏。

(2) 脱硫建筑石膏:代号 S。以烟气脱硫石膏为原料制取的建筑石膏。

(3) 磷建筑石膏:代号 P。以磷石膏为原料制取的建筑石膏。

二、建筑石膏的验收指标

根据《建筑石膏》(GB/T 9776—2008)标准,建筑石膏在出厂进行质量检测时,需要对建筑石膏的物理力学性能,即细度、凝结时间、强度进行检测。具体指标标准如表 2-7 所示。

表 2-7 建筑石膏技术指标

等级	细度 (0.2 mm 方孔筛筛余)/(%)	凝结时间/min		2 h 强度/MPa	
		初凝	终凝	抗折	抗压
3.0				≥3.0	≥6.0
2.0	≤10	≥3	≤30	≥2.0	≥4.0
1.0				≥1.6	≥3.0

知识连接

1. 建筑石膏的凝结硬化过程

建筑石膏与适量水拌合后,能形成可塑性良好的浆体,随着石膏与水的反应,浆体的可塑性很快消失而发生凝结,此后进一步发展强度而硬化。这就是建筑石膏的水化和硬化过程。

2. 建筑石膏与水之间的化学反应

读者可自行查相关资料。

3. 建筑石膏凝结硬化的基本过程

(1) 因为二水石膏溶解度仅为半水石膏溶解度的 1/5,故二水石膏以胶体微粒自水中析出。

(2) 随着二水石膏沉淀的不断增加,就会产生结晶,随着结晶体的不断生成和长大,晶体颗粒之间便产生了摩擦力和黏结力,造成浆体的塑性开始下降,这一现象称为石膏的初凝。

(3) 而后随着晶体颗粒间摩擦力和黏结力的增大,浆体的塑性很快下降,直至消失,这种现象称为石膏的终凝。

石膏终凝后,其晶体颗粒仍在不断长大和连生,形成相互交错且孔隙率逐渐减小的结构,其强度也会不断增大,直至水分完全蒸发,形成硬化后的石膏结构,这一过程称为石膏的硬化。石膏浆体的凝结和硬化,实际上是交叉进行的。

三、建筑石膏的应用形式及应用范畴

1. 建筑石膏的特点

1) 凝结硬化快

建筑石膏加水拌合后,浆体的初凝和终凝时间都很短,一般初凝时间为几分钟至十几分钟。

终凝时间在半小时以内，一星期左右完全硬化。初凝时间较短，不便于使用，为延长凝结时间，可加入缓凝剂。常用的缓凝剂有硼砂、酒石酸钠、柠檬酸、动物胶等。

2）尺寸稳定，装饰性好，凝结硬化时体积微膨胀

石膏在凝结硬化时，不像其他胶凝材料（如石灰、水泥）那样出现收缩，反而略有膨胀（膨胀率0.05%～0.15%），使石膏硬化体表面光滑饱满，可制作出纹理细致的浮雕花饰。石膏硬化后的湿胀干缩也较小，尺寸稳定，干燥时不开裂。同时石膏制品的质地洁白细腻，典雅美观，是一种较好的室内装饰材料。

3）孔隙率大，表观密度小，强度较低

石膏浆体硬化后，多余的自由水将蒸发，内部将留下大量孔隙，孔隙率可达50%～60%，因而表观密度较小，并使石膏制品具有导热系数小、吸声性强、吸湿性大、可调节室内的温度和湿度的特点。

4）防火性能好

石膏制品在遇火灾时，二水石膏将脱出结晶水，吸热蒸发，并在制品表面形成蒸汽幕和脱水物隔热层，有效地减少火焰对内部结构的危害，具有较好的防火性能。

5）耐水性和抗冻性差

建筑石膏硬化体的吸湿性强，吸收的水分会削弱晶体粒子间的黏结力，使强度显著降低，其软化系数仅为0.3～0.45；若长期浸水，还会因二水石膏晶体溶解而引起破坏。吸水饱和的石膏制品受冻后，会因孔隙中的水结冰而开裂崩溃。所以，建筑石膏的耐水性和抗冻性都较差。

2. 建筑石膏的应用形式及范畴

建筑石膏应用广泛，如硬石膏水泥适用于软土地基的加固、墙体粉刷、制作机械模型、坑道支护及生产纤维压力板等；在玻璃生产工艺中石膏用作助溶剂和净化剂；在塑料、橡胶、涂料、沥青、油毡等工业生产中石膏用作填料；建筑石膏是混凝土膨胀剂、抗裂剂、自流平砂浆的主要原材料；建筑石膏也是灌注桩、深层搅拌桩用作增加摩阻力的大膨胀材料；在特种水泥生产中，建筑石膏用作复合矿化剂。但是，建筑石膏最主要的用途还是用于室内粉刷，制作多孔石膏制品和石膏板等装饰制品。

1）石膏砂浆及粉刷石膏

由建筑石膏或建筑石膏与无水石膏混合后再掺入外加剂、细集料等可制成粉刷石膏。按用途分为面层粉刷石膏（M）、底层粉刷石膏（D）和保温层粉刷石膏（W）三类。粉刷石膏是一种新型室内抹灰材料，既具有建筑石膏快硬早强、尺寸稳定、吸湿、防火、轻质等优点，又不会产生开裂、空鼓和起皮现象。不仅可在水泥砂浆或混合砂浆上罩面，还可粉刷在混凝土墙、板、天棚等光滑的底层上。粉刷好的墙面致密光滑，质地细腻，且施工方便，工效高。

2）装饰石膏板

装饰石膏板是以建筑石膏为主要原料，掺加少量纤维材料等制成的具有多种图案、花饰的板材（见图2-7）。如石膏印花板、穿孔吊顶板、石膏浮雕吊顶板、纸面石膏饰面装饰板等，是一种新型的室内装饰材料，适用于中高档装饰，具有轻质、防火、防潮、易加工、安装简单等特点。特别是新型树脂仿型饰面防水石膏板在板面覆以树脂，饰面雕刻仿型花纹后，其色调图案逼真、新

图 2-7　装饰石膏板

颖大方、板材强度高、耐污染、易清洗,可用于装饰墙面,做护墙板及踢脚板等,是代替天然石材和水磨石的理想材料。

3）石膏空心条板

石膏空心条板是以建筑石膏为主要原料,掺加适量轻质填充料或纤维材料后加工而成的一种空心板材。这种板材不用纸和黏结剂,安装时不用龙骨,是发展比较快的一种轻质板材,主要用于内墙和隔墙。

4）纤维石膏板

纤维石膏板是以建筑石膏为主要原料,并掺加适量纤维增强材料而制成的,这种板材的抗弯强度高于纸面石膏板,可用于内墙和隔墙,也可代替木材用来制作家具。

5）纸面石膏板

纸面石膏板是以建筑石膏为主要原料,掺入适量添加剂与纤维做板芯,以特制的板纸为护面,经加工制成的板材。纸面石膏板具有重量轻、隔声、隔热、加工性能强、施工方法简便等特点。市面上常见的纸面石膏板有普通纸面石膏板、耐水纸面石膏板、耐火纸面石膏板和防潮石膏板四种。

6）石膏砌块

石膏砌块是一种自重轻、保温隔热、隔声和防火性能好的新型墙体材料,有实心石膏砌块、空心石膏砌块和夹心石膏砌块三种类型。

7）石膏装饰制品

用石膏制成的各种石膏空心条、石膏线、石膏柱、石膏浮雕、石膏装饰制品显得大方,用在室内装饰装修中具有明显的异国情调。如图 2-8 所示。

图 2-8　石膏空心条、石膏线、石膏浮雕

拓展资讯

石膏板吊顶的选购技巧

（1）一看。目测,外观检查时应在光照明亮的条件下,对板材正面进行目测检查,先看表面,表面应平整光滑,不能有孔、污痕、裂纹、缺角、色彩不均和图案不完整现象;再看侧面,看石膏质

地是否密实,有没有空鼓现象,越密实的石膏板越耐用。

(2)二敲。用手敲击,检查石膏板的弹性,发出很实的声音说明石膏板严实耐用,如发出很空的声音说明板内有空鼓现象,且质地不好。用手掂分量也可以衡量石膏板的优劣。

(3)三度量。尺寸允许偏差、平面度和直角偏离度、尺寸允许偏差、平面度和直角偏离度要符合合格标准,装饰石膏板如上述偏差过大,会使装饰表面拼缝不整齐,整个表面凹凸不平,对装饰效果会有很大的影响。

另外,还需看标志,在每一包装箱上,应有产品的名称、商标、质量等级、制造厂名、生产日期以及防潮、小心轻放和产品标记等标志。

购买时应重点查看质量等级标志。装饰石膏板的质量等级是根据尺寸允许偏差、平面度和直角偏离度划分的。

成果验收单

任务1 对校园中建筑石膏的具体应用形式及应用范畴进行归类汇总。填写在表 2-8 中。

表 2-8 建筑石膏的应用

石膏类别	应用部位

任务2 阅读石膏产品质量检测报告。表 2-9 所示为石膏线质量检测报告。

表 2-9 石膏线质量检测报告

委托单位:×××石膏制品有限公司　　送样编号:XO2016

样品名称:石膏线　　　　　　　　　　检验编号:委送字 XO2016

商标/规格/型号:×××牌　　　　　　送样数量:6 kg

生产单位:_____　　　　　　　　　送样日期:2006 年 09 月 20 日

工程名称:_____　　　　　　　　　报告日期:2006 年 09 月 27 日

检验依据:GB 6566—2010　　　　　　检验类别:委托检验

序号	检验项目	标准要求(装饰材料)			检验结果	单向判定
		A 类	B 类	C 类		
1	内照射指数 I_{R_a}	≤1.0	≤1.3	—	0.000	A 类
2	外照射指数 I_r	≤1.3	≤1.9	≤2.8	0.012	A 类
结论	依据 GB 6566—2010《建筑材料放射性核素限量》检验,所检产品为 A 类,其产销及使用范围不受限制					
备注	① 检测设备:MCA2011R　NaI(T1)谱仪系统 ② 检定条件:(25±1) ℃					

批准:×××　　　　　　　　　审核:×××　　　　　　　　　主检:×××

课后练习与作业

一、填空题

(1) 建筑石膏凝结硬化速度（　　　　），硬化时体积（　　　　），硬化后孔隙率（　　　　），表观密度（　　　　），强度（　　　　），保温性（　　　　），吸声性能（　　　　），防火性能（　　　　）。

(2) 石膏的分子式是（　　　　　　　　）。

(3) 建筑石膏凝结硬化时，最主要的特点是（　　　　　　　）。

(4) 建筑石膏在储存中，应注意防雨防潮，存储期一般不超过（　　　　　　）。

二、判断题

(1) 石膏由于其防火性好，故可用于高温部位。（　　　）

(2) 建筑石膏最突出的技术性质是凝结硬化慢，并且在硬化时体积略有膨胀。（　　　）

(3) 建筑石膏板因为其强度高，所以在装修时可用于潮湿环境中。（　　　）

(4) 建筑石膏制品有一定的防火性能。（　　　）

(5) 建筑石膏制品可以长期在温度较高的环境中使用。（　　　）

(6) 石膏浆体的水化、凝结和硬化实际上是碳化作用。（　　　）

(7) 建筑石膏一般只用于室内抹灰而不用于室外。（　　　）

三、单选题

(1) 石膏制品具有较好的（　　　　）。

A. 耐水性　　　　　　B. 抗冻性　　　　　　C. 加工性　　　　　　D. 导热性

(2) 高强石膏的强度较高，这是因其调制浆体时的需水量（　　　　）。

A. 大　　　　　　　　B. 小　　　　　　　　C. 中等　　　　　　　D. 可大可小

(3) 下列选项中，关于建筑石膏的特点，说法不正确的是（　　　　）。

A. 吸水性强，耐水性差　　　　　　　B. 凝结硬化速度快

C. 防火性能差　　　　　　　　　　　D. 容易着色

(4) 石膏制品表面光滑细腻，主要原因是（　　　　）。

A. 施工工艺好　　　　　　　　　　　B. 表面修补加工

C. 掺纤维等材料　　　　　　　　　　D. 硬化后体积微膨胀

(5) 下列具有调节室内湿度功能的材料为（　　　　）。

A. 石膏　　　　　　　B. 石灰　　　　　　　C. 膨胀水泥　　　　　D. 水玻璃

(6) 硬化后的水玻璃不仅强度高，而且耐酸性和（　　　　）好。

A. 耐久性　　　　　　B. 耐腐蚀性　　　　　C. 耐热性　　　　　　D. 抗冻性

四、多选题

(1) 石膏类板材具有（　　　　）的特点。

A. 质量轻　　　　　　B. 隔热、吸声性能好　　　　　　C. 防火加工性能好

D. 耐水性好　　　　　　E. 强度高

(2) 石膏、石膏制品宜用于下列（　　　　）工程。

A. 顶棚饰面材料　　　　B. 内、外墙粉刷（遇水溶解）　　　C. 冷库内贴墙面

D. 非承重隔墙板材　　　E 剧场穿孔贴面板

成绩评定单

成绩评定单如表 2-10 所示。

表 2-10　成绩评定单

检查项目	分项总分	个人自评(20%)	组内互评(30%)	教师评定(50%)
学习态度	20			
知识掌握	15			
技能应用	15			
任务完成	25			
爱护公物	10			
团队合作	15			
合计	100			

任务 3 水玻璃的验收标准及应用

教学目标

知识目标

（1）了解水玻璃的类型。

（2）理解水玻璃的技术标准。

（3）掌握水玻璃的应用范畴。

技能目标

（1）会阅读水玻璃的质量检测报告。

（2）能正确查找水玻璃的标准、规范。

（3）能正确使用水玻璃。

学习任务单

任务描述

某校综合实训楼项目生化试验室需要用水泥混凝土砌筑一个具有耐酸性和耐热性的试验台。师傅要求小王在建材市场中了解水玻璃产品的类型及其用途，并确定采购哪种形态的水玻璃产品。小王需要熟悉水玻璃的类型、特性和用途，并将适合选用的水玻璃形态提供给师傅。你能和小王一起完成这项工作任务吗？

咨询清单
（1）水玻璃的类型。
（2）水玻璃的特性及应用。

成果要求
对市场中水玻璃的类型、特性、用途和品牌进行网络调查。

完成时间
资讯学习 20 min，任务完成 20 min，评估 10 min。

资讯交底单

一、水玻璃的类型

1. 水玻璃的成分

水玻璃俗称泡花碱，是由不同比例的碱金属氧化物和二氧化硅化合而成的一种可溶于水的硅酸盐。其化学式为 $R_2O \cdot nSiO_2$，式中 R_2O 为碱金属氧化物，n 为二氧化硅与碱金属氧化物摩尔数的比值，称为水玻璃的模数。

2. 水玻璃的类型

建筑中常用的水玻璃是硅酸钠水溶液，又称钠水玻璃。其化学式为 $Na_2O \cdot nSiO_2$。要求高时也用硅酸钾水溶液，又称钾水玻璃，其化学式为 $K_2O \cdot nSiO_2$。

模数在 3 以下的水玻璃称为中性水玻璃，模数在 3 以上的水玻璃称为碱性水玻璃。其产品通常有固体水玻璃、水合水玻璃和液体水玻璃之分。

二、水玻璃的特性及应用

1. 水玻璃的特性

硅酸钠在以水为分散剂的体系中为无色、略带色的透明或半透明黏稠状液体。固体硅酸钠为无色、略带色的透明或半透明玻璃块状体。土木工程中常用水玻璃的密度一般为 $1.36\sim1.50$ g/cm^3。

水玻璃模数：水玻璃模数是水玻璃的重要参数，一般在 $1.5\sim3.5$ 之间。水玻璃模数越大，固体水玻璃越难溶于水，二氧化硅含量越多，水玻璃黏度越大，越易于分解硬化，黏结力越大。

水玻璃具有较高的黏结强度、良好的耐酸性能和较高的耐热性。

2. 水玻璃的应用

（1）加固土壤。将水玻璃与氯化钙溶液交替注入土壤中，两种溶液迅速反应生成硅胶和硅酸钙凝胶，起到胶结和填充孔隙的作用，使土壤的强度和承载能力提高。常用于粉土、砂土和填土的地基加固，称为双液注浆。

（2）涂刷或浸渍混凝土结构或构件表面（但不能对石膏制品进行涂刷或浸渍），提高混凝土的抗风化性能和耐久性。水玻璃溶液涂刷或浸渍黏土砖、水泥混凝土、硅酸盐混凝土、石材等多孔材料后，能渗入缝隙和孔隙中，固化的硅凝胶能堵塞毛细孔通道，提高材料的密度和强度，从而提高材料的密实度、强度、抗渗性、抗冻性及耐水性等。但水玻璃不得用来涂刷或浸渍石膏制品。因为水玻璃与石膏反应生成硫酸钠(Na_2SO_4)，在制品孔隙内结晶膨胀，导致石膏制品开裂破坏。

（3）配制耐酸胶凝、耐酸砂浆和耐酸混凝土。耐酸胶凝是用水玻璃和耐酸粉料（常用石英粉）配制而成。与耐酸砂浆和混凝土一样，主要用于有耐酸要求的工程，如硫酸池。

（4）配制耐热胶凝、耐热砂浆和耐热混凝土。水玻璃胶凝主要用于耐火材料的砌筑和修补。水玻璃耐热砂浆和混凝土主要用于高炉基础和其他有耐热要求的结构部位。

（5）配制快凝防水剂，掺入水泥浆、砂浆或混凝土中，用于堵漏、抢修。水玻璃可与多种矾配制成速凝防水剂，用于堵漏、填缝等局部抢修。这种多矾防水剂的凝结速度很快，一般为几分钟，其中四矾防水剂不超过 1 min，故工地上使用时必须做到即配即用。多矾防水剂常用胆矾（硫酸铜晶体）、红矾（重铬酸钾，$K_2Cr_2O_7$）、明矾（也称白矾，十二水合硫酸铝钾）、紫矾等四种矾。将水玻璃、粒化高炉矿渣粉、砂及氟硅酸钠按适当比例拌合后，直接压入砖墙裂缝，可起到修补砖墙裂缝的作用。

（6）防腐工程应用。改性水玻璃耐酸泥是耐酸腐蚀的重要材料，主要特性是耐酸、耐温、密实抗渗、价格低廉、使用方便。可拌合成耐酸胶泥、耐酸砂浆和耐酸混凝土，适用于化工、冶金、电力、煤炭、纺织等部门各种结构的防腐蚀工程，是防酸建筑结构贮酸池、耐酸地坪以及耐酸表面砌筑的理想材料。硅酸钠水溶液可做防火门的外表面。

水玻璃的各种应用如图 2-9 所示。

(a) 水玻璃配制耐酸材料

(b) 水玻璃制作密封胶

(c) 水玻璃密封固化地面

(d) 水玻璃拌制耐热、耐酸混凝土

图 2-9　水玻璃的各种应用

拓展资讯

水玻璃的采购须知

1. 水玻璃产品分类和型号

工业硅酸钠分为两类：

Ⅰ类：液体硅酸钠；

Ⅱ类：固体硅酸钠。如图 2-10 所示。

液体硅酸钠分为五种型号：液-1、液-2、液-3、液-4、液-5。

固体硅酸钠分为四种型号：固-1、固-2、固-3、固-4。

液-1、液-2、液-4、固-1、固-2、固-4 型产品主要用作黏结剂、填充料和化工原料等；液-3、固-3 型产品主要用于建材行业；液-5、固-4 型产品用于铸造行业等。

图 2-10　液体硅酸钠（左）和固体硅酸钠（右）

2. 要求

（1）外观：液体硅酸钠为无色、略带色的透明或半透明黏稠状液体这；固体硅酸钠为无色、略带色的透明或半透明玻璃块状体。

（2）质量等级：液体硅酸钠每种型号根据铁、水不溶物、氧化钠、二氧化硅含量和模数大小都分为优等品、一等品和合格品；固体硅酸钠每种型号根据可溶固体总含量、铁含量和模数大小都分为一等品和合格品。

3. 标志、包装、运输、贮存

（1）工业硅酸钠的包装上应有牢固、清晰的标志。注明：生产厂名、厂址、产品名称、型号、级别、商标、净重、批号或生产日期、依据的标准编号。

（2）每批出厂的产品都应有质量证明书。内容包括：生产厂名、厂址、产品名称、型号、等级、商标、净重、批号或生产日期、产品质量符合标准的证明和标准编号。

（3）工业液体硅酸钠采用清洁的铁桶、塑料桶或槽车密封包装。工业固体硅酸钠采用塑料编织袋包装。每袋产品净重 50 kg，桶、槽车包装的产品净重自定。

（4）包装的塑料编织袋应按标准选择相应型号采用缝合方式封口，也可以用尼龙绳或其他质量相当的绳封口。铁桶、塑料桶、槽车采用压边、抱箍或螺旋方式封口。

（5）工业硅酸钠在运输过程中应避免容器破损。贮存在通风干燥、无腐蚀的库房内

成果验收单

任务1　对市场中水玻璃的类型、特性、用途和品牌进行网络调查，并将调查结果填写在表2-11中。

表2-11　水玻璃产品信息汇总表

产品名称	特性	用途	品牌	包装形式	单价

课后练习与作业

一、填空题

（1）水玻璃的分子式是（　　　　）。

（2）水玻璃的模数是（　　　　）。

二、选择题

（1）下列材料中不属于气硬性胶凝材料的是（　　　）。

A. 石膏　　　　　　B. 石灰　　　　　　C. 水泥　　　　　　D. 水玻璃

（2）可配制耐酸砂浆、耐酸混凝土的胶凝材料是（　　　）。

A. 石膏　　　　　　B. 石灰　　　　　　C. 水泥　　　　　　D. 水玻璃

（3）水玻璃能溶解于水，并能在空气中凝结硬化，具有（　　　）等多种性能。

A. 不燃　　　　B. 不朽　　　　C. 耐碱　　　　D. 耐酸　　　　E. 耐热

（4）水玻璃可用于（　　　）。

A. 配制耐酸砂浆、耐酸混凝土　　　　　　B. 配制耐热砂浆、耐热混凝土

C. 涂刷在石膏制品表面，提高其强度　　　D. 加固地基

E. 以水玻璃为基料，配置各种防水剂

三、实践应用

水玻璃为什么不能涂刷在石膏制品表面？

成绩评定单

成绩评定单如表2-12所示。

表 2-12　成绩评定单

检查项目	分项总分	个人自评(20%)	组内互评(30%)	教师评定(50%)
学习态度	20			
知识掌握	15			
技能应用	15			
任务完成	25			
爱护公物	10			
团队合作	15			
合　计	100			

学习情境 3
水泥的检测及应用

任务 1 水泥的技术性能及检测

教学目标

知识目标

（1）了解水泥的生产过程。

（2）掌握通用硅酸盐水泥的类型、代号和组成特点。

（3）理解水泥矿物成分对其性能的影响作用。

（4）理解水泥水化和凝结硬化过程。

（5）掌握水泥的技术性能及检测标准。

技能目标

（1）会阅读水泥的质量检测报告。

（2）能正确查找水泥的标准、规范。

（3）能对水泥质量进行抽样检验。

学习任务单

任务描述

某校综合实训楼项目基础和主体结构需要使用水泥混凝土进行浇筑，小李作为建筑材料质量检测中心的试验员，需对送检的水泥样品进行质量检测。你能和小李一起完成这项工作任务吗？

咨询清单

（1）通用硅酸盐水泥的类型。

（2）水泥的水化和硬化过程。

（3）水泥的技术性能及其检测方法。

成果要求

对水泥样品进行质量检测,给出检测结果。

完成时间

资讯学习 90 min,任务完成 100 min,评估 10 min。

资讯交底单 ⋯⋯⋯⋯⋯⋯⋯⋯⋯⋯⋯⋯⋯⋯⋯⋯⋯⋯⋯⋯

一、通用硅酸盐水泥的类型及生产

1. 通用硅酸盐水泥的类型

通用硅酸盐水泥是由硅酸盐水泥熟料、适量石膏与规定的混合材料磨细制成的水硬性胶凝材料。

按混合材料的品种和掺入量不同可分为硅酸盐水泥、普通硅酸盐水泥、矿渣硅酸盐水泥、火山灰质硅酸盐水泥、粉煤灰硅酸盐水泥和复合硅酸盐水泥。其组成及代号见表 3-1。

表 3-1 通用硅酸盐水泥的组成及代号

品 种	代 号	组成(质量百分数,%)				
		熟料+石膏	粒化高炉矿渣	火山灰质混合材料	粉煤灰	石灰石
硅酸盐水泥	P·I	100	—	—	—	—
	P·II	≥95	≤5	—	—	—
		≥95	—	—	—	≤5
普通硅酸盐水泥	P·O	≥80 且<95	>5 且≤20			—
矿渣硅酸盐水泥	P·S·A	≥50 且<80	>20 且≤50	—	—	—
	P·S·B	≥30 且<50	>50 且≤75	—	—	—
火山灰质硅酸盐水泥	P·P	≥60 且<80	—	>20 且≤40	—	—
粉煤灰硅酸盐水泥	P·F	≥60 且<80	—	—	>20 且≤40	—
复合硅酸盐水泥	P·C	≥50 且<80	>20 且≤50			—

2. 通用硅酸盐水泥的生产

1)生产原理

通用硅酸盐水泥的生产原理可概括为"两磨一烧",如图 3-1 所示。

2)水泥原料

钙质原料:石灰石、白垩、石灰质凝灰岩等,主要成分为 CaO。

硅铝质原料:各种黏土、黄土、硅石、煤矸石、粉煤灰等。主要成分为 SiO_2、Al_2O_3。

铁矿粉:黄铁矿烧渣、红铁矿粉、高铁黏土等。主要成分为 Fe_2O_3。

石膏:缓凝剂,掺入量一般为水泥质量的 3%~5%。

图 3-1　通用硅酸盐水泥生产工艺示意图

混合材料：在水泥生产中,为了减少水泥熟料的比率,实现节能环保和改善水泥性能的目的,有时会在最后环节加入不同数量、不同品种的混合材料。这些混合材料根据其作用不同,可分为两大类。

（1）活性混合材料：这类混合材料掺入水泥中,在常温下能与水泥的水化产物——氢氧化钙或在硫酸钙的作用下生成具有胶凝性质的稳定化合物。例如：粒化高炉矿渣、火山灰质混合材料、粉煤灰。

（2）非活性混合材料：这类混合材料与水泥的矿物成分、水化产物不起化学反应或化学反应很微弱,掺入水泥中主要起调节水泥强度等级、提高水泥产量、降低水化热等作用。例如：磨细的石英砂、石灰石、黏土、慢冷矿渣及各处废渣等。

3）水泥熟料

熟料的矿物成分为硅酸二钙、硅酸三钙、铝酸三钙、铁铝酸四钙,还有少量的有害成分,如游离氧化钙（f-CaO）、游离氧化镁（f-MgO）、氧化钾（K_2O）、氧化钠（Na_2O）与三氧化硫（SO_3）等。国家标准中对有害成分的含量有严格限制,硅酸钙矿物不小于 66％,氧化钙和氧化硅的质量比不小于 2.0。各矿物组成及其特性如表 3-2 所示。

表 3-2　通用硅酸盐水泥熟料矿物组成及其特性

矿物名称	硅酸二钙	硅酸三钙	铝酸三钙	铁铝酸四钙
化学式	$2CaO \cdot SiO_2$（缩写 C_2S）	$3CaO \cdot SiO_2$（缩写 C_3S）	$3CaO \cdot Al_2O_3$（缩写 C_3A）	$4CaO \cdot Al_2O_3 \cdot Fe_2O_3$（缩写 C_4AF）
含量范围	15％～30％	40％～65％	7％～15％	10％～18％
水化速度	慢	快	最快	快
水化热	低	高	最高	中等
强度	早期低、后期高	高	低	中等
收缩量	小	中	大	小
耐腐蚀性	好	差	最差	中等

二、通用硅酸盐水泥的凝结硬化

1. 通用硅酸盐水泥的凝结硬化机理

通用硅酸盐水泥的凝结硬化是一个伴随水泥水化作用而发生的化学变化过程,如图 3-2 所示。

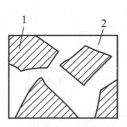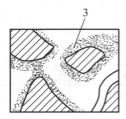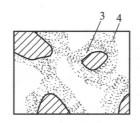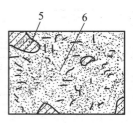

(a) 分散在水中未水化的　　　(b) 在水泥颗粒表面　　　(c) 膜层长大并互相　　　(d) 水化物进一步发展，
　　　水泥颗粒　　　　　　　　　形成水化层　　　　　　　连接(凝结)　　　　　　　填充毛细孔(硬化)

图 3-2　通用硅酸盐水泥凝结硬化过程示意

1—水泥颗粒；2—水分；3—凝胶；4—晶体；5—水泥颗粒的未水化内核；6—毛细孔

1）硅酸盐水泥熟料的水化

熟料中的矿物成分与水发生的水解作用，产物主要有水化硅酸钙和水化铁酸钙胶体、氢氧化钙、水化铝酸钙和水化硫铝酸钙结晶体。

2）活性混合材料参与的水化

活性混合材料中的活性氧化硅和活性氧化铝在氢氧化钙溶液中与水泥熟料的水化产物氢氧化钙发生反应，生成水化硅酸钙和水化铝酸钙，成为二次水化反应。

3）水泥的凝结与硬化

水泥加水形成具有可塑性的水泥浆，随着时间的推移及水化反应的进行，浆体逐渐变稠至失去可塑性的过程称为凝结。凝结分为初凝和终凝两个阶段。随着强度的进一步提高，形成坚硬的固体的过程称为硬化。

硬化后的水泥石结构由胶体粒子、晶体离子、孔隙(凝胶孔和毛细孔)及未水化的水泥颗粒组成。

2．影响水泥凝结硬化的因素

（1）水泥熟料矿物成分。铝酸三钙相对含量高的水泥，凝结硬化快；反之，则凝结硬化慢。

（2）水泥细度。水泥颗粒的粗细程度直接影响到水泥的水化和凝结硬化的快慢。

（3）拌合用水量。拌合用水量过多，加大了水化产物之间的距离，减弱了分子间的作用力，延缓了水泥的凝结硬化速度。

（4）养护条件。提高温度，可以促进水泥水化，加速凝结硬化，有利于水泥强度的增长。

（5）混合材料掺入量。在水泥中掺入混合材料后，使水泥熟料中矿物成分含量相对减少，凝结硬化变慢。

（6）石膏掺入量。为了调节水泥的凝结硬化时间，水泥中常掺入适量的石膏。

三、通用硅酸盐水泥的技术标准

1．通用硅酸盐水泥的技术要求

根据《通用硅酸盐水泥》(GB 175—2007)的规定，通用硅酸盐水泥进行质量检测时需要对其化学指标(包含不溶物含量、烧失量、三氧化硫含量、氧化镁含量和氯离子含量)、碱含量(选择性指标)、物理指标[包含凝结时间、体积安定性、强度、细度(选择性指标)]进行检测，具体指标要求如表 3-3、表 3-4 所示。

表 3-3　通用硅酸盐水泥化学指标规定（质量分数，％）

品　种	代　号	不溶物	烧失量	三氧化硫	氧化镁	氯离子
硅酸盐水泥	P·I	≤0.75	≤3.0	≤3.5	≤5.0[a]	≤6.0[c]
	P·II	≤1.50	≤3.5			
普通硅酸盐水泥	P·O	—	≤5.0			
矿渣硅酸盐水泥	P·S·A	—	—	≤4.0	≤6.0[b]	
	P·S·B	—	—		—	
火山灰质硅酸盐水泥	P·P			≤3.5	≤6.0[b]	
粉煤灰硅酸盐水泥	P·F					
复合硅酸盐水泥	P·C					

a：如果水泥压蒸试验合格，则水泥中氧化镁的含量（质量分数）允许放宽至6.0％；

b：如果水泥中氧化镁的含量（质量分数）大于6.0％时，需进行水泥压蒸安定性试验，试验必须合格；

c：当有更低要求时，该指标由买卖双方确定

表 3-4　通用硅酸盐水泥物理指标规定

品　种	强度等级	抗压强度		抗折强度		凝结时间	安定性
		3d	28d	3d	28d		
硅酸盐水泥	42.5	≥17.0	≥42.5	≥3.5	≥6.5	初凝≥45 min 终凝≤390 min	沸煮法合格
	42.5R	≥22.0		≥4.0			
	52.5	≥23.0	≥52.5	≥4.0	≥7.0		
	52.5R	≥27.0		≥5.0			
	62.5R	≥28.0	≥62.5	≥5.0	≥8.0		
	62.5R	≥32.0		≥5.5			
普通硅酸盐水泥	42.5	≥17.0	≥42.5	≥3.5	≥6.5		
	42.5R	≥22.0		≥4.0			
	52.5	≥23.0	≥52.5	≥4.0	≥7.0		
	52.5R	≥27.0		≥5.0			
矿渣硅酸盐水泥 火山灰质硅酸盐水泥 粉煤灰硅酸盐水泥 复合硅酸盐水泥	32.5	≥10.0	≥32.5	≥2.5	≥5.5	初凝≥45 min 终凝≤600 min	
	32.5R	≥15.0		≥3.5			
	42.5	≥15.0	≥42.5	≥3.5	≥6.5		
	42.5R	≥19.0		≥4.0			
	52.5	≥21.0	≥52.5	≥4.0	≥7.0		
	52.5R	≥23.0		≥4.5			

（1）氧化镁含量。在水泥熟料中,存在游离的氧化镁,可以引起水泥体积安定性不良。

（2）三氧化硫含量。三氧化硫含量过高,在水泥石硬化后,还会继续与水化产物反应,产生体积膨胀性物质,引起水泥体积安定性不良,导致结构物破坏。

（3）不溶物含量。不溶物含量是指水泥经酸和碱处理后,不能被溶解的残余物的含量(质量分数,%)。

（4）烧失量。烧失量是指水泥在一定的灼烧温度和时间内,经高温灼烧后的质量损失率。

（5）氯离子含量。当水泥中的氯离子含量较高时,容易使钢筋产生锈蚀,降低结构的耐久性。

（6）体积安定性。水泥体积安定性是指水泥在凝结硬化过程中体积变化是否均匀的性能。如果水泥硬化后产生不均匀的体积变化,即为体积安定性不良,安定性不良会使水泥制品或混凝土构件产生膨胀性裂缝,降低建筑物质量,甚至引起严重事故。

硅酸盐水泥和普通硅酸盐水泥的细度以比表面积表示,其比表面积不小于 $300 \ m^2/kg$;其余通用硅酸盐水泥细度以筛余表示,其 $80 \ \mu m$ 方孔筛筛余不大于 10% 或 $45 \ \mu m$ 方孔筛筛余不大于 30%。

2. 通用硅酸盐水泥的质量检验规定

国家标准规定,水泥出厂时需对不溶物含量、氧化镁含量、三氧化硫含量、氯离子含量、烧失量、凝结时间、体积安定性、水泥强度进行检验,如其中任一项不符合标准技术要求,即为不合格品。检验报告内容应包括出厂检验项目、细度、混合材料品种及掺入量、石膏和助磨剂的品种及掺入量等。

四、通用硅酸盐水泥的物理性能检测方法

1. 通用硅酸盐水泥物理性能检测依据及一般规定

（1）通用硅酸盐水泥物理性能检测分别依据国家标准《水泥取样方法》(GB/T 12573—2008)、《水泥细度检验方法 筛析法》(GB/T 1345—2005)、《水泥比表面积测定方法 勃氏法》(GB/T 8074—2008)、《水泥标准稠度用水量、凝结时间、安定性检验方法》(GB/T 1346—2011)、《水泥胶砂强度检验方法(ISO 法)》(GB/T 17671—1999)的规定进行。

（2）养护条件:实验室温度为(20±2) ℃,相对湿度大于50%;湿气养护箱:应能使温度控制在(20±1) ℃,相对湿度大于90%。

（3）出厂时间超过三个月的水泥,在使用之前必须进行复检,并按复检结果使用。

（4）试样要充分拌匀,通过 0.9 mm 方孔筛并记录筛余物的质量占总质量的百分率。

（5）检测用水必须是洁净的淡水。

（6）水泥试样、标准砂、拌合水及试模温度均与实验室温度相同。

2. 通用硅酸盐水泥取样

1）主要仪器设备

袋装水泥手动取样器、散装水泥手动取样器、水泥自动取样器。如图 3-3 所示(图示标注单位为 mm)。

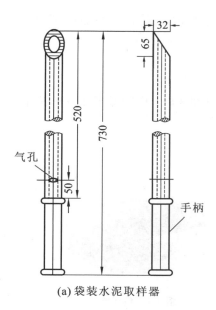

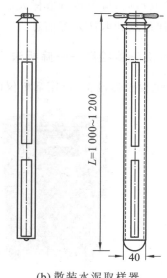

(a) 袋装水泥取样器　　　　　　　　　　　　　(b) 散装水泥取样器

图 3-3　主要仪器设备

2) 取样步骤

（1）袋装水泥：同一水泥厂生产的产品以同品种、同强度等级、同出厂编号的水泥每 200 t 为一批，不足 200 t 仍为一批。取样时，将袋装水泥取样器沿对角线方向插入水泥包装袋适当深度，用大拇指按住气孔，小心抽出取样管，将所取样品放入洁净、干燥、防潮、不易破损的密闭容器中。取样应有代表性，可连续取，同一编号内随机抽取不少于 20 袋水泥，总量不得少于 12 kg。袋装水泥示意如图 3-4 所示。

（2）散装水泥：同一水泥厂生产的产品以同品种、同强度等级、同出厂编号的水泥每 500 t 为一批，不足 500 t 仍为一批。采用散装水泥取样器取样，通过转动取样器内管控制开关，在适当位置插入水泥一定深度，关闭后小心抽出，将所取样品放入洁净、干燥、防潮、不易破损的密闭容器中。取样应有代表性，可连续取，随机从不少于 3 个罐车中抽取等量水泥样品并拌匀，在 5 min 内取至少 6 kg。散装水泥示意如图 3-5 所示。

图 3-4　袋装水泥

图 3-5　散装水泥

样品取得后,应由负责取样人员填写取样单,至少包括水泥编号、水泥品种、强度等级、取样日期、取样地点和取样人等信息。

3. 水泥细度检测——筛析法

(1)主要仪器设备:负压筛析仪(或水筛架和喷头)(图 3-6)、天平(称量 100 g,感量 0.05 g)。

图 3-6　负压筛析仪

图 3-7　负压筛

(2)检测步骤。

① 试验准备。试验前所用试验筛应保持清洁,负压筛(图 3-7)和手工筛应保持干燥。试验时,80 μm 筛析检测称取试样 25 g,45 μm 筛析检测称取试样 10 g。

② 负压筛析法。

负压筛析检测前,应把负压筛放在筛座上,盖上筛盖,接通电源,检查控制系统,调节负压到 4 000~6 000 Pa 范围内。称取水泥试样精确至 0.01 g,置于洁净的负压筛中,盖上筛盖,放在筛座上,开动筛析仪连续筛析 2 min,在此期间如有试样附着在筛盖上,可轻轻地敲击筛盖使试样落下。筛毕,用天平称量筛余物质量 R_s,精确至 0.01 g。

③ 水筛法。

筛析检测前,应检查水中无泥、砂,调整好水压及水筛架的位置,使其能正常运转,并控制喷头底面和筛网之间距离为 35~75 mm。称取试样精确至 0.01 g,置于洁净的水筛中,立即用淡水冲洗至大部分细粉通过后,放在水筛架上,用水压为(0.05±0.02)MPa 的喷头连续冲洗 3 min。筛毕,用少量水把筛余物冲至蒸发皿中,等水泥颗粒全部沉淀后,小心倒出清水,烘干并用天平称量全部筛余物。

④ 手工筛析法。

称取水泥试样精确至 0.01 g,倒入手工筛内。用一只手持筛往复摇动,另一只手轻轻拍打,往复摇动和拍打过程应保持近于水平。拍打速度每分钟约 120 次,每 40 次向同一方向转动 60°,使试样均匀分布在筛网上,直至每分钟通过的试样量不超过 0.03 g 为止。称量全部筛余物。

(3)试验结果计算及处理。

水泥试样筛余百分数按下式计算:

$$F = \frac{R_s}{W} \times 100\%$$

式中:F——水泥试样的筛余百分数,单位为质量百分数(%);

学习情境3

水泥的检测及应用

R_s——水泥筛余物的质量,单位为克(g);

W——水泥试样的质量,单位为克(g)。

4. 水泥标准稠度用水量测定

（1）主要仪器设备：水泥净浆搅拌机（图3-8），标准法维卡仪（图3-9），盛装水泥净浆的截顶圆锥试模，量筒或滴定管（精度±0.5 mL），天平（最大称量不小于1 000 g，分度值不大于1 g）。

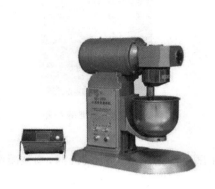

图 3-8　水泥净浆搅拌机

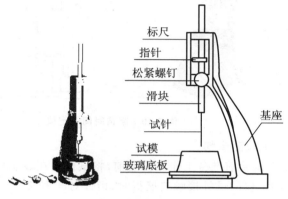

图 3-9　标准法维卡仪

（2）试验条件：试验室温度为(20±2) ℃，相对湿度应不低于50%；水泥试样、拌合水、仪器和用具的温度应与试验室一致；湿气养护箱的温度为(20±1) ℃，相对湿度不低于90%。

（3）检测步骤。

① 试验前准备工作。维卡仪的滑动杆能自由滑动。试模和玻璃底板用湿布擦拭，将试模放在底板上。调整至试杆接触玻璃底板时指针对准零点。搅拌机运行正常。

② 水泥净浆的拌制。用水泥净浆搅拌机搅拌，搅拌锅和搅拌叶片先用湿布擦过，将量取好的拌合水倒入水泥净浆搅拌锅内，然后在5～10 s内小心将称好的500 g水泥加入水中，防止水和水泥溅出。拌合时，先将锅放在搅拌机的锅座上，升至搅拌位置，启动搅拌机，低速搅拌120 s，停15 s，同时将叶片和锅壁上的水泥浆刮入锅中间，接着高速搅拌120 s停机。

③ 搅拌结束后，立即将拌制好的水泥净浆装入已置于玻璃底板上的试模中，浆体超过试模上端，用宽约25 mm的直边刀轻轻拍打超出试模部分的浆体5次以排除浆体中的孔隙，然后在试模上表面约1/3处，略倾斜于试模分别向外轻轻锯掉多余净浆，再从试模边沿轻抹顶部一次，使净浆表面光滑。注意该过程不要压实净浆。抹平后迅速将试模和底板移到维卡仪上，并将其中心定位在试杆下，降低试杆直至与水泥净浆表面接触，拧紧螺栓1～2 s后，突然放松，使试杆垂直自由地沉入水泥净浆中。在试杆停止沉入或释放试杆30 s时记录试杆距底板之间的距离，升起试杆后，立即擦净；整个操作应在搅拌后1.5 min内完成。

（4）测定结果：以试杆沉入净浆并距底板(6±1) mm的水泥净浆为标准稠度净浆。其拌合水量为该水泥的标准稠度用水量(P)，按水泥质量的百分比计。按下式计算：

$$P = \frac{W}{水泥质量} \times 100\%$$

式中：P——标准稠度用水量，%；

W——拌合水量，单位为克(g)。

37

5. 水泥净浆凝结时间检测

（1）主要仪器设备：凝结时间测定仪（类似维卡仪）（图 3-10）、截顶圆锥试模、水泥净浆搅拌机、标准养护箱（图 3-11）、天平、量筒。

图 3-10　凝结时间测定仪　　　　　图 3-11　标准养护箱

（2）检测步骤。

① 试验前准备工作。检测前，将试模放在玻璃板上，在试模的内侧涂上一层机油，调整凝结时间测定仪的试针接触玻璃板时，指针对准零点。

② 试件的制备。称取水泥试样 500 g，以标准稠度用水量加水，用水泥净浆搅拌机搅拌成标准稠度水泥净浆（方法同前），按标准装模和刮平后，立即放入湿气养护箱中。记录水泥全部加入水中的时间作为凝结时间的起始时间。

③ 初凝时间的测定。试件在湿气养护箱中养护至加水后 30 min 时进行第一次测定。检测时，从养护箱中取出试模放到试针下，降低试针与水泥净浆表面接触。拧紧螺丝 1～2 s 后，突然放松，试针垂直自由地沉入水泥净浆。观察试针停止下沉或释放试针 30 s 时指针的读数。临近初凝时间时每隔 5 min 测定一次，当试针沉至距底板（4±1）mm 时，为水泥达到初凝状态；由水泥全部加入水中至初凝状态的时间为水泥的初凝时间，用"min"表示。

④ 终凝时间的测定。为了准确观测试针沉入的状况，在终凝针上安装了一个环形附件。完成初凝时间检测后，立即将试模连同浆体以平移的方式从玻璃板取下，翻转 180°，直径大端向上，小端向下放在玻璃板上，再放入养护箱中继续养护，临近终凝时间时每隔 15 min（或更短时间）测定一次，当试针沉入试体 0.5 mm 时，即环形附件开始不能在试体上留下痕迹时，为水泥达到终凝状态，由水泥全部加入水中至终凝状态的时间为水泥的终凝时间，用"min"表示。

（3）检测结果：初凝时间是指自水泥全部加入水中起，至试针沉入净浆中距离底板（4±1）mm 时止所需的时间。终凝时间是自水泥全部加入水中起，至试针沉入净浆中不超过 0.5 mm 时止所需要的时间。测定需重复一次，结论相同时才能确定初凝或终凝状态。

6. 水泥体积安定性检测

（1）主要仪器设备：水泥净浆搅拌机、标准养护箱、沸煮箱（图 3-12）、雷氏夹（图 3-13）、雷氏夹膨胀测定仪、玻璃板、抹刀、直尺等。

（2）检测步骤。

① 试验前准备工作。每个试样需成型两个试件，每个雷氏夹需配备两个边长或直径约 80 mm、厚度 4～5 mm 的玻璃板，凡与水泥净浆接触的玻璃板和雷氏夹内表面都要稍稍涂上一层（矿物）油。

图 3-12　沸煮箱

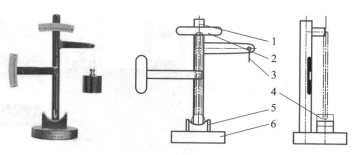

图 3-13　雷氏夹

1—支架;2—标尺;3—弦线;4—雷氏夹;5—垫块;6—底座

② 雷氏夹试件的成型。将预先准备好的雷氏夹放在已稍涂油的玻璃板上,并立即将已制好的标准稠度净浆一次装满雷氏夹,装浆时一只手轻轻扶持雷氏夹,另一只手用宽约 25 mm 的直边刀在浆体表面轻轻插捣 3 次,然后抹平,盖上稍涂油的玻璃板,接着立即将试件移至湿气养护箱内养护(24±2) h。

③ 沸煮。调整好沸煮箱内的水位,使其保证在整个沸煮过程中都超过试件,不需中途添补试验用水。脱去玻璃板取下试件,先测量雷氏夹指针尖端间的距离(A),精确到 0.5 mm,接着将试件放入沸煮箱水中的试件架上,指针朝上,然后在(30±5) min 内加热至沸腾并恒沸(180±5) min。沸煮结束后,立即放掉沸煮箱中的热水,打开箱盖,待箱体冷却至室温,取出试件进行判别。

(3)检测结果:测量雷氏夹指针尖端间的距离(C),精确至 0.5 mm,当两个试件煮后增加距离($C-A$)的平均值不大于 5.0 mm 时,即认为该水泥安定性合格,当两个试件煮后增加距离($C-A$)的平均值大于 5.0 mm 时,应用同一样品立即重做试验。以复检结果为准。

7. 水泥胶砂抗压强度检测

(1)试验室和主要设备。

① 试验室要求。试体成型试验室的温度应保持在(20±2) ℃,相对湿度应不低于 50%。试体带模养护的养护箱或雾室温度保持在(20±1) ℃,相对湿度不低于 90%。

② 主要设备:搅拌机(图 3-14)、试模(图 3-15)、振实台(图 3-16)、抗压强度试验机(图 3-17)、抗压夹具、刮平尺、播料器、量筒、天平等。

图 3-14　行星式水泥胶砂搅拌机

图 3-15　水泥胶砂试模

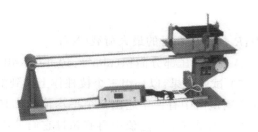

图 3-16　胶砂振实台

图 3-17　抗压、抗折强度试验机

（2）试件的制备：①称取各材料用量（1 份水泥、3 份标准砂、半份水）。②搅拌。③振实成型（试件尺寸是 40 mm×40 mm×160 mm 的棱柱体）。

（3）试件养护：①去掉留在模子四周的胶砂，立即将做好标记的试模放入雾室或湿箱的水平架子上养护。②脱模后的试件立即水平或竖直放在（20±1）℃水中养护，水平放置时刮平面应朝上。③试件放在不易腐烂的箅子上，并彼此间保持一定间距，以让水与试件的六个面接触。④最初用自来水装满养护池，随后随时加水保持适当的恒定水位，不允许在养护期间全部换水。⑤除 24 h 龄期或延迟至 48 h 脱模的试体外，任何到龄期的试体应在检测前 15 min 从水中取出。擦去试体表面沉积物，并用湿布覆盖至试验为止。各龄期的试体必须在表 3-5 规定的时间内进行强度试验。

表 3-5　各龄期强度试验时间规定

龄期	时间
24 h	24 h±15 min
48 h	48 h±30 min
72 h	72 h±45 min
7 d	7 d±2 h
>28 d	28 d±8 h

（4）强度测定：以（2 400±200）N/s 的速率均匀地加荷直至破坏，并记录破坏荷载。按下式计算抗压强度，精确至 0.1 MPa。

$$R_c = \frac{F_c}{A}$$

式中：R_c——破坏时的最大荷载（N）；

　　A——受压部分面积（mm²）（40 mm×40 mm＝1 600 mm²）。

（5）试验结果：以一组三个棱柱体上得到的 6 个抗压强度测定值的算术平均值为试验结果。如 6 个测定值中有一个超出 6 个平均值的±10%，就应剔除这个结果，而以剩下五个的平均数为结果。如果五个测定值中再有超过它们平均数±10%的，则此组结果作废。

成果验收单

任务1 对某校综合实训楼项目送检的水泥样品进行质量检测。填写试验结果(表3-6～表3-10)。

试验日期：_____ 气温/室温：_____ 湿度：_____

表3-6 水泥细度负压筛析法试验记录

产地/厂名	水泥品种/出厂编号	试样编号	试样质量/g	筛余量/g	筛余百分数/(%)	结论

表3-7 水泥标准稠度用水量检测试验记录

产地/厂名	水泥品种/出厂编号	试样编号	试样质量/g	固定用水量/ml	下沉度/mm	标准稠度用水量/ml

表3-8 水泥凝结时间检测试验记录

产地/厂名	水泥品种/出厂编号	试样编号	试样质量/g	初凝时间	终凝时间	结论

表3-9 水泥安定性检测试验记录

产地/厂名	水泥品种/出厂编号	试样编号	试样质量/g	雷氏夹膨胀值	试饼沸煮法	结论

表3-10 水泥胶砂强度检验试验记录

产地/厂名	水泥品种/出厂编号	试样编号	龄期	抗折荷载 P/N	抗折强度 f/MPa	平均值	抗压荷载 P/N	抗压强度 f/MPa	平均值
		1	3 d						
		2							
		3							
		1	28 d						
		2							
		3							

课后练习与作业

一、填空

1. 硅酸盐水泥熟料矿物组成中，_____是决定水泥早期强度的组分，_____是保证水泥后期强度的组分，_____矿物凝结硬化速度最快。

2. 国家标准规定：硅酸盐水泥的初凝时间不得早于_____，终凝时间不得迟于_____。

3. _____称为水泥的体积安定性。

5. 掺混合材料的硅酸盐水泥的水化首先是_____的水化，然后水化生成的_____和_____发生二次水化反应。

6. 硅酸盐系列水泥的主要品种有_____、_____、_____、_____、_____。分别简写成_____、_____、_____、_____、_____。

7. 硅酸盐水泥熟料主要由_____、_____、_____、_____四种矿物组成，分别简写成_____、_____、_____、_____。

8. 水泥胶砂强度试件的灰砂比为_____，水灰比为_____，试件尺寸为_____ mm×_____ mm×_____ mm。

9. 国家标准规定硅酸盐水泥的强度等级是以水泥胶砂试件在_____龄期的强度来评定的。

10. 水泥胶砂强度检测时，水泥试样取_____g。

11. 进行水泥标准稠度用水量测定时，净浆拌合完毕后进行沉入深度的测量应在_____时间内完成。

12. 在测定水泥标准稠度用水量时，水泥净浆搅拌时间为_____。

13. 水泥标准稠度用水量检测时，水泥试样取_____g。

14. 水泥安定性试样应制作成边缘渐薄、表面光滑的试饼，试饼的直径为_____。

15. 水泥安定性检测时，水泥试样取_____g。

16. 水泥安定性检测时，雷氏夹指针之间增加距离不大于_____认为安定性合格。

17. 水泥抗压强度检测，各试块强度数值与平均值之差不应超过_____。

18. 水泥抗压强度检测，是以_____个试件抗压强度平均值作为最终结果。

二、判断题

1. 活性混合材料掺入石灰和石膏即成水泥。 （　　）

2. 水泥水化放热，使混凝土内部温度升高，这样更有利于水泥水化，所以工程中不必考虑水化热造成的影响。 （　　）

3. 水泥中的 $Ca(OH)_2$ 与含碱高的骨料反应，形成碱-骨料反应。 （　　）

三、选择题

1. 为了调节水泥的凝结时间，常掺入适量的（　　）。

A. 石灰　　　　　　　　B. 石膏　　　　　　　　C. 粉煤灰　　　　　　　　D. MgO

2. 硅酸盐水泥熟料中对强度贡献最大的是（　　）。

A. C_3S　　　　　　　　B. C_2S　　　　　　　　C. C_3A　　　　　　　　D. C_4AF

3. 水泥是由几种矿物组成的混合物,改变熟料中矿物组成的相对含量,水泥的技术性能会随之改变,主要提高(　　)含量可以制备快硬高强水泥。

A. C_3S　　　　　　　B. C_2S　　　　　　　C. C_3A　　　　　　　D. C_4AF

4. 硅酸盐水泥水化时,放热量最大且放热速度最快的是(　　)。

A. C_3S　　　　　　　B. C_2S　　　　　　　C. C_3A　　　　　　　D. C_4AF

四、实践应用

1. 工地仓库中存有一种白色胶凝材料,可能是生石灰粉、白水泥、石膏粉,请用简便方法区别。

2. 进场 42.5 号普通硅酸盐水泥,检验 28 d 强度结果如下:抗压破坏荷载:62.0 kN、63.5 kN、61.0 kN、65.0 kN、61.0 kN、64.0 kN。抗折破坏荷载:3.38 kN、3.81 kN、3.82 kN。问该水泥 28 d 试验结果是否达到原强度等级?若该水泥存放期已超过三个月可否凭以上试验结果判定该水泥仍按原强度等级使用?

成绩评定单

成绩评定单如表 3-11 所示。

表 3-11　成绩评定单

检查项目	分项总分	个人自评(20%)	组内互评(30%)	教师评定(50%)
学习态度	20			
知识掌握	15			
技能应用	15			
任务完成	25			
爱护公物	10			
团队合作	15			
合计	100			

任务 **2** 水泥的应用

教学目标

知识目标

(1) 掌握不同品种水泥的特点和适用性。

(2) 理解水泥石腐蚀的原因和防腐措施。

技能目标

（1）会分析水泥应用环境并选择合适的水泥品种。

（2）能根据工程现状分析水泥应用的不当之处并提出防治措施。

学习任务单

任务描述

在咸阳职业技术学院 2 号综合实训楼项目中，基础和主体部分的混凝土及砌筑砂浆都用到了水泥这种建筑材料。师傅问小王，这些地方用到的水泥有什么区别？基础中的钢筋混凝土长期处于潮湿的地下环境，为什么不会出现水泥石腐蚀的情况？你能帮小王回答师傅提出的问题么？

咨询清单

（1）不同品种水泥的特点及适用性。

（2）水泥石腐蚀的原因和防腐措施。

成果要求

（1）请你为咸阳职业技术学院 2 号综合实训楼项目中不同部位用到的水泥品种和规格进行正确匹配。

（2）请找出咸阳职业技术学院 2 号综合实训楼项目中应用到了哪些水泥石防腐措施？

完成时间

资讯学习 40 min，任务完成 40 min，评估 20 min。

资讯交底单

一、不同品种水泥的特点及适用性

（一）通用硅酸盐水泥的特性

1. 硅酸盐水泥（P）

（1）凝结硬化快、强度高，适用于早期强度要求高、重要结构的高强度混凝土和预应力混凝土工程。

（2）抗冻性、耐磨性好，适用于冬期施工以及严寒地区遭受反复冻融作用的混凝土工程。

（3）水化热大，不适用于大体积混凝土工程。

（4）耐腐蚀性能较差，不适用于受软水、海水及其他腐蚀性介质作用的混凝土工程。

（5）耐热性差。

2. 普通硅酸盐水泥（P·O）

同硅酸盐水泥相近。

3. 矿渣硅酸盐水泥（P·S）、火山灰质硅酸盐水泥（P·P）、粉煤灰硅酸盐水泥（P·F）

1）共性

（1）凝结硬化慢，早期强度低，后期强度发展较快。不适用于早期强度要求较高的混凝土工程。

（2）水化热低。适用于大体积混凝土工程。

（3）耐腐蚀性能好。

（4）抗冻性差，不适用于有抗冻要求的混凝土工程。

（5）抗碳化能力较差。不适用于二氧化碳浓度较高的环境。

（6）温度敏感性强，适合蒸汽养护。

2）个性

（1）矿渣水泥：耐热性较好。适用于有耐热要求的混凝土结构工程。

（2）火山灰质水泥：较高的抗渗性和耐水性。不适用于长期处于干燥环境和水位变化范围内的混凝土工程以及有耐磨要求的混凝土工程。

（3）粉煤灰水泥：干缩性比较小，抗裂性能好。分厂适用于有抗裂性能要求的混凝土工程；不适用于有耐磨要求的、长期处于干燥环境和水位变化范围内的混凝土工程。

4. 复合硅酸盐水泥

协同效应可使 P·C 水泥具有比 P·S、P·P、P·F 水泥更优的性能。具体性能取决于混合材料的掺入品种和数量。

通用水泥各类型袋装示意图如 3-18 所示。

图 3-18　通用水泥各类型袋装示意图

（二）其他品种水泥的特性

1. 快凝快硬硅酸盐水泥（简称"双快水泥"）

1）组成及定义

以硅酸三钙、氟铝酸钙为主的水泥熟料，加上适量硬石膏、粒化高炉矿渣、无水硫酸钠，经磨细制成的一种凝结快、小时强度增长快的水硬性胶凝材料。

2）凝结时间及强度表现

初凝时间不得早于 10 min，终凝时间不得迟于 60 min。以 4 h 的抗压强度值划分等级，有双快-150 和双快-200 型号，4 h 抗压强度表现分别为 14.7 MPa 和 19.6 MPa。

3）特点

凝结硬化快、早期强度增长快（1 h 抗压强度可达到相应的强度等级）。适用于对早期强度要求高的、军事工程、低温条件下施工和桥梁、隧道、涵洞等紧急抢修工程。不宜用于大体积混凝土工程和有耐腐蚀要求的工程。

2. 抗硫酸盐硅酸盐水泥

1）组成及定义

以特定矿物组成（铝酸三钙含量较低）的硅酸盐水泥熟料，加入适量石膏，磨细制成的具有抵抗硫酸根离子侵蚀的水硬性胶凝材料。根据抵抗酸性程度不同分为中等（P-MSR）和高等（P-HSR）抗硫酸盐硅酸盐水泥两个型号。

2）凝结时间及强度表现

初凝时间不得早于 45 min，终凝时间不得迟于 10 h。以 28 d 的抗压强度值划分等级，有 32.5 和 42.5 型号。

3）特点

具有较高的抗硫酸盐侵蚀能力，水化热较低。主要用于受硫酸盐侵蚀的海港、水利、地下隧道、引水、道路与桥梁基础等工程。

3. 铝酸盐水泥

1）组成及定义

以铝酸钙为主的铝酸盐水泥熟料，磨细制成的水硬性胶凝材料，代号 CA。主要矿物成分为铝酸一钙（70％）。

2）水化和硬化

铝酸一钙与水反应的过程，产物主要是水化铝酸一钙、水化铝酸二钙和水化铝酸钙，根据温度不同得到不同产物。

3）技术性质

色呈黄、褐或灰色。由国家标准《铝酸盐水泥》（GB/T 201—2015）规定，分为 CA-50、CA-60、CA-70、CA-80 四种类型，数字代表氧化铝的百分比含量。

4）特点和应用

凝结硬化快，早期强度增长快，适用于紧急抢修工程和早期强度要求高的混凝土工程。具有较高的耐热性，可制成耐热混凝土。具有较好的抗渗性和抗硫酸盐侵蚀能力，适用于有抗渗、抗硫酸盐侵蚀要求的混凝土，但不得用于与碱溶液接触的工程。不宜用于长期承受荷载作用的结构工程。不能蒸汽养护。

5）储运注意事项

严禁与硅酸盐水泥或石灰相混，否则产生瞬凝现象。

4. 砌筑水泥

1）组成及定义

一种及其以上的水泥混合材料，加上适量硅酸盐水泥熟料和石膏，磨细制成的工作性较好的水硬性胶凝材料,代号为 M。

2)技术性质

初凝时间不得早于 60 min,终凝时间不得迟于 12 h。

以 28 d 的抗压强度值划分等级,有 12.5 和 22.5 两种型号。

3)特点

凝结硬化慢,强度低,成本低,工作性较好。适用于配置砌筑砂浆、抹面砂浆、基础垫层混凝土。

5. 道路硅酸盐水泥

1)组成及定义

由道路硅酸盐水泥熟料(主要成分硅酸钙和铁铝酸盐)、小于 10% 的活性混合材料和适量石膏磨细制成。代号 PR。

2)技术性质

初凝时间不得早于 1.5 h,终凝时间不得迟于 10 h。

以 28 d 的抗压强度值划分等级,有 32.5、42.5 和 52.5 几种型号。

3)特点

早强、抗折强度高、干缩性小、耐磨性好、抗冲击性好、抗冻性和耐久性好、裂缝和磨耗病害少的特点。适用于公路路面、机场跑道、城市广场、停车场等。

6. 白色硅酸盐水泥

1)组成及定义

由氧化铁含量少的硅酸盐水泥熟料、适量石膏及规定的混合材料经磨细制成,代号为 PW。

2)技术性质

初凝时间不得早于 45 min,终凝时间不得迟于 10 h。

以 28 d 的抗压强度值划分等级,有 32.5、42.5 和 52.5 几种型号。

3)特点

强度高、色泽洁白。适用于配置彩色砂浆和涂料、彩色混凝土等,用于建筑物的内外装修、生产彩色硅酸盐水泥。

其他水泥品种袋装示意图如 3-19 所示。

图 3-19 其他水泥品种袋装示意图

（三）水泥品种的选择

1）根据环境条件选择水泥品种

干燥环境：优选：P·I、P·II；不宜用：掺混合材料的水泥。

潮湿环境：优选掺混合材水泥。

严寒环境：优选：P·I、P·II、P·O；不宜用：其他掺混合材料的水泥。

高温环境：优选：P·S。

侵蚀性较强环境：优选：掺混合材料的水泥；不宜选：P·I、P·II。

严寒地区处于水位升降范围的混凝土：优选：P·I、P·II、P·O；不宜用：其他掺混合材料的水泥。

2）根据工程特点选择水泥

大体积混凝土：优选：低热水泥或掺混合材料的水泥。

工业窑炉及基础：优选：P·S、CA，温度不高时可选 P·O。

快速施工、紧急抢修：选快硬硅酸盐水泥、快硬硫铝酸盐水泥。

防水、堵漏：选 CA，膨胀水泥。

位于水中和地下部位的混凝土、采用蒸汽养护等湿热处理的混凝土：优先：P·S、P·P、P·F。

3）水泥强度等级的选择原则

高强、重要结构及预应力结构混凝土：C30～C60：选 42.5 级水泥；C70～C80：选 52.5 或 42.5 级；C90 及其以上：选 52.5 或 62.5 级。

低强度混凝土、水泥砂浆：C30 以下混凝土、M25 以下砂浆选用 32.5 级。

（四）水泥的运输和储存

（1）原则：不同品种、等级和出厂日期的水泥应分别储运，不得混杂。

（2）水泥的运输：注意防潮。

（3）储存：注意防潮，袋装水泥应用木料垫高出地面 30 cm，四周离墙 30 cm，堆置高度一般不超过 10 袋，散装水泥储存于专用的水泥罐中；分类存储；坚持现存现用，不可储存过久；通用水泥不宜超过 3 个月；高铝水泥不宜超过 2 个月；快硬水泥不宜超过 1 个月。否则重新测定等级，按实测强度使用。水泥等级越高，越细则吸湿受潮越严重。在正常储存条件下，经 3 个月后，水泥强度约降低 10％～25％；储存 6 个月降低 25％～40％。

水泥正确存储示意图如 3-20 所示；水泥受潮结块示意图如图 3-21 所示。

图 3-20　袋装水泥存储示意图

图 3-21　水泥受潮结块示意图

拓展咨询

水泥石腐蚀的原因和防腐措施

一、水泥石腐蚀的原因

在正常环境条件下,水泥石的强度会不断增长。然而某些环境因素(如某些侵蚀性液体或气体)却能引起水泥石强度的降低,严重的甚至引起混凝土的破坏,这种现象称为水泥石的腐蚀。在道路与桥隧构筑物中可能遇到。腐蚀情况有以下几种。

(一)水化物氢氧化钙 $Ca(OH)_2$ 的溶失

1. 溶析性侵蚀

溶析性侵蚀又称淡水侵蚀或溶出侵蚀,是指硬化水泥石中的水化产物被淡水溶解并带走的一种侵蚀现象。在水泥石的各种水化物中,$Ca(OH)_2$ 溶解度最大,在淡水中会首先被溶出。当水量不多,或在静水、无压的情况下,水中 $Ca(OH)_2$ 浓度很快达到饱和程度,溶出作用也就中止。但在大量或流动的水中,水流会不断地将 $Ca(OH)_2$ 溶出并带走。

2. 镁盐侵蚀

在海水、地下水或矿泉水中,常含有较多的镁盐,一般以氯化镁、硫酸镁形态存在。镁盐与水泥石中的氢氧化钙起置换作用,生成松软且胶凝性不高的氢氧化镁。

3. 碳酸侵蚀

在工业污水或地下水中常溶解有较多的二氧化碳(CO_2),CO_2 与水泥石中的氢氧化钙 $[Ca(OH)_2]$ 作用,可生成碳酸钙($CaCO_3$),$CaCO_3$ 再与水中的碳酸作用,生成可溶的重碳酸钙 $[Ca(HCO_3)_2]$ 而溶失。

氢氧化钙的大量溶失,不仅使水泥石的密度和强度降低,而且导致水泥石的碱度降低,随之将引起水化硅酸钙(CSH)和水化铝酸钙的不断分解,水泥石内部不断受到破坏,强度不断降低,最终将会引起整个混凝土结构物的破坏。

(二)硫酸盐侵蚀

穿越海湾、沼泽或跨越污染河流的道路结构、沿线桥涵墩台,有时会受到海水、沼泽水、工业污水的侵蚀,这些水中常常含有碱性硫酸盐(如 Na_2SO_4、K_2SO_4)等。这些硫酸盐先与水泥石中的氢氧化钙作用生成硫酸钙,即二水石膏($CaSO_4 \cdot 2H_2O$),这种生成物再与水泥石中的水化铝酸钙反应生成钙矾石,其体积约为原来的水化铝酸钙体积的 2.5 倍,从而使硬化水泥石中的固相体积增加很多,产生相当大的结晶压力,造成水泥石开裂甚至毁坏。

（三）强酸与强碱的腐蚀

1. 酸

酸类离解出来的 H＋离子和酸根 R-离子,分别与水泥石中 $Ca(OH)_2$ 的 OH^- 和 Ca^{2+} 结合成水和钙盐。

$$2H^+ + 2OH^- = 2H_2O \qquad Ca^{2+} + 2R^- = CaR_2$$

碳酸腐蚀。在工业污水、地下水中常溶解有较多的二氧化碳,这种水对水泥石的腐蚀作用是通过下面方式进行的。

开始时二氧化碳与水泥石中的氢氧化钙作用生成碳酸钙:

$$Ca(OH)_2 + CO_2 + H_2O \rightarrow CaCO_3 + 2H_2O$$

生成的碳酸钙再与含碳酸的水作用转变成重碳酸钙,是可逆反应:

$$CaCO_3 + CO_2 + H_2O \Longleftrightarrow Ca(HCO_3)_2$$

生成的重碳酸钙易溶于水。当水中含有较多的碳酸,并超过平衡浓度,则上式反应向右进行。因此水泥石中的氢氧化钙,通过转变为易溶的重碳酸钙而溶失。氢氧化钙浓度降低,还会导致水泥石中其他水化物的分解,使腐蚀作用进一步加剧。

一般酸的腐蚀。在工业废水、地下水、沼泽水中常含无机酸和有机酸,工业窑炉中的烟气常含有氧化硫,遇水后即生成亚硫酸。各种酸类对水泥石都有不同程度的腐蚀作用。它们与水泥石中的氢氧化钙作用后生成的化合物,或者易溶于水,或者体积膨胀,在水泥石内造成内应力而导致破坏。腐蚀作用最快的是无机酸中的盐酸、氢氟酸、硝酸、硫酸和有机酸中的醋酸、蚁酸和乳酸。

例如,盐酸与水泥石中的氢氧化钙作用:$2HCl + Ca(OH)_2 = CaCl_2 + 2H_2O$。生成的氯化钙易溶于水。

硫酸与水泥石中的氢氧化钙作用:$H_2SO_4 + Ca(OH)_2 = CaSO_4 \cdot 2H_2O$。生成的二水石膏或者直接在水泥石孔隙中结晶产生膨胀,或者再与水泥石中的水化铝酸钙作用,生成高硫型水化硫铝酸钙,其破坏性更大。

2. 碱

碱类溶液如浓度不大时一般是无害的。但铝酸盐含量较高的硅酸盐水泥遇到强碱(如氢氧化钠)作用后也会破坏。氢氧化钠与水泥熟料中未水化的铝酸盐作用,生成易溶的铝酸钠:

$$3CaO \cdot Al_2O_3 + 6NaOH = 3Na_2O \cdot Al_2O_3 + 3Ca(OH)_2$$

当水泥石被氢氧化钠浸透后又在空气中干燥,与空气中的二氧化碳作用而生成碳酸钠:

$$2NaOH + CO_2 = Na_2CO_3 + H_2O$$

碳酸钠在水泥石毛细孔中结晶沉积,而使水泥石胀裂。

$$NaOH + CO_2 + H_2O \rightarrow Na_2CO_3 \cdot 10H_2O$$

二、水泥石的腐蚀的原因

（1）水泥石中存在有引起腐蚀的组分氢氧化钙和水化铝酸钙。

（2）水泥石本身不密实,有很多毛细孔通道,侵蚀介质易于进入其内部。

（3）腐蚀与通道相互作用。

三、水泥石的腐蚀的防止

根据以上分析可知,引起水泥石腐蚀的主要内因是水泥石中含有相当数量氢氧化钙,以及一定数量的水化铝酸钙(C_3A的水化产物)。水泥石中的各种孔隙及孔隙通道使得外界侵蚀性介质易于侵入。所以为防止或减轻水泥石的腐蚀,通常可采用下列措施。

(1)根据腐蚀环境特点,合理选用水泥品种:可以选用水化产物中$Ca(OH)_2$含量少的水泥,以降低氢氧化钙溶失对水泥石的危害;选用C_3A的含量低的水泥,降低硫酸盐类的腐蚀作用。

(2)提高水泥石的密实程度,降低水泥石的孔隙率。

(3)可以在水泥混凝土表面敷设一层耐腐蚀性强且不透水的保护层(通常可采用耐酸石料、耐酸陶瓷、玻璃、塑料或沥青等),以杜绝或减少腐蚀介质渗入水泥石内部。

(4)浸渍。

成果验收单

任务1 请你调查某工程项目中所应用的水泥品种、规格,并填写在表3-12中。

表3-12 水泥选型结果表

水 泥 品 种	应 用 部 位	适 用 原 因

任务2 请找出某项目中应用到了哪些水泥石防腐措施?请汇总于表3-13中。

表3-13 水泥防腐措施应用情况汇总表

措 施 描 述	应 用 部 位	采 用 原 因

课后练习与作业

一、填空

1. 硅酸盐水泥分为_____个强度等级,其中有代号R表示_____型水泥。

2. 掺混合材料的硅酸盐水泥与硅酸盐水泥相比,早期强度_____,后期强度_____,水化热_____,耐蚀性_____,蒸汽养护效果_____,抗冻性_____,抗碳化能力_____。

3. 防止水泥石腐蚀的措施主要有_____、_____、_____。

二、判断题

1. 有抗渗要求的混凝土不宜选用矿渣硅酸盐水泥。 ( )

2. 粉煤灰水泥由于掺入了大量的混合材料,故其强度比硅酸盐水泥低。 ( )

3. 因为火山灰水泥的耐热性差,故不适宜采用蒸汽养护。 ( )

4. 凡溶有二氧化碳的水均对硅酸盐水泥有腐蚀作用。( )

5. 水泥是碱性物质,因此其可以应用于碱性环境中而不受侵蚀。( )

三、选择题

1. 硅酸盐水泥的下列性质和应用中何者不正确?( )

A. 强度等级高,常用于重要结构

B. 含有较多的氢氧化钙,不易用于有水压作用的工程

C. 凝结硬化快,抗冻性好,适用于冬季施工

D. 水化时放热大,宜用于大体积混凝土工程

2. 紧急抢修工程宜选用( )。

A. 硅酸盐水泥 B. 普通硅酸盐水泥

C. 硅酸盐膨胀水泥 D. 快硬硅酸盐水泥

3. 建造高温车间和有耐热要求的混凝土构件,宜选用( )。

A. 硅酸盐水泥 B. 普通水泥 C. 矿渣水泥 D. 火山灰水泥

4. 一般气候环境中的混凝土,应优先选用( )。

A. 粉煤灰水泥 B. 普通水泥 C. 矿渣水泥 D. 火山灰水泥

5. 火山灰水泥( )用于受硫酸盐介质侵蚀的工程。

A. 可以 B. 不可以 C. 适宜

6. 采用蒸汽养护加速混凝土硬化,宜选用( )水泥。

A. 硅酸盐 B. 高铝 C. 矿渣 D. 粉煤灰

7. 硅酸盐水泥腐蚀的基本原因是:( )。

A. 含有过多的游离 CaO B. 水泥石中存在 $Ca(OH)_2$

C. 水泥石不密实 D. 掺石膏过多

四、实践应用

结合所学内容,请分别为下列混凝土构件和工程选用合适的水泥品种。

(1) 现浇混凝土楼板、梁、柱。

(2) 采用蒸汽养护的混凝土预制构件。

(3) 紧急抢修的工程或紧急军事工程。

(4) 大体积混凝土坝和大型设备基础。

(5) 高炉基础。

(6) 海港码头工程。

成绩评定单

成绩评定单如表 3-14 所示

表 3-14　成绩评定单

检 查 项 目	分 项 总 分	个人自评(20%)	组内互评(30%)	教师评定(50%)
学习态度	20			
知识掌握	15			
技能应用	15			
任务完成	25			
爱护公物	10			
团队合作	15			
合　计	100			

学习情境 **4**

混凝土的检测及应用

任务 **1** 混凝土组成材料的技术性能及检测

○ ○ ○

教学目标

知识目标

（1）了解混凝土的类型和特点。

（2）掌握混凝土组成材料的技术要求。

技能目标

（1）能对混凝土组成材料进行质量检测。

（2）会查阅混凝土组成材料的技术标准。

学习任务单

任务描述

某校综合实训楼项目主体施工需用大量的混凝土。小李作为建筑材料质量检测中心的试验员，接受了对该项目的混凝土拌合物进行质量检测的任务。你能和小李一起完成这项工作任务么？

咨询清单

（1）混凝土的特点和分类。

（2）混凝土组成材料的技术要求及质量标准。

（3）混凝土组成材料的质量检测方法。

成果要求

对某校综合实训楼项目混凝土梁、板所用的 C40 混凝土各组成材料进行质量检测，并给出检测结果。

完成时间

资讯学习 100 min,任务完成 100 min,评估 60 min。

资讯交底单

一、混凝土的特点和分类

1. 混凝土的概念

由胶凝材料(有机、无机或有机无机复合物)、颗粒状骨料/集料,以及必要时加入的化学外加剂和矿物掺合料等组分形成的混合物,开始具有可塑性,硬化后具有一定的强度的具有堆聚状结构的复合材料称为混凝土。

2. 混凝土的特点

混凝土具有原材料资源丰富、价格低廉,符合就地取材和经济的原则;凝结前有良好的塑性,便于浇筑;配合比可调整,以满足不同工程要求硬化后具有较高的力学强度和良好的耐久性;与钢筋有较高的握裹强度;充分利用工业废料,利于环境保护等优点。因此,在当前施工中混凝土得到了广泛应用。然而,混凝土同时还具有自重大,比强度小,脆性大,易开裂,抗拉强度低,施工周期较长,质量波动较大等缺点。因此,在使用混凝土材料时一定要注意控制混凝土的质量。

3. 混凝土的分类

混凝土按不同的分类原则,有以下多种类型。

按用途不同,混凝土有:结构混凝土、大体积混凝土、防水混凝土、道路混凝土、水工混凝土、耐热混凝土、耐酸混凝土、防射线混凝土、膨胀混凝土等类型。

按生产方法不同,混凝土有:预拌混凝土、现场搅拌混凝土两种类型。

按施工方法不同,混凝土有:泵送混凝土、喷射混凝土、碾压混凝土、挤压混凝土、压力注浆混凝土、离心混凝土等类型。

按强度等级不同,混凝土有:低强混凝土、中强混凝土、高强混凝土、超高强混凝土等类型。

按表观密度不同,混凝土有:重混凝土(干表观密度大于 2 600 kg/m³)、普通混凝土(干表观密度 2 000～2 500 kg/m³)和轻混凝土(干表观密度小于 1 950 kg/m³)三种类型。

按使用的胶凝材料不同,混凝土可分为:水泥混凝土、硅酸盐混凝土(灰砂、灰渣混凝土)、石膏混凝土、水玻璃混凝土、沥青混凝土、聚合物混凝土等多种类型。

若按流动度不同,混凝土有:干硬性混凝土(坍落度小于 10 mm)、塑性混凝土(坍落度为 10～90 mm)、流动性混凝土(坍落度为 100～150 mm)、大流动性混凝土(坍落度大于或等于 160 mm)四种类型。

二、混凝土组成材料的技术要求及质量标准

在生产不同类型混凝土时,都需要满足以下五个方面的基本技术要求:满足于使用环境相

适应的耐久性;满足设计的强度等级;满足施工规定所需的工作性要求;满足业主或施工单位渴望的经济性要求;满足可持续发展所需的生态性要求。

为了满足混凝土的基本技术要求,需要从生产混凝土的各组成材料开始,进行严格的质量控制。

1. 水泥

在生产混凝土时,最重要的组成材料水泥要进行恰当的品种选择,在前一学习任务中已学习过。而对不同品种的水泥强度等级的恰当匹配时,要遵循"高强高配,低强低配"的原则。在一般情况下,水泥强度等级为所配混凝土强度等级的1.5~2.0倍。

2. 细骨料:0.15~4.75 mm(含4.75 mm)

细骨料又称为砂,按来源不同,有天然砂和人工砂两种类型。

细骨料从技术要求等级方面可分为:Ⅰ、Ⅱ、Ⅲ类。Ⅰ类宜用于配置强度等级大于C60的混凝土;Ⅱ类砂宜用于配置强度等级C30~C60及有抗冻、抗渗或有其他要求的混凝土;Ⅲ类宜用于配置强度等级小于C30的混凝土和建筑砂浆。

细骨料的技术指标根据《建筑用砂》(GB/T 14684—2011)的要求,要从颗粒级配状况、含泥量、石粉含量和泥块含量、有害物质含量、坚固性、表观密度、松散堆积密度、空隙率、碱集料反应、含水率和饱和面干吸水率方面进行抽样检测。具体技术指标如表4-1至表4-8所示。

含泥量——天然砂中粒径小于75 μm的颗粒含量;

石粉含量——机制砂中粒径小于75 μm的颗粒含量;

泥块含量——砂中原粒径大于1.18 mm,经水浸洗、手捏后小于600 μm的颗粒含量;

细度模数——衡量砂粗细程度的指标,用M_x表示;砂的粗细程度是指不同粒径的砂粒,混合在一起后的总体的粗细程度。

细度模数(M_x)愈大,表示砂愈粗,普通混凝土用砂的细度模数范围一般为3.7~0.7,理想的细度模数为2.75,其中:μ_f在3.7~3.1为粗砂;μ_f在3.0~2.3为中砂;μ_f在2.2~1.6为细砂;μ_f在1.5~0.7为特细砂。在相同用砂量条件下,细砂的总表面积较大,粗砂的总表面积较小。在混凝土中砂子表面需用水泥浆包裹,赋予流动性和黏结强度,砂子的总表面积越大,则需要包裹砂粒表面的水泥浆就越多。一般用粗砂配制混凝土比用细砂所用水泥为省。

砂的颗粒级配——不同大小颗粒和数量比例的砂子的组合或搭配情况,谓之颗粒级配。常用砂的筛分析方法进行测定。用级配曲线表示砂的级配(见图4-1)。

坚固性——砂在自然风化和其他外界物理化学因素作用下抵抗破裂的能力。

碱集料反应——水泥/外加剂等混凝土组成物及环境中的碱与集料中碱活性矿物在潮湿环境下缓慢发生并导致混凝土开裂破坏的膨胀反应。

经碱集料反应试验后,试件应无裂缝、酥裂、胶体外溢等现象,在规定的试验龄期膨胀率应小于0.10%。

砂表观密度、松散堆积密度应符合如下规定:表观密度不小于2 500 kg/m³;松散堆积密度不小于1 400 kg/m³;空隙率不大于44%。

当用户对含水率和饱和面干吸水率有要求时,应报告其实测值。

表 4-1　颗粒级配

砂的分类	天然砂			机制砂		
级配区	1区	2区	3区	1区	2区	3区
方筛孔	累计筛余/(%)					
4.75 mm	10～0	10～0	10～0	10～0	10～0	10～0
2.36 mm	35～5	25～0	15～0	35～5	25～0	15～0
1.18 mm	65～35	50～10	25～0	65～35	50～10	25～0
600 μm	85～71	70～41	40～16	85～71	70～41	40～16
300 μm	95～80	92～70	85～55	95～80	92～70	85～55
150 μm	100～90	100～90	100～90	97～85	94～80	94～75

表 4-2　级配类别

类　别	I	II	III
级　配　区	2区	1、2、3区	

表 4-3　含泥量和泥块含量

类　别	I	II	III
含泥量(按质量计)/(%)	≤1.0	≤3.0	≤5.0
泥块含量(按质量计)/(%)	0	≤1.0	≤2.0

表 4-4　石粉含量和泥块含量(MB 值≤1.4 或快速法试验合格)

类　别	I	II	III
MB 值	≤0.5	≤1.0	≤1.4 或合格
石粉含量(按质量计)/(%)ᵃ	≤10.0		
泥块含量(按质量计)/(%)	0	≤1.0	≤2.0

a 此指标根据使用地区和用途,经试验验证,可由供需双方协商确定。

表 4-5　石粉含量和泥块含量(MB 值＞1.4 或快速法试验不合格)

类　别	I	II	III
石粉含量(按质量计)/(%)	≤1.0	≤3.0	≤5.0
泥块含量(按质量计)/(%)	0	≤1.0	≤2.0

表4-6 有害物质限量

类 别	Ⅰ	Ⅱ	Ⅲ
云母	≤1.0	≤2.0	
轻物质(按质量计)/(%)	≤1.0		
有机物	合格		
硫化物及硫酸盐(按 SO_3 质量计)/(%)	≤0.5		
氯化物(以氯离子质量计)/(%)	≤0.01	≤0.02	≤0.06
贝壳(按质量计)/(%)[a]	≤3.0	≤5.0	≤8.0

a 该指标仅适用于海砂,其他砂种不作要求。

表4-7 坚固性指标

类 别	Ⅰ	Ⅱ	Ⅲ
质量损失/(%)	≤8		≤10

说明:采用硫酸钠溶液法进行试验,砂的质量损失应符合表4-7的规定。

表4-8 压碎指标

类 别	Ⅰ	Ⅱ	Ⅲ
单级最大压碎指标/(%)	≤20	≤25	≤30

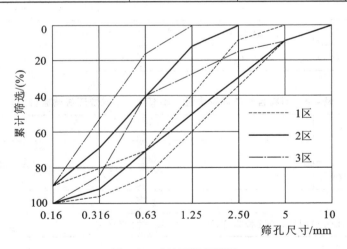

图4-1 砂的颗粒级配区

3. 粗骨料:粒径>4.75 mm 的岩石颗粒

粗骨料又称为石子,按来源不同,有卵石和碎石之分。

粗骨料从技术要求等级方面可分为:Ⅰ、Ⅱ、Ⅲ类。Ⅰ类宜用于配置强度等级大于C60的混凝土;Ⅱ类宜用于配置强度等级C30~C60及有抗冻、抗渗或有其他要求的混凝土;Ⅲ类宜用于配置强度等级小于C30的混凝土和建筑砂浆。

粗骨料的技术指标根据《建设用卵石、碎石》(GB/T 14685—2011)的要求,要从颗粒级配状况、含泥量、泥块含量、针片状颗粒含量、有害物质含量、坚固性、岩石抗压强度、压碎指标、表观密度、连续级配松散堆积空隙率、碱集料反应、含水率和堆积密度、吸水率方面进行抽样检测。具体技术指标如表4-9至表4-16所示。

表4-9 颗粒级配

公称粒级/mm		累计筛余/(%)											
		方孔筛/mm											
		2.36	4.75	9.50	16.0	19.0	26.5	31.5	37.5	53.0	63.0	75.0	90
连续粒级	5~15	95~100	85~100	30~60	0~10	0							
	5~20	95~100	90~100	40~80	—	0~10	0						
	5~25	95~100	90~100	—	30~70	—	0~5	0					
	5~31.5	95~100	90~100	70~90		15~45	—	0~5	0				
	5~40	—	95~100	70~90		30~65	—	—	0~5	0			
单粒粒级	5~10	95~100	80~100	0~15	0								
	10~16		95~100	80~100	0~15								
	10~20		95~100	85~100		0~15	0						
	16~25			95~100	55~70	25~40	0~10						
	16~31.5		95~100		85~100			0~10	0				
	20~40			95~100		80~100			0~10	0			
	40~80					95~100			70~100	30~60	0~10	0	

表4-10 含泥量和泥块含量

类 别	Ⅰ	Ⅱ	Ⅲ
含泥量(按质量计)/(%)	≤0.5	≤1.0	≤1.5
泥块含量(按质量计)/(%)	0	≤0.2	≤0.5

表4-11 针片状颗粒含量

类 别	Ⅰ	Ⅱ	Ⅲ
针片状颗粒总含量(按质量计)/(%)	≤5	≤10	≤15

表4-12 有害物质限量

类 别	Ⅰ	Ⅱ	Ⅲ
有机物	合格		
硫化物及硫酸盐(按SO₃质量计)/(%)	≤0.5	≤1.0	≤1.0

粗骨料的坚固性采用硫酸钠溶液法进行试验,卵石、碎石的质量损失应符合表 4-13 的规定。

表 4-13 坚固性指标

类　别	I	II	III
质量损失/(%)	≤5	≤8	≤12

在水饱和状态下,其抗压强度火成岩应不小于 80 MPa,变质岩应不小于 60 MPa,水成岩应不小于 30 MPa。

表 4-14 压碎指标

类　别	I	II	III
碎石压碎指标/(%)	≤10	≤20	≤30
卵石压碎指标/(%)	≤12	≤14	≤16

卵石、碎石表观密度、连续级配松散堆积空隙率应符合如下规定:表观密度不小于 2 600 kg/m³;连续级配松散堆积空隙率应符合表 4-15 的规定。

表 4-15 连续级配松散堆积空隙率

类　别	I	II	III
空隙率/(%)	≤43	≤45	≤47

表 4-16 吸水率

类　别	I	II	III
吸水率/(%)	≤1.0	≤2.0	≤2.0

碱集料反应试验后,试件应无裂缝、酥裂、胶体外溢等现象,在规定的试验龄期膨胀率应小于 0.10%。

4. 水

水包括拌合水和养护水,可供饮用的自来水或清洁的天然水一般均可用。处理后的工业废水经检验合格也可用。海水不可用。

5. 外加剂

混凝土外加剂是一种在混凝土拌制过程中加入的、用以改善新拌混凝土和(或)硬化混凝土性能的材料。外加剂在现代混凝土中的作用可以体现为以下方面:改善混凝土拌合物的和易性;调节混凝土的凝结硬化时间;降低水胶比,提高混凝土强度;提高混凝土耐久性(包括防渗抗裂、抗冻、抗化学腐蚀、抗碱骨料反应及抗碳化等);节约水泥,增加矿物掺合料的使用量,降低混凝土综合成本;满足混凝土的某些特殊要求,如:水下不分散、着色、自养护、自应力等。

外加剂的类型很多,主要包括:改善拌合物流变性能(各种减水剂、引气剂、泵送剂)的外加剂;调节混凝土凝结时间、硬化性能(包括缓凝剂、速凝剂、早强剂)的外加剂;改善混凝土耐久性

(引气剂、防冻剂、防水剂、阻锈剂)的外加剂;特殊功能外加剂(加气剂、膨胀剂、着色剂、消泡剂、养护剂等)。

6.掺合料

矿物掺合料是指在混凝土拌制过程中直接加入以天然矿物质或工业废渣为材料的粉状矿物质,作用是改善混凝土性能,常用的主要有粉煤灰、硅灰、沸石粉、粒化高炉矿渣粉等。

三、混凝土骨料的质量检测方法

1.细骨料的质量检测

混凝土细骨料的质量检测遵循《建筑用砂》(GB/T 14684—2011)的规范要求。检测项目包括:颗粒级配、含泥量、泥块含量、石粉含量、云母含量、轻物质含量、有机物含量、硫化物与硫酸盐含量、氯化物含量、贝壳含量、坚固性、表观密度、松散堆积密度与空隙率、碱集料反应、放射性、饱和面干吸水率。为篇幅所限,本书仅选取其中颗粒级配、含泥量、砂的表观密度、松散堆积密度与空隙率指标的检测方法。

1)取样方法

(1)在料堆上取样时,取样部位应均匀分布。取样前先将取样部位表层铲除,然后从不同部位随机抽取大致等量的砂8份,组成一组样品。

(2)从皮带运输机上取样时,应用与皮带等宽的接料器在皮带运输机机头出料处全断面定时随机抽取大致等量的砂4份,组成一组样品。

(3)从火车、汽车、货船上取样时,从不同部位和深度随机抽取大致等量的砂8份,组成一组样品。

2)取样数量

单项试验的最少取样数量应符合表4-17的规定。

表 4-17　单项试验取样数量(部分)

序　号	试 验 项 目		最少取样数量/kg
1	颗粒级配		4.4
2	含泥量		4.4
3	泥块含量		20.0
4	坚固性	天然砂	8.0
		机制砂	20.0
5	表观密度		2.6
6	松散堆积密度与空隙率		5.0
7	碱集料反应		20.0

3)试样处理

(1)分料器法:将样品在潮湿状态下拌合均匀,然后通过分料器,取接料斗中的其中一份再次通过分料器。重复上述过程,直至把样品缩分到试验所需量为止。

(2) 人工四分法：将所取样品置于平板上，在潮湿状态下拌合均匀，并堆成厚度约为 20 mm 的圆饼，然后沿互相垂直的两条直径把圆饼分成大致相等的四份，取其中对角线的两份重新拌匀，再堆成圆饼。重复上述过程，直至把样品缩分到试验所需量为止。

堆积密度、机制砂坚固性试验所用试样可不经缩分，在拌匀后直接进行试验。

4) 试验环境和试验用筛

试验环境：试验室的温度应保持在 (20±5)℃。

试验用筛：应满足 GB/T 6003.1—2012 和 GB/T 6003.2—2012 中方孔试验筛的规定，筛孔大于 4.00 mm 的试验筛应采用穿孔板试验筛。

5) 砂的颗粒级配试验

试验仪器设备有标准筛、天平、鼓风烘箱、摇筛机、浅盘、毛刷等。如图 4-2 所示。

(a) 鼓风烘箱　　　　　　　　　　(b) 摇筛机

图 4-2　砂的颗粒级配检测试验仪器设备示意图

试验步骤如下。

(1) 试样制备。按取样规定进行取样，筛除大于 9.50 mm 的颗粒（并算出其筛余百分率），并将试样缩分至约 1 100 g，放在干燥箱中于 (105±5)℃下烘干至恒量，待冷却至室温后，分为大致相等的两份备用。

注：恒量是指试样在烘干 3 h 以上的情况下，其前后质量之差不大于该项试验所要求的称量精度。

(2) 准确称取试样 500 g，精确到 1 g。

(3) 将标准筛按孔径由大到小的顺序叠放，加底盘后，将称好的试样倒入最上层的 4.75 mm 筛内，加盖后置于摇筛机上，摇约 10 min。

(4) 将套筛自摇筛机上取下，按筛孔大小顺序再逐个用手筛，筛至每分钟通过量小于试样总量 0.1% 为止。通过的颗粒并入下一号筛中，并和下一号筛中的试样一起过筛，按这样的顺序进行，直至各号筛全部筛完为止。

(5) 称取各号筛上的筛余量，试样在各号筛上的筛余量不得超过 200g，否则应将筛余试样分成两份，再进行筛分，并以两次筛余量之和作为该号的筛余量。

试验结果计算与评定如下。

(1) 计算分级筛余百分率：各号筛的筛余量与试样总量之比，计算精确至 0.1%。

(2) 计算累计筛余百分率：各号筛上的筛余百分率加上该号筛以上各筛余百分率之和，精确至 0.1%。筛分后,若各号筛的筛余量与筛底的量之和同原试样质量之差超过 1% 时,须重新试验。

(3)砂的细度模数按下式计算,精确至 0.1。

$$M_X = \frac{(A_2 + A_3 + A_4 + A_5 + A_6) - 5A_1}{100 - A_1}$$

式中:M_X——细度模数;

$A_1, A_2, \cdots, A_6$——分别为 4.75 mm、2.36 mm、1.18 mm、0.60 mm、0.30 mm、0.15 mm 筛的累计筛余百分率。

(4)累计筛余百分率取两次试验结果的算术平均值,精确至 1%。细度模数取两次试验结果的算术平均值,精确至 0.1;如两次试验的细度模数之差超过 0.20 时,须重新试验。

(5)根据各号筛的累计筛余百分率,采用修约值比较法评定该试样的颗粒级配。

6)砂的含泥量检测

试验用主要仪器设备:鼓风干燥箱(能将温度控制在(105±5)℃)、天平(称量 1 000 g,感量 0.1 g)、方孔筛(孔径为 75 μm 及 1.18 mm 的筛各一只)、容器(要求淘洗试样时,保持试样不溅出,深度大于 250 mm)、搪瓷盘、毛刷等。

试验步骤如下。

(1)按取样规定,将试样缩分至 1 100 g,放在干燥箱中于(105±5)℃下烘干至恒量,待冷却至室温后,分为大致相等的两份备用。

(2)称取试样 500 g,精确至 0.1 g,将试样倒入淘洗容器中,注入清水,使水面高于试样面约 150 mm,充分搅拌均匀后,浸泡 2 h,然后用手在水中淘洗试样,使尘屑、淤泥和黏土与砂粒分离,把浑水缓缓倒入 1.18 mm 及 75 μm 的套筛上(1.18 mm 筛放在 75 μm 筛上面),滤去小于 75 μm 的颗粒,试验前筛子的两面应先用水润湿,在整个过程中应小心防止砂粒流失。

(3)再向容器中注入清水,重复上述操作,直至容器内的水目测清澈为止。

(4)用水淋洗剩余在筛上的细粒,并将 75 μm 筛放在水中(使水面略高出筛中砂粒的上表面)来回摇动,以充分洗掉小于 75 μm 的颗粒,然后将两只筛的筛余颗粒和清洗容器中已经洗净的试样一并倒入搪瓷盘,放在干燥箱中于(105±5)℃下烘干至恒量,待冷却至室温后,称出其质量,精确至 0.1 g。

试验结果计算与评定如下。

含泥量按下式计算,精确至 0.1%:

$$Q_S = \frac{G_0 - G_1}{G_0} \times 100$$

式中:Q_S——含泥量,%;

G_0——试验前烘干试样的质量,g;

G_1——试验后烘干试样的质量,g。

含泥量取两个试样的试验结果算术平均值作为测定值,采用修约值比较法进行评定。

7)砂的表观密度检测

试验主要仪器设备:容量瓶(500 mL)、天平(称量 1 000 g,感量 0.1 g)、鼓风干燥箱[能使温度控制在(105±5)℃]、干燥器、搪瓷盘、滴管、毛刷、温度计等。

试验步骤如下。

(1)试样按规定取样,并将试样缩分至 660 g,放在干燥箱中于(105±5)℃下烘干至恒量,待冷至室温后,分成大致相等的两份备用。

(2)称取上述试样 300 g,精确至 0.1 g,将试样装入容量瓶,注入冷开水至接近 500 mL 的刻度处,用手旋转摇动容量瓶,使砂样充分摇动,排除气泡,塞紧瓶盖,静置 24 h,然后用滴管小心加水至容量瓶颈刻 500 mL 刻度线处,塞紧瓶塞,擦干瓶外水分,称其质量,精确至 1 g。

(3)将瓶内水和试样全部倒出,洗净容量瓶,再向瓶内注水至瓶颈 500 mL 刻度线处,擦干瓶外水分,称其质量,精确至 1 g。试验时试验室温度应在 15~25 ℃。

试验结果计算与评定如下。

砂的表观密度按下式计算,精确至 10 kg/m³:

$$\rho_0 = \left(\frac{G_0}{G_0 + G_2 - G_1} - \alpha_t \right) \times \rho_水$$

式中:ρ_0——砂的表观密度,kg/m³;

$\rho_水$——水的密度,1 000 kg/m³;

G_0——烘干试样的质量,g;

G_1——试样、水及容量瓶的总质量,g;

G_2——水及容量瓶的总质量,g;

α_t——水温对表观密度影响的修正系数(见表 4-18)。

表 4-18   不同水温对砂的表观密度影响的修正系数

水温/℃	15	16	17	18	19	20	21	22	23	24	25
α_t	0.002	0.003	0.003	0.004	0.004	0.005	0.005	0.006	0.006	0.007	0.008

表观密度取两次试验结果的算术平均值,精确至 10 kg/m³;如两次试验结果之差大于 20 kg/m³,须重新试验。

8)砂的堆积密度与空隙率检测试验

试验主要仪器设备:鼓风干燥箱[能使温度控制在(105±5)℃]、天平(称量 10 kg,感量 1 g)、容量筒(圆柱形金属筒,内径 108 mm,净高 109 mm,壁厚 2 mm,筒底厚约 5 mm,容积为 1 L)、方孔筛(孔径为 4.75 mm 的筛一只)、垫棒(直径 10 mm,长 500 mm 的圆钢)、直尺、漏斗或料勺、搪瓷盘、毛刷等。

试验步骤如下。

(1)按规定取样,用搪瓷盘装取试样约 3 L,置于温度为(105±5)℃的干燥箱中烘干至恒量,待冷却至室温后,筛除大于 4.75 mm 的颗粒,分成大致相等的两份备用。

(2)松散堆积密度的测定:取一份试样,用漏斗或料勺,从容量筒中心上方 50 mm 徐徐倒入,让试样以自由落体方式落下,当容量筒上部试样成堆体,且容量筒四周溢满时,即停止加料。然后用直尺沿筒口中心线向两边刮平(试验过程应防止触动容量瓶),称出试样与容量筒的总质量,精确至 1 g。

(3)紧密堆积密度的测定:取试样一份分两次装入容量筒。装完第一层后(稍高于1/2处),

在筒底垫一根直径为 10 mm 的圆钢,按住容量筒,左右交替击地面 25 次。然后装入第二层,装满后用同样的方法进行颠实(但所垫放圆钢的方向与第一层的方向垂直)。再加试样直至超过筒口,然后用钢尺或直尺沿中心线向两个相反的方向刮平,称出试样与容量筒的总质量,精确至 1 g。

试验结果计算与评定如下。

砂的松散或紧密堆积密度按下式计算,精确至 10 kg/m³:

$$\rho_1 = \frac{G_1 - G_2}{V}$$

式中:ρ_1——砂的松散或紧密堆积密度,kg/m³;

G_1——试样与容量筒总质量,g;

G_2——容量筒的质量,g;

V——容量筒的容积,L。

空隙率按下式计算,精确至 1%:

$$V_0 = \left(1 - \frac{\rho_1}{\rho_2}\right) \times 100\%$$

式中:V_0——空隙率,%;

ρ_1——试样的松散(或紧密)堆积密度,kg/m³;

ρ_2——试样的表观密度,kg/m³;

堆积密度取两次试验结果的算术平均值,精确至 10 kg/m³。空隙率取两次试验结果的算术平均值,精确至 1%。

2. 粗骨料的质量检测

混凝土粗骨料的质量检测遵循《建设用卵石、碎石》(GB/T 14685—2011)的规范要求。检测项目包括颗粒级配、含泥量和泥块含量、针片状颗粒含量、有害物质含量、坚固性、强度、压碎指标、表观密度、连续级配松散堆积孔隙率、吸水率、碱集料反应、含水率和堆积密度。因篇幅所限,本书仅选取其中颗粒级配、针片状颗粒含量、压碎指标和含水率的检测方法。

1)取样方法

(1)在料堆上取样时,取样部位应均匀分布。取样前先将取样部位表层铲除,然后从不同部位随机抽取大致等量的石子 15 份(在料堆的顶部、中部和底部均匀分布的 15 个不同部位取得)组成一组样品。

(2)从皮带运输机上取样时,应用接料器在皮带运输机机头出料处用与皮带等宽的容器,全断面定时随机抽取大致等量的石子 8 份,组成一组样品。

(3)从火车、汽车、货船上取样时,从不同部位和深度随机抽取大致等量的石子 16 份,组成一组样品。

2)取样数量

单项试验的最少取样数量应符合表 4-19 的规定。若进行几项试验时,如能保证试样经一项试验后不致影响另一项试验的结果,可用同一试样进行几项不同的试验。

表 4-19　单项试验取样数量(部分)

序号	试验项目	最大粒径/mm							
		9.5	16.0	19.0	26.5	31.5	37.5	63.0	75.0
		最少取样数量/kg							
1	颗粒级配	9.5	16.0	19.0	25.0	31.5	37.5	63.0	80.0
2	含泥量	8.0	8.0	24.0	24.0	40.0	40.0	80.0	80.0
3	泥块含量	8.0	8.0	24.0	24.0	40.0	40.0	80.0	80.0
4	针片状颗粒含量	1.2	4.0	8.0	12.0	20.0	40.0	40.0	40.0
5	有机物含量	按试验要求的粒级和数量取样							
6	硫酸盐和硫化物含量								
7	坚固性								
8	岩石抗压强度	随机选取完整石块锯切或钻取成试验用样品							
9	压碎指标	按试验要求的粒级和数量取样							
10	表观密度	8.0	8.0	8.0	8.0	12.0	16.0	24.0	24.0
11	堆积密度与空隙率	40.0	40.0	40.0	40.0	80.0	80.0	120.0	120.0
12	吸水率	2.0	4.0	8.0	12.0	20.0	40.0	40.0	40.0
13	碱集料反应	20.0	20.0	20.0	20.0	20.0	20.0	20.0	20.0
14	放射性	6.0							
15	含水率	按试验要求的粒级和数量取样							

3）试样处理

人工四分法:将所取样品置于平板上,在自然状态下拌合均匀,并堆成堆体,然后沿互相垂直的两条直径把堆体分成大致相等的四份,取其中对角线的两份重新拌匀,再堆成堆体。重复上述过程,直至把样品缩分到试验所需量为止。

堆积密度试验所用试样可不经缩分,在拌匀后直接进行试验。

4）试验环境和试验用筛

试验环境:试验室的温度应保持在(20±5)℃。

试验用筛:应满足 GB/T 6003.1—2012 和 GB/T 6003.2—2012 中方孔试验筛的规定,筛孔大于 4.00 mm 的试验筛应采用穿孔板试验筛。

5）石子的颗粒级配试验

试验仪器设备有鼓风干燥箱[能使温度控制在(105±5)℃];天平(称量 10 kg,感量 1 g);方孔筛(孔径为 2.36 mm、4.75 mm、9.50 mm、16.0 mm、19.0 mm、26.5 mm、31.5 mm、37.5 mm、53.0 mm、63.0 mm、75.0 mm、90 mm 的筛各一只,并附有筛底和筛盖,筛框内径为 300 mm);摇筛机;搪瓷盘;毛刷等。

试验步骤如下。

(1)试样制备。按取样规定进行取样,并将试样缩分至略大于表 4-20 规定的数量,烘干或风干后备用。

表 4-20 颗粒级配试验所需试样数量

最大粒径/mm	9.5	16.0	19.0	26.5	31.5	37.5	63.0	75.0
最少试样质量/kg	1.9	3.2	3.8	5.0	6.3	7.5	12.6	16.0

（2）根据试样的最大粒径，称取按表 4-19 规定数量试样一份，精确到 1 g。将试样倒入按孔径大小从上到下组合的套筛（附筛底）上，然后进行筛分。

（3）将套筛置于摇筛机上，摇 10 min；取下套筛，按筛孔大小顺序再逐个用手筛，筛至每分钟通过量小于试样总量的 0.1% 为止。通过的颗粒并入下一号筛中，并和下一号筛中的试样一起过筛，按此顺序进行，直至各号筛全部筛完为止。当筛余颗粒的粒径大于 19.0 mm 时，在筛分过程中，允许用手指拨动颗粒。

（4）称取各号筛上的筛余量，精确至 1 g。

试验结果计算与评定如下。

（1）计算分级筛余百分率：各号筛的筛余量与试样总量之比，计算精确到 0.1%。

（2）计算累计筛余百分率：各号筛及以上各筛的分级筛余百分率之和，精确至 0.1%。筛分后，若各号筛的筛余量与筛底的量之和同原试样质量之差超过 1% 时，须重新试验。

（3）根据各号筛的累计筛余百分率，采用修约值比较法评定该试样的颗粒级配。

6）石子的针片状颗粒含量试验

试验仪器设备有针状规准仪与片状规准仪（见图 4-3）；天平（称量 10 kg，感量 1 g）；方孔筛（孔径为 4.75 mm、9.50 mm、16.0 mm、19.0 mm、26.5 mm、31.5 mm、37.5 mm 的筛各一只）。

试验步骤如下。

（1）试样制备。按取样规定进行取样，并将试样缩分至略大于表 4-21 规定的数量，烘干或风干后备用。

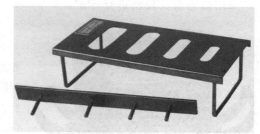

图 4-3 针状规准仪与片状规准仪

表 4-21 针片状颗粒含量试验所需试样数量

最大粒径/mm	9.5	16.0	19.0	26.5	31.5	37.5	63.0	75.0
最少试样质量/kg	0.3	1.0	2.0	3.0	5.0	10.0	10.0	10.0

（2）根据试样的最大粒径，称取按表 4-21 规定数量试样一份，精确到 1 g。然后按表 4-22 规定的粒级按颗粒级配筛分规定进行筛分。

表 4-22 针片状颗粒含量试验的粒级划分及其相应的规准仪孔宽或间距 单位：mm

石子粒级	4.75~9.50	9.50~16.0	16.0~19.0	19.0~26.5	26.5~31.5	31.5~37.5
片状规准仪相对应孔宽	2.8	5.1	7.0	9.1	11.6	13.8
针状规准仪相对应间距	17.1	30.6	42.0	54.6	69.6	82.8

（3）按表 4-22 规定的粒级分别用规准仪进行检验，凡颗粒长度大于针状规准仪上相应间距者，为针状颗粒；颗粒厚度小于片状规准仪上相应孔宽者，为片状颗粒。称出其总质量，精确至 1 g。

（4）石子粒径大于 37.5 mm 的碎石或卵石可用卡尺检验针片状颗粒，卡尺卡口的设定宽度应符合表 4-23 的规定。

表 4-23   粒径大于 37.5 mm 的针片状颗粒含量试验的粒级划分及其相应的卡尺卡口设定宽度

单位:mm

石子粒级	37.5～53.0	53.0～63.0	63.0～75.0	75.0～90.0
检验片状颗粒的卡尺卡口设定宽度	18.1	23.2	27.6	33.0
检验针状颗粒的卡尺卡口设定宽度	108.6	139.2	165.6	198.0

试验结果计算与评定如下。

针片状颗粒含量按下式计算，精确至 1%：

$$Q_c = \frac{G_2}{G_1} \times 100\%$$

式中：Q_c——针片状颗粒含量，%；

G_1——试样的质量，g；

G_2——试样中所含针片状颗粒的总质量，g。

采用修约值比较法进行评定。

图 4-4   压碎指标测定仪

7）石子的压碎指标试验

试验仪器设备有压力试验机（量程 300 kN，示值相对误差 2%）；天平（称量 10 kg，感量 1 g）；受压试模（压碎指标测定仪，见图 4-4）；方孔筛（孔径分别为 2.36 mm、9.50 mm 及 19.0 mm 的筛各一只）；垫棒（ϕ10 mm，长 500 mm 圆钢）。

试验步骤如下。

（1）试样制备。按取样规定进行取样，风干后筛除大于 19.0 mm 及小于 9.50 mm 的颗粒，并去除针片状颗粒，分为大致相等的三份备用。当试样中粒径在 9.50～19.0 mm 的颗粒不足时，允许将粒径大于 19.0 mm 的颗粒破碎成粒径在 9.50～19.0 mm 的颗粒用作压碎指标试验。

（2）称取试样 3 000 g，精确至 1 g，将试样分两层装入圆模（置于底盘上）内，每装完一层试样后，在底盘下面垫放一直径为 10 mm 的圆钢，将筒住住，左右交替颠击地面 25 下，两层颠实后，平整模内试样表面，盖上压头，当圆模装不下 3 000 g 试样时，以装至距圆模上口 10 mm 处为准。

（3）把装有试样的圆模置于压力试验机上，开动压力试验机，按 1 kN/s 的速度均匀加荷至 200 kN 并稳荷 5 s，然后卸荷，取下加压头，倒出试样，用孔径 2.36 mm 的筛筛除被压碎的细粒，称出留在筛上的试样质量，精确至 1 g。

试验结果计算与评定如下。

压碎指标按下式计算，精确至 0.1%：

$$Q_e = \frac{G_1 - G_2}{G_1} \times 100\%$$

式中：Q_e——压碎指标，%；

G_1——试样的质量，g；

G_2——压碎试验后筛余的试样质量，g。

压碎指标取三次试验结果的算术平均值，精确至1%。采用修约值比较法进行评定。

8）石子的含水率试验

试验仪器设备有鼓风干燥箱[能使温度控制在(105±5)℃]；天平（称量10 kg，感量1 g）；小铲、搪瓷盘、毛巾、刷子等。

试验步骤如下。

（1）试样制备。按取样规定进行取样，并将试样缩分至约4.0 kg，拌匀后分为大致相等的两份备用。

（2）称取试样一份，精确至1 g，放在干燥箱中于(105±5)℃下烘干至恒量，待冷却至室温后，称出其质量，精确至1 g。

试验结果计算与评定如下。

含水率按下式计算，精确至0.1%：

$$Z = \frac{G_1 - G_2}{G_2} \times 100\%$$

式中：Z——含水率，%；

G_1——烘干前试样的质量，g；

G_2——烘干后试样的质量，g。

含水率取两次试验结果的算术平均值，精确至0.1%。

成果验收单 ....

1. 混凝土细骨料性能检测试验记录

混凝土细骨料性能检测试验记录见表4-24～表4-27。

表4-24 砂的颗粒级配试验记录

试验日期：_____　　　气温/室温：_____　　　湿度：_____

筛孔尺寸/mm	9.50	4.75	2.36	1.18	0.60	0.30	0.15	筛底
筛余质量/g								
分级筛余率 a/(%)								
累计筛余率 A/(%)								
细度模数 $M_X =$ _____					$M_X =$			

试验结论：该砂属于_____砂；级配情况：_____。

级配图绘制：

表 4-25　砂的含泥量试验记录

编号	试验前烘干试样的质量/g	试验后烘干试样的质量/g	含泥量/(%)	算术平均值
1				
2				

试验结论：_____。

表 4-26　砂的表观密度试验记录

编号	试样烘干质量 m_0/g	试样＋水＋容量瓶质量 m_1/g	水＋容量瓶质量 m_2/g	水温/(℃)	砂的表观相对密度 γ_a		砂的表观密度 ρ_a/(g/cm³)	
					单值	测定值	单值	测定值
1								
2								

试验结论：_____。

表 4-27　砂的堆积密度及空隙率试验记录

试验日期：_____　　气温/室温：_____　　湿度：_____

编号	容量筒容积 V/L	容量筒质量 G_1/kg	容量筒＋砂的质量 G_2/kg	砂质量 G/kg	堆积密度/(kg.m⁻³)	平均值
1						
2						
3						

试验结论：_____。

⑦⓿

2. 混凝土粗骨料性能检测试验记录

混凝土粗骨料性能检测试验记录见表4-28～表4-31。

表4-28　石子颗粒级配试验记录

试验日期：＿＿＿＿＿＿　　气温/室温：＿＿＿＿＿＿　　湿度：＿＿＿＿＿＿

筛孔尺寸/mm							
筛余质量/g							
分级筛余率 a/(%)							
累计筛余率 A/(%)							

试验结论：碎石最大粒径＿＿＿＿＿＿ mm；级配情况：＿＿＿＿＿＿＿＿＿＿。

表4-29　石子针、片状颗粒含量试验记录

试样的质量/g	试样中所含针状颗粒的质量/g	试样中所含片状颗粒的质量/g	试样中所含针片状颗粒的总质量/g	针片状颗粒含量/(%)
1				

试验结论：＿＿＿＿＿＿＿＿＿＿＿＿＿＿＿＿＿＿。

表4-30　石子压碎指标检测试验记录

编号	试样的质量/g	压碎试验后筛余的试样质量/g	压碎指标/(%)	算术平均值
1				
2				
3				

试验结论：＿＿＿＿＿＿＿＿＿＿＿＿＿＿＿＿＿＿。

表4-31　石子含水率检测试验记录

编号	烘干前试样的质量/g	烘干后试样的质量/g	含水率/(%)	算术平均值
1				
2				

试验结论：＿＿＿＿＿＿＿＿＿＿＿＿＿＿＿＿＿＿。

课后练习与作业

一、填空

1. 砂的细度模数 M_x 在＿＿＿＿＿为粗砂，在＿＿＿＿＿为中砂，在＿＿＿＿＿为细砂。

2. 混凝土中粗骨料的最大粒径不得超过结构截面最小尺寸的＿＿＿＿＿，且不得大于钢筋最小净距的＿＿＿＿＿；对于混凝土实心板，不得超过板厚的＿＿＿＿＿，且不得超过＿＿＿＿＿ mm；

对于泵送混凝土,骨料最大粒径与输送管内径之比,碎石不宜大于_____,卵石不宜大于_____。

3. 粗骨料的强度可用岩石的_____或_____两种方法表示,压碎值的大小反映了粗骨料_____的能力,骨料的坚固性用_____法来测定。

4. 级配良好的骨料,其_____小,因此配制混凝土时可以节约水泥,并能提高混凝土的强度。

5. 建筑用砂按其技术要求分类,Ⅰ类砂宜用于_____;Ⅱ类砂宜用于_____;Ⅲ类砂宜用于_____。

6. 混凝土具有的优点有:_____;缺点有:_____。

7. 在混凝土中,水泥浆在硬化前起_____和_____作用,硬化后起_____作用;砂、石在混凝土中主要起_____作用,并不发生化学反应。

8. 配制普通混凝土时,水泥强度一般为混凝土强度等级的_____倍。

9. 混凝土所用的骨料,粒径_____的称为粗骨料,粒径_____称为细骨料。

10. 混凝土外加剂的类型有:_____。

11. 泥块含量是指砂中原粒径大于 1.18 mm,经水浸洗、手捏后小于_____的颗粒含量。

12. 天然砂的粒径一般规定为_____。

13. 砂筛分试验时,应称取每份不少于 550 g 的试样两份,分别倒入两个浅盘中,在_____的温度下烘干到恒重,冷却至室温备用。

14. 评定砂筛分试验结果时,若两次试验所得的细度模数之差大于_____,应重新取试样进行试验。

15. 砂、石的质量检测内容包括:_____。

16. 砂的细度模数是指_____;其数值的计算公式为_____。

17. 砂的颗粒级配是指_____。

二、判断题

1. 两种砂子的细度模数相同,它们的级配也一定相同。 （ ）

2. 混凝土用砂的细度模数越大,则该砂的级配越好。 （ ）

3. 级配良好的卵石骨料,其空隙率小,表面积大。 （ ）

4. 混凝土中掺入早强剂,可提高混凝土的早期强度,但对后期强度无明显影响。 （ ）

三、单选题

1. 配制混凝土用砂的要求是尽量采用（ ）的砂。

A. 空隙率小　　　　　　　　　　B. 总表面积小

C. 总表面积大　　　　　　　　　D. 空隙率和总表面积均较小

2. 碎石的颗粒形状对混凝土的质量影响甚为重要,下列何者的颗粒形状最好?（ ）

A. 片状　　　　B. 针状　　　　C. 小立方体状　　　　D. 棱锥状

3. （ ）不可用于混凝土拌合及养护用水。

A. 市政自来水　　B. 一般饮用水　　C. 洁净天然水　　D. 海水

4. 缓凝剂、早强剂和速凝剂属于（ ）。

A. 改善混凝土其他性能的外加剂

B.改善混凝土耐久性的外加剂

C.改善混凝土拌合物流动性能的外加剂

D.调节混凝土凝结时间、硬化性能的外加剂

5.混凝土中细骨料最常用的是（　　）

A.山砂　　　　B.海砂　　　　C.河砂　　　　D.人工砂

四、多选题

1.根据国家现行标准《建筑用砂》的规定，砂按技术要求可分为三类。其中Ⅱ类砂宜用于（　　）混凝土。

A.强度等级大于C60　　　B.强度等级为C30～C60　　　C.有抗冻、抗渗或其他要求

D.强度等级小于C30　　　E.建筑砂浆

2.骨料中泥和泥块含量大，将严重降低混凝土的（　　）。

A.变形性质　　B.强度　　C.抗冻性　　D.碳化性　　E.抗渗性

3.骨料的含水状态可分为（　　）。

A.干燥状态　　B.气干状态　　C.饱和面干状态　　D.浸润状态　　E.湿润状态

4.引气剂可适用的范围有（　　）。

A.抗渗混凝土　　B.抗冻混凝土　　C.轻混凝土　　D.蒸养混凝土　　E.预应力混凝土

5.对砂的质量要求包括（　　）等方面。

A.有害杂质的含量　　　B.砂的粗细程度　　　C.砂的颗粒级配

D.坚固性　　　E.砂的粒径

6.混凝土按用途进行分类，可以分为（　　）、大体积混凝土等。

A.抗渗混凝土　　　B.耐酸混凝土　　　C.现浇混凝土

D.耐热混凝土　　　E.装饰混凝土

7.关于混凝土外加剂的选择，下列叙述正确的有（　　）。

A.外加剂的品种需根据工程设计和施工要求选择，通过试验及技术经济比较进行确定

B.外加剂掺入混凝土中，不得对人体产生危害，且不得对环境产生污染

C.当不同品种外加剂复合使用时，应注意其相斥性及对混凝土性能的影响，使用前应先了解其性能特点，然后方可使用

D.掺外加剂混凝土所用的材料如水泥、砂、石、掺合料、外加剂等，均应符合国家现行的有关标准的要求

E.掺外加剂混凝土所用的水泥宜采用硅酸盐水泥、普通水泥、矿渣水泥、火山灰质水泥、粉煤灰水泥和复合水泥

五、实践应用

1.某砂样筛分试验结果如下，试画出其级配曲线，判断其粗细和级配状况。

筛孔直径/mm	4.75	2.36	1.18	0.60	0.30	0.15	<0.15
筛余质量/g	15	70	105	120	90	85	15
分计筛余 a/(%)							
累计筛余 A/(%)							

2.含水率为5%的砂220 g，其干燥后的质量是多少？

成绩评定单

成绩评定单如表4-32所示。

表 4-32　成绩评定单

检查项目	分项总分	个人自评(20%)	组内互评(30%)	教师评定(50%)
学习态度	20			
知识掌握	15			
技能应用	15			
任务完成	25			
爱护公物	10			
团队合作	15			
合计	100			

任务 2 混凝土的技术性能及检测

教学目标

知识目标

(1)掌握混凝土拌合物的和易性的概念、影响因素、改善措施。

(2)掌握混凝土的强度性能的概念、影响因素、改善措施。

(3)理解混凝土的耐久性的概念、影响因素、改善措施。

技能目标

(1)会阅读混凝土质量检测报告。

(2)能查找、阅读混凝土性能相关的标准、规范。

(3)能对混凝土拌合物的和易性和强度性能进行抽样检验。

学习任务单

任务描述

　　某学院2号综合教学楼项目基础和主体结构需要使用水泥混凝土进行浇筑,小李作为施工单位的技术员,需对进场的混凝土拌合物进行和易性和强度检测。你能和小李一起完成这项工作任务么?

咨询清单

(1) 混凝土的技术性能。

(2) 混凝土和易性、强度性能检测方法。

成果要求

对混凝土样品进行质量检测,形成检测报告。

完成时间

资讯学习 100 min,任务完成 100 min,评估 40 min。

资讯交底单

一、混凝土拌合物的和易性

1. 混凝土拌合物和易性的含义

将混凝土拌合物易于搅拌、运输、浇注及振捣,并能获得成型密实、质量均匀混凝土的性能,称之为混凝土拌合物的和易性,又叫工作性。

混凝土拌合物的和易性是一项综合技术性质,它包括流动性、黏聚性及保水性三个方面的含义。三个方面的关系是既有联系,又相互矛盾。

流动性:是指混凝土拌合物在自重或外力作用下(机械振捣),能产生流动,并均匀密实地填满模板的性能。流动性的大小反映了混凝土拌合物的稀稠,直接影响混凝土拌合物浇捣施工的难易程度和施工质量。流动性大小以坍落度或维勃稠度表示,坍落度越大或维勃稠度越小,表明混凝土拌合物的流动性越大。

混凝土拌合物坍落度的选择,应根据结构物的截面尺寸、钢筋疏密和施工方法等因素确定,在便于施工操作的条件下,应尽可能选择较小的坍落度,以节约水泥并获得质量较高的混凝土。

黏聚性:是指混凝土拌合物在施工过程中其组成材料之间有一定的黏聚力,不至于产生分层和离析的性能。黏聚性差,会使混凝土硬化后产生蜂窝、麻面、薄弱夹层等缺陷,影响混凝土的强度和耐久性。

保水性:是指混凝土拌合物在施工过程中,具有一定的保水能力,不至于产生严重泌水的性能。保水性差,混凝土拌合物在施工过程中出现泌水现象,使硬化后的混凝土内部存在许多孔隙,降低混凝土的抗渗性、抗冻性。另外,上浮的水分还会聚集在石子或钢筋的下方形成较大孔隙(水囊),削弱了水泥浆与石子、钢筋间的黏结力,影响混凝土的质量。

2. 影响混凝土拌合物和易性的因素

拌合物在自重或外力作用下产生流动的大小,除与骨料颗粒间的内摩擦力有关外,还与水泥浆流变性能以及骨料颗粒表面水泥浆层厚度有关。

1) 水泥浆数量

在水灰比或水胶比不变的情况下,水泥浆过少,其不能完全填充骨料空隙或包裹骨料表面,会使混凝土拌合物产生崩坍,黏聚性变差。随着水泥浆增多,混凝土拌合物流动性增大,但水泥浆过多,超过了填充骨料颗粒间空隙及包裹骨料颗粒表面所需的浆量时,就会出现流浆现象,使拌合物黏聚性变差。因此,水泥浆要适量,以满足流动性要求为度。

2)水泥浆稠度

水泥浆稠度是由水灰比决定的。在水泥用量不变时,水灰比越小,水泥浆越稠,拌合物流动性越小;水泥浆过稀,流动性大,但黏聚性、保水性越差。

混凝土拌合物需水量法则:当使用确定的材料拌制混凝土时,在水泥用量增减不超过100 kg/m³的情况下,用水量大小决定混凝土拌合物的流动性。

3)砂率

砂率是指混凝土砂的重量占砂、石总重量的百分率。实践证明,砂率对混凝土拌合物的和易性影响很大,一方面是砂形成的砂浆在粗骨料间起润滑作用,在一定砂率范围内随砂率的增大,润滑作用越明显,流动性将提高;另一方面,在砂率增大的同时,骨料的总表面即随之增大,需要润滑的水分增多,在用水量一定的条件下,拌合物流动性降低,所以当砂率超过一定范围后,流动性反而随砂率的增大而降低,如图 4-5 所示。另外,如果砂率过小,砂浆数量不足,会使混凝土拌合物的黏聚性和保水性降低,产生离析和流浆现象。所以,为保证混凝土拌合物和易性,应采用合理砂率。

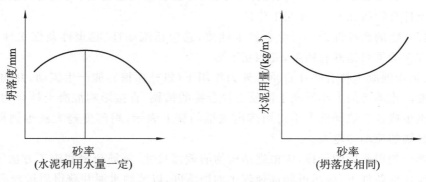

图 4-5   砂率与混凝土拌合物和易性的关系示意图

4)水泥品种与外加剂

主要表现在需水性方面。水泥品种不同,达到标准稠度的需水量也不同,需水量大的水泥拌制的混凝土,要达到同样坍落度时,就需要较多的用水量。

为改善混凝土拌合物流动性,可掺入减水剂、引气剂等外加剂。

5)骨料

种类,卵石混凝土比碎石混凝土在用水量等相同条件下流动性大,但黏聚性和保水性差;粒径,在其他条件相同的情况下,粒径越大,混凝土拌合物流动性越好;级配,在其他条件相同的情况下,骨料级配越好,混凝土拌合物的和易性越好;形状和表面特征,针片状颗粒越少,粒形越接近球体或立方体,表面越光滑,混凝土拌合物流动性越好。

6)时间和温度

混凝土拌合物随时间的延长,其中的水泥水化,骨料吸水,水分蒸发,从而使混凝土拌合物逐渐变得干稠,和易性变差。温度升高,拌合物流动性降低,每升高 10 ℃,拌合物坍落度减少20 mm。

3. 调整混凝土和易性的措施

调整混凝土和易性的措施必须兼顾流动性、黏聚性、保水性的统一,并考虑对混凝土强度、耐久性的影响。主要包括以下几方面的措施。

(1) 通过试验,采用合理砂率,以利于改善和易性,提高混凝土强度和节约水泥。

(2) 采用级配良好的骨料,特别是粗骨料的级配,并尽量采用较粗的砂、石。

(3) 当混凝土拌合物坍落度太小时,在保持水灰比或水胶比不变的情况下,适当增加水泥浆数量;坍落度太大时,保持砂率不变,适当增加砂、石骨料用量。

(4) 选择合理的外加剂,如减水剂,可提高混凝土拌合物的流动性。

4. 混凝土拌合物和易性的检测

混凝土拌合物和易性的检测依据:《普通混凝土拌合物性能试验方法标准》(GB/T 50080—2016)。

1) 试样的准备

(1) 取样。

同一组混凝土拌合物应从同一盘混凝土或同一车混凝土中取样。取样量应多于试验所需量的 1.5 倍,且宜不小于 20 L。

混凝土拌合物的取样应具有代表性,宜采用多次取样的方法。一般在同一盘混凝土或同一车混凝土中约 1/4 处、1/2 处和 3/4 处之间分别取样,从第一次取样到最后一次取样不宜超过 15 min,然后人工搅拌均匀。

从取样完毕到开始做各项性能试验不宜超过 5 min。

(2) 试样的制备。

在试验室制备混凝土拌合物时,拌合时试验室的温度应保持在(20±5)℃,所用材料的温度应与试验室温度保持一致。

注:需要模拟施工条件下所用的混凝土时,所用原材料的温度宜与施工现场保持一致。

试验室拌合混凝土时,材料用量应以质量计。称量精度:骨料为±1%;水、水泥、掺合料、外加剂均为±0.5%。

混凝土拌合物的制备应符合《普通混凝土配合比设计规程》中的有关规定。

最小拌合数量:骨料最大粒径不同,数量不同。骨料最大粒径不大于 31.5 mm 时,最小拌合数量为 15 L;骨料最大粒径不小于 40 mm 时,最小拌合数量为 25 L;采用机械搅拌时,搅拌量不应小于搅拌机额定搅拌量的 1/4。

机械拌合方法:按配合比用量称取各材料;预拌;按石子、砂子、水泥、水的顺序倒入搅拌,时间 4 min;人工拌合 1~2 min。

从试样制备完毕到开始做各项性能试验不宜超过 5 min。

2) 混凝土拌合物和易性的检测方法

(1) 坍落度与坍落扩展度法。

本方法适用于骨料最大粒径不大于 40 mm、坍落度不小于 10 mm 的混凝土拌合物稠度测定。

试验仪器有如下几种。坍落度筒:由薄钢板制成的截圆锥体形筒,应符合《混凝土坍落度仪》(JG/T 248—2009)的要求。弹头形捣棒：直径为 16 mm、长为 600 mm 的金属棒，端部应磨圆。搅拌机：容积为75～100 L,转速为 18～22 r/min。磅秤：称量 50 kg,感量 50 g。天平：称量 5 kg,感量 1 g。量筒、钢板、钢抹子、小铁铲、钢尺等。

试验步骤如下。

① 用湿布润湿坍落度筒及其他用具,在坍落度筒内壁和底板上应无明水。底板应放置在坚实水平面上,将坍落度筒放在底板中心,用脚踩住两边的脚踏板,使坍落度筒在装料时保持固定的位置。

② 把按要求拌合好的混凝土拌合物试样用小铁铲分三层均匀地装入坍落度筒内,使捣实后每层高度约为筒高的1/3。每层用捣棒沿螺旋方向由外边缘向中心插捣 25 次,各次插捣应在截面上均匀分布。插捣筒边混凝土时,捣棒可以稍稍倾斜。插捣底层时,捣棒应贯穿整个深度。插捣第二层和顶层时,捣棒应插透本层至下一层的表面。浇灌顶面时,混凝土拌合物应灌到高出筒口。插捣过程中,如混凝土拌合物沉落到低于筒口,则应随时添加。顶层捣完后,刮去多余的混凝土拌合物,并用抹刀抹平。

③ 清除筒边底板上的混凝土拌合物后,在 5～10 s 内垂直平稳地提起坍落度筒,并将其放在混凝土拌合物锥体一旁。从开始装料到提起坍落度筒的整个过程应不间断地进行,并应在150 s 内完成。

④ 测量筒顶与坍落后混凝土拌合物最高点之间的垂直距离,即为该混凝土拌合物的坍落度值,精确至 1 mm。坍落度筒提离后,如混凝土发生崩塌或一边剪坏现象,则应重新取样另行测定。如第二次试验仍出现上述现象,则表示该混凝土的和易性不好,应予以记录备查。

⑤ 观察、评定混凝土拌合物的黏聚性及保水性。在测量坍落度值之后,应目测观察混凝土试样的黏聚性及保水性。黏聚性的检查方法是用捣棒轻轻敲打已坍落的混凝土拌合物锥体侧面,如果锥体逐渐下沉,则表示黏聚性良好,如果锥体倒塌、部分崩裂或出现离析现象,则表示黏聚性差。保水性是以混凝土拌合物中水泥浆析出的程度来评定的。提起坍落度筒后如有较多的水泥浆从底部析出,锥体部分的混凝土拌合物因失浆而骨料外露,则表明此混凝土拌合物的保水性差；如无水泥浆或仅有少量水泥浆自底部析出,则表示此混凝土拌合物保水性良好。

⑥ 当混凝土拌合物的坍落度大于 220 mm 时,用钢尺测量混凝土扩展后最终的最大直径和最小直径,在这两个直径之差小于 50 mm 的条件下,用其算术平均值作为坍落扩展度值；否则,此次试验无效。

如果发现粗骨料在中央集堆或边缘有水泥浆析出,表示此混凝土拌合物抗离析性不好,应予记录。

混凝土拌合物坍落度和坍落扩展度值以毫米为单位,测量精确至 1 mm,结果表达修约至5 mm。

（2）维勃稠度法。

本方法适用于骨料最大粒径不大于 40 mm,维勃稠度在 5～30 s 之间的混凝土拌合物稠度测定。坍落度不大于 50 mm 或干硬性混凝土和维勃稠度大于 30 s 的特干硬性混凝土拌合物的稠度可采用增实因数法来测定。

试验仪器：维勃稠度仪（应符合《维勃稠度仪》JG/T 250—2009 中技术要求的规定）。

试验步骤如下。

① 维勃稠度仪应放置在坚实水平面上,用湿布把容器、坍落度筒、喂料斗内壁及其他用具

润湿。

②将喂料斗提到坍落度筒上方扣紧,校正容器位置,使其中心与喂料中心重合,然后拧紧固定螺丝。

③把按要求取样或制作的混凝土拌合物试样用小铲分三层经喂料斗均匀地装入筒内,装料及插捣的方法应符合坍落度法插捣规定。

④把喂料斗转离,垂直地提起坍落度筒,此时应注意不使混凝土实体产生横向的扭动。

⑤把透明圆盘转到混凝土圆台体顶面,放松测杆螺钉,降下圆盘,使其轻轻接触到混凝土顶面。

⑥拧紧定位螺钉,并检查测杆螺钉是否已经完全放松。

⑦在开启振动台的同时用秒表计时,当振动到透明圆盘的底面被水泥浆布满的瞬间停止计时,并关闭振动台。

由秒表读出的时间即为该混凝土拌合物的维勃稠度值,精确至 1 s。

二、混凝土的强度

1. 混凝土强度的含义

强度是混凝土最重要的力学性质,混凝土主要用于承受荷载或抵抗各种作用力。

混凝土强度与混凝土的其他性能关系密切,一般来说,混凝土的强度越高,其刚性、抗渗性、抵抗风化和某些侵蚀介质的能力也越高,通常用混凝土强度来评定和控制混凝土的质量。

混凝土单位面积所能承受的最大外应力,称之为混凝土强度,其表示混凝土单位面积所能抵抗外力的一种自身能力。

1)立方体抗压强度

混凝土立方体抗压强度是指按 GB/T 50081—2002 标准方法制作的边长为 150 mm 的立方体试件,在标准条件(温度为(20±2)℃,相对湿度 95% 以上)下养护 28 d,用标准试验方法测得的抗压强度值,用 f_{cu} 表示。

混凝土立方体抗压强度标准值是指按 GB/T 50081—2002 标准方法测得的具有不低于 95% 保证率的立方体抗压强度值,用 $f_{cu,k}$ 表示。

混凝土立方体抗压强度标准值是确定混凝土强度等级的主要依据。混凝土强度等级用符号 C 与立方体抗压强度标准值表示,分为 C15、C20、C25、C30、C35、C40、C45、C50、C55、C60、C65、C70、C75、C80,共 14 个强度等级。例如 C40 表示混凝土立方体抗压强度标准值为 40 MPa。

2)轴心抗压强度(棱柱体抗压强度)

混凝土轴心抗压强度是指按 GB/T 50081—2002 标准方法制作的边长为 150 mm×150 mm×300 mm 的棱柱体试件,在标准条件下养护 28 d,用标准试验方法测得的抗压强度值,用 f_{cp} 表示。

在实际结构物中,混凝土受压构件大多数为棱柱体(或圆柱体),所以采用棱柱体试件比用立方体试件更能反映混凝土的实际受压情况。

3)劈裂抗拉强度

混凝土的抗拉强度很低,一般只有抗压强度的 1/10～1/20,所以在结构设计中,一般不考虑混凝土承受拉力。但混凝土的抗拉强度对于混凝土抵抗裂缝的产生具有重要意义,作为确定构件抗裂程度的重要指标。通常用劈裂法测定混凝土抗拉强度。

2. 混凝土强度的影响因素

1)水泥强度和水胶比

水泥强度和水胶比是影响混凝土强度最主要的因素。水泥是混凝土中的活性成分,其水化活性大小直接影响水泥石自身强度及其与骨料之间的界面强度。在混凝土配合比相同的条件下,水泥强度等级越高,混凝土强度越高。

水胶比较大时,混凝土硬化后,多余的水分就残留在混凝土中,形成水泡或蒸发后形成气孔,混凝土密实度下降,降低了水泥石与骨料的黏结强度。但是,如果水胶比太小,混凝土拌合物过于干稠,很难保证浇筑、振实的质量,混凝土中将出现较多的空洞与蜂窝,也会导致混凝土强度降低。

大量试验表明,普通强度等级的密实混凝土,其强度与水泥 28 d 强度及水胶比符合鲍罗米公式关系:

$$f_{cu} = \alpha_a f_b \left(\frac{W}{B} - \alpha_b \right)$$

式中:f_{cu}——混凝土 28 d 抗压强度值(MPa);

f_b——胶凝材料 28 d 胶砂抗压强度实测值(MPa);

$\dfrac{W}{B}$——混凝土的水胶比;

α_a、α_b——回归系数,其值与骨料品种和水泥品种有关,可按下列经验系数采用:对于碎石混凝土,$\alpha_a = 0.53$,$\alpha_b = 0.20$,对于卵石混凝土,$\alpha_a = 0.49$,$\alpha_b = 0.13$。

2)骨料的品种、质量及数量

在其他条件相同的情况下,碎石混凝土比卵石混凝土强度高。但当水灰比大于 0.4 后,随着水灰比增大,差异越来越小。影响混凝土强度的骨料的质量,主要包括有害杂质含量(泥、泥块、有机物、云母、硫化物、轻物质及针片状颗粒等)及骨料强度等。C35 以下混凝土,骨料数量对混凝土强度影响不大;C35 以上混凝土,骨料数量对混凝土强度的影响有所增大。但总的说来,该因素为影响强度的次要因素。

3)养护条件

养护时的温度是影响水泥水化反应速度的重要因素。周围环境或养护温度高,水泥水化速度快,早期强度高,但后期强度增进率低。混凝土受冻龄期越早,对混凝土强度的影响越大,后期强度越低。一般情况下,湿度越大,保湿养护时间越长,混凝土强度越高。因此,混凝土浇筑完毕后的 12 h 之内,必须采用草袋、麻袋、塑料布等物覆盖混凝土表面并进行保湿养护。

4)龄期

混凝土早期强度增长快,在最初的 3～7 d 强度增长速度较快,以后逐渐减慢,28 d 以后,强度基本趋于稳定。普通强度等级混凝土,在标养条件下,3～28 d 龄期内,混凝土强度与龄期对数呈正比关系,满足以下规律:

$$f_n = f_{28} \times \frac{\lg n}{\lg 28}$$

式中:f_n——n 天龄期的混凝土抗压强度(MPa);

f_{28}——28 d 龄期的混凝土抗压强度(MPa);

n——养护龄期(d)。

5)施工质量

混凝土在施工过程中,应配料准确,搅拌均匀,振捣密实。一般采用机械振捣更加密实,可使混凝土强度得到提高。

3. 混凝土强度的提高措施

(1)采用高强度等级的水泥。

(2)采用较小的水灰比。

(3)采用机械搅拌合机械振动成型(均匀、可降低用水量、密实)。

(4)采用湿热养护。

(5)掺入外加剂、掺合料(掺入减水剂等)。

4. 混凝土强度的检测

混凝土强度的检测依据标准《普通混凝土力学性能试验方法标准》(GB/T 50081—2002)进行。

1)取样

混凝土的取样应符合《普通混凝土拌合物性能试验方法标准》(GB/T 50080—2016)中有关取样的规定。普通混凝土强度检测应以三个试件为一组,每组试件所用的拌合物应从同一盘混凝土或同一车混凝土中取样。

2)试件准备

(1)试件的尺寸、形状和尺寸公差。

试件的尺寸应根据混凝土中骨料的最大粒径按表4-33选定。

表 4-33 混凝土试件尺寸选用表

试件横截面尺寸/ mm	骨料最大粒径/mm	
	劈裂抗拉强度试验	其他试验
100×100	20	31.5
150×150	40	40
200×200	—	36

注:骨料最大粒径指的是符合《普通混凝土用碎石或卵石质量标准及检验方法》中规定的圆孔筛的孔径。

混凝土抗压强度和劈裂抗拉强度检测时,是以边长为 150 mm 的立方体试件作为标准试件;边长为 100 mm 和 200 mm 的立方体试件为非标准试件。

混凝土轴心抗压强度检测时,是以边长为 150 mm×150 mm×300 mm 的棱柱体试件作为标准试件;边长为 100 mm×100 mm×300 mm 和 200 mm×200 mm×400 mm 的棱柱体试件为非标准试件。

试件的承压面的平整度公差不得超过 0.0005d(d 为边长);试件的相邻面间的夹角应为

90°,其公差不得超过 0.5°。试件各边长、直径和高的尺寸的公差不得超过 1 mm。

(2) 试件的制作。

① 成型前,应检查试模尺寸是否符合要求,试模内表面应涂一薄层矿物油或其他不与混凝土发生反应的脱模剂。

② 在试验室拌制混凝土时,其材料用量应以质量计,称量的精度:水泥、掺合料、水和外加剂为±0.5%;骨料为±1%。

③ 取样或试验室拌制的混凝土应在拌制后尽量短的时间内成型,一般不宜超过 15 min。

④ 根据混凝土拌合物的稠度确定混凝土成型方法,坍落度不大于 70 mm 的混凝土宜用振动台振实;大于 70 mm 的宜用捣棒人工捣实;检验现浇混凝土或预制构件的混凝土,试件成型方法宜与实际采用的方法相同。

⑤ 用振动台振实制作试件时应将混凝土拌合物一次装入试模,装料时应用抹刀沿各试模壁插捣,并使混凝土拌合物高出试模口,振动应持续到表面出浆为止。不得过振。

⑥ 用人工插捣制作试件时应将混凝土拌合物分两层装入模内,每层的装料厚度大致相等。插捣应按螺旋方向从边缘向中心均匀进行,在插捣底层混凝土时,捣棒应达到试模底部;插捣上层时,捣棒应贯穿上层后插入下层。插捣时捣棒应保持垂直,不得倾斜,然后应用抹刀沿试模内壁插拔数次。每层插捣次数按在 10 000 mm² 截面积内不得少于 12 次。插捣后应用橡皮锤轻轻敲击试模四周,直至捣棒留下的空洞消失为止。用插入式振捣棒振实制作试件应按下述方法进行:将混凝土拌合物一次装入试模,装料时应用抹刀沿各试模壁插捣,并使混凝土拌合物高出试模口;宜用直径为 φ25 mm 的插入式振捣棒,插入试模振捣时,振捣棒距试模底板 10~20 mm 且不得触及试模底板,振动应持续到表面出浆为止,且应避免过振,以防止混凝土离析;一般振捣时间为 20 s。振捣棒拔出时要缓慢,拔出后不得留有孔洞。

⑦ 刮除试模上口多余的混凝土,待混凝土临近初凝时,用抹刀抹平。

⑧ 试件的养护。试件成型后应立即用不透水的薄膜覆盖表面。采用标准养护的试件,应在温度为(20±5)℃的环境中静置一昼夜至两昼夜,然后编号、拆模,拆模后应立即放入温度为(20±2)℃,相对湿度为 95% 以上的标准养护室中养护,或在温度为(20±2)℃的不流动的 Ca(OH)₂饱和溶液中养护。标准养护室内的试件应放在支架上,彼此间隔 10~20 mm,试件表面应保持潮湿,并不得被水直接冲淋。同条件养护试件的拆模时间可与实际构件的拆模时间相同,拆模后,试件仍需保持同条件养护。标准养护龄期为 28 d(从搅拌加水开始计时)。

3) 强度检测

(1) 混凝土立方体抗压强度检测。

主要仪器设备:混凝土压力试验机。

检测步骤如下。

① 试件养护到规定龄期后,从养护室取出,将试件表面擦拭干净。

② 将试件安放在试验机的下压板或钢垫板中心,试件的承压面应与成型时的顶面垂直。试件的中心应与试验机下压板中心对准,开动试验机,当上压板与试件或钢垫板接近时,调整球座,使接触均衡。

③ 在连续过程中应连续均匀地加荷,混凝土强度等级<C30 时,加荷速度取每秒钟 0.3~0.5 MPa;混凝土强度等级≥C30 且<C60 时,取每秒钟 0.5~0.8 MPa;混凝土强度等级≥C60 时,取每秒钟 0.8~1.0 MPa。

④ 当试件接近破坏开始急剧变形时,应停止调整试验机油门,直至试件破坏,并记录破坏荷载。

检测结果:

混凝土立方体试件抗压强度按下式计算,精确至 0.1 MPa。

$$f_{cc} = \frac{F}{A}$$

式中:f_{cc}——混凝土立方体试件的抗压强度值,MPa;

F——试件破坏荷载,N;

A——试件承压面积,mm^2。

以 3 个试件测值的算术平均值作为该组试件的抗压强度值(精确至 0.1 MPa)。如 3 个测值的最大值或最小值中有 1 个与中间值的差值超过中间值的 15% 时,则把最大及最小值一并舍去,取中间值作为该组试件的抗压强度值。如最大值和最小值与中间值的差值均超过中间值的 15%,则该组试件的试验结果无效。

混凝土强度等级<C60 时,非标准试件测得的强度值均应乘以尺寸换算系数,对200 mm×200 mm×200 mm 试件其值为 1.05;对 100 mm×100 mm×100 mm 试件为 0.95。当混凝土强度等级≥C60 时,宜采用标准试件。

(2)混凝土轴心抗压强度检测。

混凝土轴心抗压强度检测仪器、检测步骤与检测结果的处理原则均与混凝土立方体抗压强度检测要求一样。

(3)混凝土劈裂抗拉强度试验。

主要仪器设备:压力试验机、垫块(半径为 75 mm 的钢质弧形垫块,长度与试件相同)、垫条(三层胶合板制成,宽度为 20 mm,厚度为 3~4 mm,长度不小于试件长度,垫条不得重复使用)及支架,如图 4-6 所示。

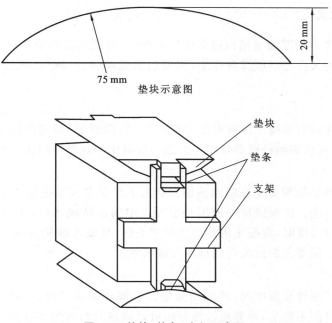

图 4-6　垫块、垫条、支架示意图

试验步骤如下。

① 试件从养护地点取出后应及时进行试验,将试件表面与上下承压板面擦干净。

② 将试件放在试验机下压板的中心位置,劈裂承压面和劈裂面应与试件成型时的顶面垂直;在上、下压板与试件之间垫以圆弧形垫块及垫条各一条,垫块与垫条应与试件上、下面的中心线对准并与成型时的顶面垂直。宜把垫条及试件安装在定位架上使用,如图 4-6 所示。

③ 开动试验机,当上压板与圆弧形垫块接近时,调整球座,使接触均衡。加荷应连续均匀,当混凝土强度等级＜C30 时,加荷速度取每秒钟 0.02～0.05 MPa;当混凝土强度等级≥C30 且＜C60 时,取每秒钟 0.05～0.08 MPa;混凝土强度等级≥C60 时,取每秒钟 0.8～1.0 MPa。至试件接近破坏时,应停止调整试验机油门,直至试件破坏,然后记录破坏荷载。

试验结果如下。

混凝土劈裂抗拉强度试验结果计算及确定按下列方法进行:

$$f_{ts} = \frac{2F}{\pi A} = 0.637 \frac{F}{A}$$

式中:f_{ts}——混凝土劈裂抗拉强度(MPa),计算精确到 0.01 MPa;

F——试件破坏荷载(N);

A——试件劈裂面面积(mm^2)。

劈裂抗拉强度以三个试件测值的算术平均值作为该组试件的强度值(精确至 0.01 MPa);三个测值中的最大值或最小值中有 1 个与中间值的差值超过中间值的 15％时,则把最大及最小值一并舍去,取中间值作为该组试件的劈裂抗拉强度值。如最大值和最小值与中间值的差均超过中间值的 15％,则该组试件的试验结果无效。采用非标准试件检测时,强度值应通过换算系数加以换算确定。

三、混凝土耐久性

1. 耐久性的含义

混凝土的耐久性是指混凝土结构物在使用过程中,抵抗周围环境各种因素作用而不发生破坏的性能。混凝土耐久性是一项综合性能,主要包括抗渗性、抗冻性、抗侵蚀性、抗碳化性及碱骨料抑制性。

1)抗渗性

混凝土的抗渗性是指混凝土抵抗有压介质(水、油、溶液等)渗透作用的能力。它是砼最重要的耐久性指标,其直接影响砼的其他耐久性能。混凝土的抗渗性用抗渗等级表示。

2)抗冻性

混凝土的抗冻性是指混凝土在吸水达饱和状态下经受多次冻融循环作用而不破坏,同时也不严重降低强度的性能。冻融破坏的原因是混凝土中的水结成冰后,体积发生膨胀,当冰胀应力超过混凝土的抗拉强度时,混凝土内部产生微细裂缝,反复冻融使裂缝不断扩大,导致混凝土强度降低直至破坏。混凝土的抗冻性用抗冻等级表示。

3)抗化学侵蚀性

当混凝土处于侵蚀性介质中时,可能遭受侵蚀。如硫酸盐侵蚀、镁盐侵蚀等。混凝土被侵蚀的原因是混凝土内部不密实,外界侵蚀性介质可以通过开口连通的孔隙或毛细管通路侵入混凝土内部,与水泥石中的某些成分进行化学反应,从而引起混凝土的腐蚀破坏。

4) 混凝土的碳化

混凝土内水泥石中的氢氧化钙与空气中的二氧化碳,在湿度相宜时发生化学反应,生成碳酸钙和水,使混凝土碱度降低的过程叫碳化,也称中性化。混凝土的碳化是二氧化碳由表及里逐渐向混凝土内部扩散的过程。碳化引起水泥石化学组成及组织结构的变化,对混凝土的碱度、强度和收缩产生影响。

5) 碱-骨料反应

混凝土中可溶性碱与骨料中的活性成分,在有水存在的情况下发生化学反应,生成碱-硅酸凝胶,吸水后使硬化后的混凝土发生不均匀膨胀,导致混凝土强度和弹性模量下降,出现裂缝破坏的现象。

2. 提高耐久性的措施

(1) 根据工程所处环境条件及要求,合理选择水泥品种。

(2) 选用质量良好、技术条件合格的砂石骨料。

(3) 严格控制水灰比及保证足够的水泥用量是保证混凝土密实度的重要措施,是提高混凝土耐久性的关键。

(4) 掺入减水剂或引气剂,改善混凝土的孔结构,对提高混凝土的抗渗性和抗冻性有良好作用。

(5) 改善施工操作,保证施工质量。

成果验收单

对某校综合教学楼项目送检的混凝土样品进行质量检测。填写试验结果(见表4-34~表4-37)。

表 4-34　混凝土拌合物和易性检测试验记录

试验日期：_____。

结果：_____。

混凝土的坍落度值：_____。

混凝土的黏聚性：_____。

混凝土的保水性：_____。

表 4-35　混凝土立方体抗压强度检测试验记录

编号	龄期	抗压荷载 P/N	抗压强度 f/MPa	平均值	龄期	抗压荷载 P/N	抗压强度 f/MPa	平均值
1								
2								
3								

结论：_____。

表 4-36　混凝土轴心抗压强度检测试验记录

编号	龄期	轴心抗压荷载 P/N	轴心抗压强度 f/MPa	平均值	龄期	轴心抗压荷载 P/N	轴心抗压强度 f/MPa	平均值
1								
2								
3								

结论：_____。

表 4-37　混凝土劈裂抗拉强度检测试验记录

编号	龄期	劈裂抗拉荷载 P/N	劈裂抗拉强度 f/MPa	平均值	龄期	劈裂抗拉荷载 P/N	劈裂抗拉强度 f/MPa	平均值
1								
2								
3								

结论：_____。

课后练习与作业

一、填空题

1. 新拌混凝土的和易性包括_____、_____、_____三个方面。

2. 我国将普通混凝土按立方体抗压强度标准值划分为_____个强度等级,强度符号为_____。

3. 混凝土的碳化是指环境中的_____和_____与混凝土中的_____反应,生成_____和_____,从而使混凝土的_____降低的现象。

4. 在混凝土拌合物中加入减水剂:在配合比不变时,可提高拌合物的_____;在保持混凝土强度和坍落度不变的情况下,可减少_____及节约_____;在保持流动性和水泥用量不变的情况下,可减少_____和提高_____。

5. 混凝土抗压强度标准试件为边长_____mm 的立方体,标准养护条件为:温度_____℃±_____℃,相对湿度_____%以上,养护时间为_____天。

6. 边长为 100 mm 的立方体试件的强度折算系数为_____,边长为 200 mm 的立方体试件的强度折算系数为_____。

7. 当混凝土拌合物流动性偏小时,应采取_____办法来调整。

8. 试拌调整混凝土时,发现拌合物的保水性较差,应采用_____措施来调整。

9. 试拌调整混凝土时,发现拌合物的黏聚性较差,应采用_____措施来调整。

10. 水与胶凝材料用量之间的比例关系,常用_____表示。

11. 目前我国采用劈裂抗拉试验来测定混凝土的_____。

12. 混凝土拌合物应在 15 min 内成型完毕,对于成型试模尺寸为 150 mm×150 mm×150 mm

的混凝土试件,应分_____层插捣,每层插捣_____次。

13. 进行混凝土坍落度试验时,将混凝土试样用小铲分 3 层均匀装入筒内,每层捣实后的高度大致为筒高的 1/3,且每层用捣棒插捣_____次。

14. 混凝土试件抗压强度代表值取值要求,当 3 个试件强度中的最大值或最小值之一与中间值之差超过中间值的_____时,应取中间值。

二、判断题

1. 卵石拌制的混凝土比同条件下碎石拌制的混凝土的流动性好,但强度低。 (   )
2. 在结构尺寸及施工条件允许的情况下,选用较大粒径的粗骨料可以节约水泥。 (   )
3. 影响混凝土拌合物流动性的主要因素是总用水量的多少,增大流动性的方法是多加水。 (   )
4. 流动性大的混凝土比流动性小的混凝土强度低。 (   )
5. 在常用水灰比范围内,水灰比越小,混凝土强度越高,质量越好。 (   )
6. 普通混凝土的强度与水灰比呈线性关系。 (   )
7. 级配良好的卵石骨料,其空隙率小,表面积大。 (   )
8. 混凝土中掺入早强剂,可提高混凝土的早期强度,但对后期强度无明显影响。 (   )

三、选择题

1. 混凝土拌合物坍落度试验只适用于粗骨料最大粒径(   )mm 者。
A. ≤80   B. ≤60   C. ≤40   D. ≤25
2. 坍落度小于(   )的新拌混凝土,采用维勃稠度仪测定其工作性能。
A. 20 mm   B. 15 mm   C. 10 mm   D. 5 mm
3. 在原材料一定的条件下,影响混凝土强度的决定性因素是(   )。
A. 水泥用量   B. 水灰比   C. 水泥标号   D. 骨料强度
4. 混凝土养护应注意夏天保持必要湿度、冬天保持必要温度,其主要原因是(   )。
A. 增加混凝土中的游离水   B. 增加混凝土的抗渗能力
C. 延缓混凝土的凝结时间   D. 使水泥水化作用正常进行
5. 混凝土徐变是指混凝土在(   )作用下沿受力方向产生的塑性变形。
A. 长期荷载   B. 瞬时荷载   C. 交变荷载   D. 冲击荷载
6. 防止混凝土中钢筋锈蚀的主要措施是(   )。
A. 钢筋表面刷油漆   B. 钢筋表面用碱处理
C. 提高混凝土的密实度   D. 加入阻锈剂
7. 在下列因素中,影响混凝土耐久性最重要的是(   )
A. 单位用水量   B. 骨料级配   C. 混凝土密实度 D. 孔隙特征

四、实践应用

1. 某组边长为 150 mm 的混凝土立方体试件,龄期 28 d,测得破坏荷载分别为 540 kN、580 kN、560 kN,试计算该组试件的混凝土立方体抗压强度。若已知该混凝土是用强度等级 42.5(富余系数 1.10)的普通水泥和碎石配制而成,试估计所用的水灰比。

2. 某混凝土搅拌站原使用砂的细度模数为 2.5,后改用细度模数为 2.1 的砂。改砂后原混凝土配合比不变,施工时发现混凝土拌合物坍落度明显变小,分析其原因。

3. 在现场浇筑混凝土时,严禁向混凝土中随意加水,但是对已经浇筑完毕的混凝土,则要在 12 h 内加以覆盖和浇水。
(1)请说明原因; (2)如何对混凝土的质量进行控制。

成绩评定单

成绩评定单如表 4-38 所示。

表 4-38　成绩评定单

检查项目	分项总分	个人自评(20%)	组内互评(30%)	教师评定(50%)
学习态度	20			
知识掌握	15			
技能应用	15			
任务完成	25			
爱护公物	10			
团队合作	15			
合计	100			

任务 3 混凝土配合比设计

教学目标

知识目标

(1) 掌握混凝土配合比设计的基本要求。

(2) 掌握混凝土配合比设计的程序和方法。

技能目标

(1) 能阅读混凝土配合比设计单。

(2) 能运用国家标准《普通混凝土配合比设计规程》(JGJ 55—2011)确定混凝土配合比。

学习任务单

任务描述

某校宿舍楼工程为剪力墙结构,剪力墙所用混凝土的设计强度等级为 C40,采用现场泵送浇筑施工,要求坍落度为 190～210 mm,请你来设计该商品混凝土的配合比。

咨询清单

(1) 混凝土配合比设计的基本要求。

(2) 混凝土配合比设计的重要参数。

(3) 混凝土配合比设计的步骤。

成果要求

对任务描述工程中的混凝土进行配合比设计,形成配合比设计报告。

完成时间

资讯学习 100 min,任务完成 80 min,评估 20 min。

资讯交底单

一、混凝土配合比设计的含义

混凝土配合比是指混凝土各组成材料数量之间的比例关系。其表示方法有以下两种。

(1)以每立方米混凝土中各组成材料的质量表示,如每立方米混凝土需用水泥 300 kg、砂 720 kg、石子 1 260 kg、水 180 kg。

(2)以各组成材料相互之间的质量比来表示,其中以水泥质量为 1,其他组成材料质量为水泥质量的倍数。如:水泥:砂:石 $=1:2.4:4.2$,$W/C=0.6$ 。

二、混凝土配合比的基本要求

混凝土配合比设计的目的,就是根据原材料性能、结构形式、施工条件和对混凝土的技术要求,通过计算和试配调整,确定出满足工程技术经济指标的各组成材料的用量。混凝土的配合比设计应满足下列四项基本要求。

(1)满足混凝土拌合物施工的和易性要求,以便于混凝土的施工操作和保证混凝土的施工质量。

(2)满足混凝土结构设计的强度要求,以保证达到工程结构设计或施工进度所要求的强度。

(3)满足与工程所处环境和使用条件相适应的混凝土耐久性要求。

(4)符合经济性原则,在保证质量的前提下,应尽量节约水泥、降低成本。

三、混凝土配合比设计的重要参数及其确定原则

1. 水胶比

水胶比的大小对混凝土拌合物的和易性、强度、耐久性、经济性等均有较大影响。水胶比较小时,可以提高混凝土强度和耐久性;在满足混凝土强度和耐久性的要求时,选用较大水胶比,可以节约水泥,降低生产成本。

2. 砂率

砂率的大小能够影响混凝土拌合物的和易性。砂率的选用应合理,在保证混凝土拌合物和易性要求的前提下,选用较小值可节约水泥。砂在骨料中的数量应以填充石子空隙后略有富余的原则来确定。

3. 单位用水量

在水胶比不变的条件下,单位用水量如果确定,那么水泥用量和骨料的总用量也随之确定。因此单位用水量反映了水泥浆与骨料之间的比例关系。为节约水泥和改善混凝土耐久性,在满

足流动性条件下,应尽可能取较小的单位用水量。根据粗骨料的种类和规格确定混凝土的单位用水量需要利用需水量定则。

四、混凝土配合比设计的程序

1. 准备资料

(1)熟知工程设计要求的混凝土强度等级、施工单位生产质量水平。

(2)了解工程结构所处环境和使用条件对混凝土耐久性要求。

(3)了解结构物截面尺寸、配筋设置情况,熟知混凝土施工方法及和易性要求。

(4)熟知混凝土各项组成材料的性能指标,如:水泥的品种、密度、实测强度;骨料的粒径、表观密度、堆积密度、含水率;拌合用水的来源、水质;外加剂的品种、掺量等。

2. 初步配合比确定

根据混凝土所选原材料的性能和混凝土配合比设计的基本要求,借助于经验公式和经验参数,计算出混凝土各组成材料的用量,以得出供试配用的初步配合比。

1)确定混凝土配制强度 $f_{cu,o}$

根据《普通混凝土配合比设计规程》(JGJ 55—2011)规定,当混凝土的设计强度等级小于C60 时,混凝土配制强度可按下式计算:

$$f_{cu,o} \geqslant f_{cu,k} + 1.645\sigma \tag{4-1}$$

式中:$f_{cu,o}$——混凝土配制强度(MPa);

$f_{cu,k}$——混凝土立方体抗压强度标准值,这里取混凝土的设计强度等级值(MPa);

σ——混凝土强度标准差(MPa)。

当设计强度等级不小于 C60 时,配制强度应按下式确定:

$$f_{cu,o} \geqslant 1.15 f_{cu,k} \tag{4-2}$$

σ 的确定:当具有近 1 个月~3 个月的同一品种、同一强度等级混凝土的强度资料,且试件组数不小于 30 时,其混凝土强度标准差 σ 应按下式计算:

$$\sigma = \sqrt{\frac{\sum_{i=1}^{n} f_{cu,i}^2 - n m_{f_{cu}}^2}{n-1}} \tag{4-3}$$

式中:σ——混凝土强度标准差;

$f_{cu,i}$——第 i 组的试件强度(MPa);

$m_{f_{cu}}$——n 组试件的强度平均值(MPa);

n ——试件组数。

对于强度等级不大于 C30 的混凝土,若混凝土强度标准差计算值 $\sigma \geqslant 3.0$ MPa 时,应按标准差计算公式结果取值;当混凝土强度标准差计算值 $\sigma < 3.0$ MPa 时,应取 3.0 MPa。对于强度等级大于 C30 且小于 C60 的混凝土,若混凝土强度标准差计算值 $\sigma \geqslant 4.0$ MPa 时,应按标准差计算公式结果取值,当混凝土强度标准差计算值 $\sigma < 4.0$ MPa 时,应取 4.0 MPa。

当施工单位无强度历史统计资料时,混凝土强度标准差可根据混凝土强度等级,查表 4-39 确定:

表 4-39　强度标准差 σ 值的选用表

混凝土强度标准值	≤C20	C25～C45	C50～C55
σ/MPa	4.0	5.0	6.0

2）确定水灰比（W/C）

确定水灰比 W/C 需要经过"一算一比"，即先依据鲍罗米公式计算水灰比的理论值，再根据混凝土最大水胶比（JGJ 55—2011）经验值（见表 4-43）进行耐久性对比校核，取计算理论值和规范经验值中的最小值作为初步配合比设计的水灰比值。

当混凝土强度等级小于 C60 时，混凝土水胶比宜按下式计算：

$$\frac{W}{B}=\frac{\alpha_a f_b}{f_{cu,o}+\alpha_a \alpha_b f_b} \tag{4-4}$$

式中：$\dfrac{W}{B}$——混凝土水胶比；

α_a，α_b——回归系数，可通过试验确定，也可按表 4-40 选用；

f_b——胶凝材料 28 d 胶砂抗压强度（MPa），可实测，且试验方法应按现行国家标准《水泥胶砂强度检验方法（ISO 法）》GB/T 17671—1999 执行，也可按式（4-5）确定。

回归系数根据工程所使用的原材料，通过试验建立的水胶比与混凝土强度关系来确定；当不具备上述试验统计资料时，也可按表 4-40 选用。

表 4-40　回归系数（α_a，α_b）取值表

系数＼粗骨料品种	碎石	卵石
α_a	0.53	0.49
α_b	0.20	0.13

当胶凝材料 28 d 胶砂抗压强度值（f_b）无实测值时，可按下式计算：

$$f_b=\gamma_f \gamma_s f_{ce} \tag{4-5}$$

式中：γ_f，γ_s——粉煤灰影响系数和粒化高炉矿渣粉影响系数，可按表 4-41 选用；

f_{ce}——水泥 28 d 胶砂抗压强度（MPa），可实测，也可按式（4-6）确定。

表 4-41　粉煤灰影响系数（γ_f）和粒化高炉矿渣粉影响系数（γ_s）（JGJ 55—2011）

掺量/（%）＼种类	粉煤灰影响系数 γ_f	粒化高炉矿渣粉影响系数 γ_s
0	1.00	1.00
10	0.85～0.95	1.00
20	0.75～0.85	0.95～1.00
30	0.65～0.75	0.90～0.95
40	0.55～0.65	0.80～0.90
50	—	0.70～0.80

注：①采用 1 级、2 级粉煤灰宜取上限值；

②采用 S75 级粒化高炉矿渣粉宜取下限值，采用 S95 级粒化高炉矿渣粉宜取上限值，采用 S105 级粒化高炉矿渣粉可取上限值加 0.05；

③当超出表中的掺量时，粉煤灰影响系数和粒化高炉矿渣粉影响系数应试验确定。

当水泥 28 d 胶砂抗压强度（f_{ce}）无实测值时，可按下式计算：

$$f_{ce} = \gamma_c f_{ce,g} \qquad (4\text{-}6)$$

式中：γ_c——水泥强度等级值的富余系数，可按实际统计资料确定，当缺乏实际统计资料时，也可按表 4-42 选用；

$f_{ce,g}$——水泥强度等级值（MPa）。

表 4-42　水泥强度等级值的富余系数（γ_c）

水泥强度等级值/MPa	32.5	42.5	52.5
富余系数	1.12	1.16	1.10

根据不同结构物的暴露条件、结构部位和气候条件等，表 4-43 对混凝土的最大水胶比做出了规定。根据混凝土所处的环境条件，水胶比值应满足混凝土耐久性对最大水胶比的要求，即：按强度计算得出的水胶比不得超过表 4-43 规定的最大水胶比限制。如果计算得出的水胶比大于表 4-43 规定的最大水胶比，则采用规定的最大水胶比。

表 4-43　混凝土的最大水胶比和最小胶凝材料用量表（JGJ 55—2011）

环境类别	最低强度等级	最大水胶比	最小胶凝材料用量/kg		
			素混凝土	钢筋混凝土	预应力混凝土
室内干燥环境、无侵蚀性静水浸没环境	C20	0.6	250	280	300
室内潮湿环境、非严寒和非寒冷地区的露天环境、非严寒和非寒冷地区与无侵蚀性的水或土壤直接接触环境、严寒和寒冷地区的冰冻线以下与无侵蚀性的水或土壤直接接触环境	C25	0.55	280	300	300
干湿交替环境、水位频繁变动环境、严寒和寒冷地区的露天环境、严寒和寒冷地区的冰冻线以下与无侵蚀性的水或土壤直接接触环境	C30	0.50	320	320	320
严寒和寒冷地区冬季水位变动区环境、受除冰盐影响环境、海风环境	C35	0.45	330	330	330
盐泽土环境、受除冰盐影响环境、海岸环境	C40	0.40	330	330	330

3）确定用水量和外加剂用量

（1）干硬性或塑性混凝土的用水量确定。

每立方米干硬性或塑性混凝土的用水量（m_{w0}）应符合下列规定。

① 混凝土水胶比在 0.40～0.80 范围内时，应根据粗骨料的品种、最大粒径及施工要求的混凝土拌合物稠度，按表 4-44 和表 4-45 选取；

② 混凝土水胶比小于 0.40 时，可通过试验确定。

表 4-44　干硬性混凝土的用水量（kg/m³）

拌合物稠度		卵石最大公称粒径/mm			碎石最大公称粒径/mm		
项目	指标	10.0	20.0	40.0	16.0	20.0	40.0
维勃稠度/s	16～20	175	160	145	180	170	155
	11～15	180	165	150	185	175	160
	5～10	185	170	155	190	180	165

表 4-45　塑性混凝土的用水量（kg/m³）

拌合物稠度		卵石最大公称粒径/mm				碎石最大公称粒径/mm			
项目	指标	10.0	20.0	31.5	40.0	16.0	20.0	31.5	40.0
坍落度/mm	10～30	190	170	160	150	200	185	175	165
	35～50	200	180	170	160	210	195	185	175
	55～70	210	190	180	170	220	205	195	185
	75～90	215	195	185	175	230	215	205	195

注：① 本表用水量系采用中砂时的取值。采用细砂时，每立方米混凝土用水量可增加 5～10 kg；采用粗砂时，可减少 5～10 kg。

② 掺用矿物掺合料和外加剂时，用水量应相应调整。

（2）掺外加剂的用水量确定。

先确定不掺外加剂的用水量 m'_{w0}，然后根据外加剂的减水率 β，确定掺外加剂的实际用水量 m_{w0}：

$$m_{w0} = m'_{w0}(1-\beta)$$

式中：m_{w0}——计算配合比每立方米混凝土的用水量（kg/m³）；

m'_{w0}——未掺外加剂时推定的满足实际坍落度要求的每立方米混凝土用水量（kg/m³），以表 4-45 中 90 mm 坍落度的用水量为基础，按每增大 20 mm 坍落度相应增加 5 kg/m³ 用水量来计算，当坍落度增大到 180 mm 以上时，随坍落度相应增加的用水量可减少；

β——外加剂的减少率（%），应经混凝土试验确定。

（3）外加剂用量的确定。

每立方米混凝土中外加剂用量（m_{a0}）按下式计算：

$$m_{a0} = m_{b0}\beta_a$$

式中：m_{a0}——计算配合比每立方米混凝土中外加剂用量（kg/m³）；

m_{b0}——计算配合比每立方米混凝土中胶凝材料用量（kg/m³）；

β_a——外加剂掺量（%），应经混凝土试验确定。

4）胶凝材料、矿物掺合料和水泥用量的确定

确定胶凝材料用量也需要经过"一算一比"，即先依据水胶比和用水量的理论值推导得出胶凝材料用量的理论值，如式（4-7），再根据混凝土最小胶凝材料用量（JGJ 55—2011）经验值（见表4-43）进行耐久性对比校核，取计算理论值和规范经验值中的最大值作为初步配合比设计的胶凝材料用量。

$$m_{b0} = \frac{m_{w0}}{W/B} \tag{4-7}$$

式中：m_{b0}——计算配合比每立方米混凝土中胶凝材料用量（kg/m³）；

m_{w0}——计算配合比每立方米混凝土的用水量（kg/m³）；

W/B——混凝土水胶比。

每立方米混凝土的矿物掺合料用量（m_{f0}）应按式 4-8 计算：

$$m_{f0} = m_{b0}\beta_f \tag{4-8}$$

式中：m_{f0}——计算配合比每立方米混凝土中矿物掺合料用量（kg/m³）；

β_f——矿物掺合料掺量（%）。

每立方米混凝土的水泥用量（m_{c0}）应按式（4-9）计算：

$$m_{c0} = m_{b0} - m_{f0} \tag{4-9}$$

式中：m_{c0}——计算配合比每立方米混凝土中水泥用量（kg/m³）。

5）砂率值（β_s）的确定

砂率应根据骨料的技术指标、混凝土拌合物性能和施工要求，参考既有历史资料确定。

当缺乏砂率的历史资料时，混凝土砂率的取值应符合下列规定：

（1）坍落度小于 10 mm 的混凝土，其砂率应经试验确定；

（2）坍落度为 10 mm～60 mm 的混凝土，其砂率可根据粗骨料品种、最大公称粒径及水胶比按表 4-46 选取；

（3）坍落度大于 60 mm 的混凝土，其砂率可经试验确定，也可在表 4-46 的基础上，按坍落度每增大 20 mm、砂率增大 1% 的幅度予以调整。

表 4-46　混凝土的砂率（%）

水胶比	卵石最大公称粒径/ mm			碎石最大公称粒径/mm		
	10.0	20.0	40.0	16.0	20.0	40.0
0.40	26～32	25～31	24～30	30～35	29～34	27～32
0.50	30～35	29～34	28～33	33～38	32～37	30～35
0.60	33～38	32～37	31～36	36～41	35～40	33～38
0.70	36～41	35～40	34～39	39～44	38～43	36～41

注：① 本表数值系中砂的选用砂率，对细砂或粗砂，可相应地减少或增大砂率；

② 采用人工砂配制混凝土时，砂率可适当增大；

③ 只用一个单粒级粗骨料配制混凝土时，砂率应适当增大。

6）粗、细骨料用量的确定

粗、细骨料用量的确定方法有：质量法、体积法。

（1）质量法。

计算原理：认为 1 m³ 混凝土的质量（即混凝土的表观密度）等于各组成材料质量之和。

根据经验，如果原材料情况比较稳定，所配制的混凝土拌合物的表观密度将接近一个固定值，这样就可以先假定一个混凝土拌合物的表观密度。在砂率已知的条件下，砂用量 m_{s0} 和石子用量 m_{g0} 可按下式计算：

$$\begin{cases} m_{f0}+m_{c0}+m_{g0}+m_{s0}+m_{w0}=m_{cp} \\ \beta_s=\dfrac{m_{s0}}{m_{g0}+m_{s0}}\times100\% \end{cases}$$

式中：m_{f0}、m_{c0}、m_{g0}、m_{s0}、m_{w0}——每立方米混凝土中矿物掺合料、水泥、石子、砂和水的用量（kg）；

β_s——混凝土的砂率（%）；

m_{cp}——每立方混凝土拌合物的假定质量（kg），可取 2 350～2 450 kg/m³。

（2）体积法。

计算原理：认为混凝土拌合物的体积等于各组成材料绝对体积和混凝土拌合物中所含空气体积之总和。

砂用量 m_{s0} 和石子用量 m_{g0} 可按下式计算：

$$\begin{cases} \dfrac{m_{f0}}{\rho_f}+\dfrac{m_{c0}}{\rho_c}+\dfrac{m_{g0}}{\rho_g}+\dfrac{m_{s0}}{\rho_s}+\dfrac{m_{w0}}{\rho_w}+0.01\alpha=1 \\ \beta_s=\dfrac{m_{s0}}{m_{g0}+m_{s0}}\times100\% \end{cases}$$

式中：β_c——水泥密度，可按现行国家标准《水泥密度测定方法》测定，也可取 2 900～3 100 kg/m³；

β_f——矿物掺合料密度，可按现行国家标准《水泥密度测定方法》测定；

β_g——粗骨料的表观密度，应按现行行业标准《普通混凝土用砂、石质量及检验方法标准》测定；

β_s——细骨料的表观密度，应按现行行业标准《普通混凝土用砂、石质量及检验方法标准》测定；

β_w——水的密度，可取 1 000 kg/m³；

α——混凝土的含气量百分数，在不使用引气剂或引气型外加剂时，α 可取 1。

3．基准配合比的确定

初步计算配合比求出的各材料用量，是借助于一些经验公式和数据计算出来的，或是利用经验资料查得的，因而不一定能够完全符合设计要求的混凝土拌合物的和易性。因此，必须通过试拌对初步计算配合比进行调整，直到混凝土拌合物的和易性符合要求为止，然后提出供检验强度用的基准配合比。

在初步计算配合比的基础上，假定 W/C 不变，通过试拌、调整，以使拌合物满足设计的和易性要求。

混凝土试配时，应采用强制式搅拌机进行搅拌。试拌时每盘混凝土的最小搅拌量为：骨料最大粒径在 31.5 mm 及以下时，拌合物数量取 20 L；骨料最大粒径为 40 mm 及以上时，拌合物数量取 25 L。拌合物数量不应小于搅拌机额定搅拌量的 1/4。

按初步计算配合比配制混凝土拌合物，测定其坍落度，同时观察拌合物的黏聚性和保水性。当不符合和易性的设计要求时，应进行调整，原则如下。

（1）当坍落度或维勃稠度低于设计要求时，保持 W/C 不变，适当增加水泥浆量；增加 2%～5% 的水泥浆，可提高混凝土拌合物坍落度 10 mm。

（2）当坍落度或维勃稠度高于设计要求时，保持砂率不变，适当增大骨料用量。

（3）当黏聚性和保水性不良，实质上是混凝土拌合物中砂浆不足或砂浆过多，应在保持水灰比不变的条件下适当增大或降低砂率。

每次调整后都需要重新试拌混凝土，重新检测和易性，直到符合要求为止。从而得到符合和易性要求的各组成材料的实拌用量 $m_{c拌}$、$m_{f拌}$、$m_{s拌}$、$m_{g拌}$、$m_{w拌}$，并可检测得出混凝土拌合物的实测表观密度 $\rho_{c,t}$。

由于理论计算的各材料用量之和与实测表观密度不一定相同，且用料量在试拌过程中有可能发生了改变，因此，应对上述实拌用料结合实测表观密度进行调整。

试拌时混凝土拌合物表观密度理论值可按下式计算：

$$\rho_{c,c} = m_{c拌} + m_{f拌} + m_{s拌} + m_{g拌} + m_{w拌}$$

则每立方米混凝土各材料用量可调整为：

$$m_{c1} = \frac{m_{c拌}}{\rho_{c,c}} \rho_{c,t}$$

$$m_{f1} = \frac{m_{f拌}}{\rho_{c,c}} \rho_{c,t}$$

$$m_{s1} = \frac{m_{s拌}}{\rho_{c,c}} \rho_{c,t}$$

$$m_{g1} = \frac{m_{g拌}}{\rho_{c,c}} \rho_{c,t}$$

$$m_{w1} = \frac{m_{w拌}}{\rho_{c,c}} \rho_{c,t}$$

进而得出供检验强度用的基准配合比：$m_{c1} : m_{s1} : m_{g1}$，$\dfrac{W}{C} = \dfrac{m_{w1}}{m_{c1}}$。

4. 试验室配合比的确定

通过调整得出的基准配合比，其混凝土拌合物和易性已满足设计要求，但 W/C 不一定满足强度设计要求。因此，需要通过调整 W/C，使配合比满足强度设计要求。

检测混凝土强度时，采用 3 个不同的配合比，其一为基准配合比，另外两个配合比的 W/C 较基准配合比分别增加或减少 0.05；用水量保持不变，砂率也相应增加或减少 1%，由此相应调整水泥和砂石用量，得到 3 组配合比。每组配合比制作一组（三块）标准试块，在标准条件下养护 28 d，测其抗压强度。在立方体抗压强度为纵轴，C/W 为横轴的坐标系上，分别描出 3 组配合比的 28 d 强度与 C/W 的坐标点，进而通过三个坐标点进行直线拟合，由作图法或直线拟合法得到与混凝土配制强度 $f_{cu,o}$ 相对应的 C/W。按这个 W/C 值与原用水量计算出相应的各材料用量，作为最终确定的试验室配合比，即每立方米混凝土中各组成材料的用量 m_c，m_f，m_s，m_g，m_w。

5. 施工配合比的确定

混凝土的初步配合比和试验室配合比都是以骨料处于干燥状态为基准的，而工地存放的砂、石材料都会含有一定的水分。所以，现场材料的实际用量应按工地砂、石的含水情况进行修正，修正后的配合比叫作施工配合比。

假定工地存放砂的含水率为 $a\%$，石子的含水率为 $b\%$，矿物掺合料的含水率为 $c\%$，则将试验室配合比换算为施工配合比，其材料用量为：

$$m'_c = m_c$$

$$m'_s = m_s(1 + a\%)$$

$$m'_g = m_g(1 + b\%)$$

$$m'_f = m_f(1 + c\%)$$

$$m'_w = m_w - m_s a\% - m_g b\% - m_f c\%$$

式中：m'_c，m'_f，m'_s，m'_g，m'_w——施工配合比中每立方米混凝土水泥、矿物掺合料、砂、石子和水的用量（kg/m³）。

五、混凝土配合比设计计算实例

某室内现浇钢筋混凝土梁，混凝土设计强度等级为 C25，无强度历史统计资料。原材料情况：水泥为 42.5 级普通硅酸盐水泥，密度为 3.10 g/cm³，水泥强度等级富余系数为 1.08；砂为中砂，表观密度为 2650 kg/m³；粗骨料采用碎石，最大粒径为 40 mm，表观密度为 2700 kg/m³；水为自来水。混凝土施工采用机械搅拌，机械振捣，坍落度要求 35～50 mm，施工现场砂含水率为 3%，石子含水率为 1%，试设计该混凝土配合比。

解：1. 计算初步配合比。

（1）确定配制强度 $f_{cu,o}$。

由题意可知，设计要求混凝土强度为 C25，且施工单位没有历史统计资料，查表 4-39 可得 $\sigma = 5.0$ MPa。

$$f_{cu,o} = f_{cu,k} + 1.645\sigma = (25 + 1.645 \times 5.0) \text{ MPa} = 33.2 \text{ MPa}$$

（2）计算水胶比 W/B。

由于混凝土强度低于 C60，且采用碎石，所以：

$$\frac{W}{B} = \frac{0.53 f_b}{f_{cu,o} + 0.53 \times 0.2 f_b} = \frac{0.53 \times 42.5 \times 1.08}{33.2 + 0.53 \times 0.2 \times 42.5 \times 1.08} = 0.64$$

由于混凝土所处的环境属于室内环境，因此查表 4-43 进行耐久性校核，可知按强度计算所得水胶比 $W/B = 0.64$，不满足混凝土耐久性要求，因此，$W/B = 0.6$。

（3）确定单位用水量 m_{w0}。

查表 4-45 可知，骨料采用碎石，最大粒径为 40 mm，混凝土拌合物坍落度为 35～50 mm 时，每立方米混凝土的用水量 $m_{w0} = 175$ kg。

（4）计算水泥用量 m_{c0}。

$$m_{c0} = \frac{m_{w0}}{W/B} = \frac{175}{0.6} \text{ kg} = 292 \text{ kg}$$

查表 4-43 进行耐久性校核，可知室内环境中钢筋混凝土最小水泥用量为 280 kg/m³，所以混凝土水泥用量 $m_{c0} = 292$ kg。

（5）确定砂率 β_s。

查表 4-46 可知，对于最大粒径为 40 mm、碎石配制的混凝土，取 $\beta_s = 35.8\%$。

（6）计算砂用量 m_{s0} 和石子用量 m_{g0}。

① 质量法。由于该混凝土强度等级为 C25，假设每立方米混凝土拌合物的表观密度为 2350 kg/m³，则由公式：

$$\begin{cases} m_{f0}+m_{c0}+m_{g0}+m_{s0}+m_{w0}=m_{cp} \\ \beta_s=\dfrac{m_{s0}}{m_{g0}+m_{s0}}\times100\% \end{cases}$$

求得：

$$m_{s0}+m_{g0}=m_{cp}-m_{c0}-m_{w0}=(2\ 350-292-175)\ kg=1\ 883\ kg$$

$$m_{s0}=(m_{cp}-m_{c0}-m_{w0})\beta_s=(1\ 883\times35.8\%)\ kg=674\ kg$$

$$m_{g0}=m_{cp}-m_{c0}-m_{w0}-m_{s0}=(1\ 883-674)\ kg=1\ 209\ kg$$

② 体积法。由公式：

$$\begin{cases} \dfrac{m_{f0}}{\rho_f}+\dfrac{m_{c0}}{\rho_c}+\dfrac{m_{g0}}{\rho_g}+\dfrac{m_{s0}}{\rho_s}+\dfrac{m_{w0}}{\rho_w}+0.01\alpha=1 \\ \beta_s=\dfrac{m_{s0}}{m_{g0}+m_{s0}}\times100\% \end{cases}$$

代入数据得：

$$\begin{cases} \dfrac{292}{3\ 100}+\dfrac{m_{s0}}{2\ 650}+\dfrac{m_{g0}}{2\ 700}+\dfrac{175}{1\ 000}+0.01\times1=1 \\ \dfrac{m_{s0}}{m_{g0}+m_{s0}}=0.358 \end{cases}$$

求得：$m_{s0}=692\ kg$，$m_{g0}=1241\ kg$。

实际工程中常以质量法为准，所以混凝土的初步配合比为：水泥：砂：碎石：水＝292：674：1 209：175 ＝ 1：2.31：4.14：0.6。

2. 确定基准配合比。

因为骨料最大粒径为 40 mm，在试验室试拌取样 25 L，则试拌时各组成材料用量分别为：

水泥：0.025×292 kg ＝ 7.3 kg

砂：0.025×674 kg ＝ 16.85 kg

碎石：0.025×1 209 kg ＝ 30.23 kg

水：0.025×175 kg ＝ 4.38 kg

按规定方法拌合，测得坍落度为 20 mm，低于规定坍落度 35～50 mm 的要求，黏聚性、保水性均好，砂率也适宜。为满足坍落度要求，增加 5％的水泥和水，即加入水泥 7.3 kg×5％＝0.37 kg，水 4.38 kg×5％＝0.22 kg，再进行拌合检测，测得坍落度为 40 mm，符合要求。并测得混凝土拌合物的实测表观密度 $\rho_{c,t}=2\ 390\ kg/m^3$。

试拌完成后，各组成材料的实际拌合用量为：

水泥 $m_{c拌}=(7.3+0.37)\ kg=7.67\ kg$；砂 $m_{s拌}=16.85\ kg$；

碎石 $m_{g拌}=30.23\ kg$；水 $m_{w拌}=(4.38+0.22)\ kg=4.6\ kg$。

试拌时混凝土拌合物表观密度理论值：

$$\rho_{c,c}=(7.67+16.85+30.23+4.6)\ kg/m^3=59.35\ kg/m^3。$$

每立方米混凝土各材料用量调整为：$m_{c1}=(\dfrac{7.67}{59.35}\times2\ 390)\ kg=309\ kg$

$$m_{s1}=(\dfrac{16.85}{59.35}\times2\ 390)\ kg=679\ kg$$

$$m_{g1}=(\dfrac{30.23}{59.35}\times2\ 390)\ kg=1\ 217\ kg$$

$$m_{w1} = \left(\frac{4.6}{59.35} \times 2\,390\right) \text{kg} = 185 \text{ kg}$$

混凝土基准配合比为:水泥:砂:石子＝309:679:1 217;水胶比＝0.6。

3. 确定试验室配合比。

以基准配合比为基准(水胶比为0.6),另增加两个水胶比分别为0.6－0.05＝0.55和0.6＋0.05＝0.65的配合比进行强度检验。用水量不变(均为185 kg),砂率相应增加或减少1%,并假设三组拌合物的实测表观密度也相同(均为2 390 kg/m³),由此相应调整水泥和砂石用量。计算过程如下:

第一组: $\frac{W}{B} = 0.55, \beta_s = 34.8\%$

每立方米混凝土各材料用量为:

$$水泥 = \left(\frac{185}{0.55}\right) \text{kg} = 336 \text{ kg}$$

$$砂 = [(2\,390 - 185 - 336) \times 34.8\%] \text{kg} = 650 \text{ kg}$$

$$石子 = (2\,390 - 185 - 336 - 650) \text{kg} = 1\,219 \text{ kg}$$

则配合比为:

水泥:砂:石子:水＝336:650:1219:185＝1:1.93:3.63:0.55

第二组: $\frac{W}{B} = 0.6, \beta_s = 35.8\%$

则配合比为:

水泥:砂:石子:水＝309:679:1217:185＝1:2.20:3.94:0.6

第三组: $\frac{W}{B} = 0.65, \beta_s = 36.8\%$

每立方米混凝土各材料用量为:

$$水泥 = \left(\frac{185}{0.65}\right) \text{kg} = 285 \text{ kg}$$

$$砂 = [(2\,390 - 185 - 285) \times 36.8\%] \text{kg} = 707 \text{ kg}$$

$$石子 = (2\,390 - 185 - 285 - 707) \text{kg} = 1\,213 \text{ kg}$$

则配合比为:水泥:砂:石子:水＝285:707:1 213:185＝1:2.48:4.26:0.65

用上述三组配合比各制一组试件,标准养护,测得28 d抗压强度为:

第一组: $W/B = 0.55, B/W = 1.82$,测得 $f_{cu} = 36.3$ MPa

第二组: $W/B = 0.6, B/W = 1.67$,测得 $f_{cu} = 30.7$ MPa

第三组: $W/B = 0.65, B/W = 1.54$,测得 $f_{cu} = 26.8$ MPa

用作图法求出与混凝土配制强度 $f_{cu,o} = 33.2$ MPa 相对应的胶水比值为1.76,即当 $W/B = 1/1.76 = 0.57$ 时, $f_{cu,o} = 33.2$ MPa,则每立方米混凝土中各组成材料的用量为(砂率 $\beta_s = 34.8\%$):

$$m_c = \left(\frac{185}{0.57}\right) \text{kg} = 325 \text{ kg}$$

$$m_s = [(2\,390 - 185 - 325) \times 34.8\%] \text{kg} = 654 \text{ kg}$$

$$m_g = (2\,390 - 185 - 325 - 654) \text{kg} = 1\,226 \text{ kg}$$

$$m_w = 185 \text{ kg}$$

混凝土的试验室配合比为：

      水泥：砂：石子：水＝325：654：1 226：185＝1：2.01：3.77：0.57。

4．确定施工配合比。

因测得施工现场砂含水率为3％，石子含水率为1％，则每立方米混凝土的施工配合比为：

$$水泥 \ m'_c ＝325 \ kg$$

$$砂 \ m'_s ＝[654×(1+3\%)] \ kg＝674 \ kg$$

$$石子 \ m'_g ＝[1\ 226×(1+1\%)] \ kg＝1\ 238 \ kg$$

$$水 \ m'_w ＝(185−654×3\%−1\ 226×1\%) \ kg＝153 \ kg$$

混凝土的施工配合比为：

      水泥：砂：石子：水＝325：674：1 238：153＝1：2.07：3.81：0.47。

知识链接
混凝土表观密度的检测方法

混凝土表观密度的检测方法遵循《普通混凝土拌合物性能试验方法标准》GB/T 50080—2016。

1．试验仪器

（1）容量筒。金属制成的圆筒，两旁装有提手。对骨料最大粒径不大于40 mm的拌合物采用容积为5 L的容量筒，其内径与内高均为(186±2) mm，筒壁厚为3 mm；骨料最大粒径大于40 mm时，容量筒的内径与内高均应大于骨料最大粒径的4倍。容量筒的上缘及内壁应光滑平整，顶面与底面应平行并与圆柱体的轴垂直。

容量筒容积应予以标定，标定方法可采用一块能覆盖住容量筒顶面的玻璃板，先称出玻璃板和空筒的质量，然后向容量筒中灌入清水，当水接近上口时，一边不断加水，一边把玻璃板沿筒口徐徐推入盖严，应注意使玻璃板下不带入任何气泡；然后擦净玻璃板面及筒壁外的水分，将容量筒连同玻璃板放在台秤上称其质量；两次质量之差(kg)即为容量筒的容积。

（2）台秤。称量50 kg，感量50 g。

（3）振动台、捣棒。

2．试验步骤

（1）用湿布把容量筒内外擦干净，称出容量筒质量，精确至50 g。

（2）混凝土的装料及捣实方法应根据拌合物的稠度而定。坍落度不大于70 mm的混凝土，用振动台振实为宜；大于70 mm的用捣棒捣实为宜。采用捣棒捣实时，应根据容量筒的大小决定分层与插捣次数：用5 L容量筒时，混凝土拌合物应分两层装入，每层的插捣次数应为25次；用大于5 L的容量筒时，每层混凝土的高度不应大于100 mm，每层插捣次数应按每10 000 mm² 截面不小于12次计算。各次插捣应由边缘向中心均匀地进行，插捣底层时捣棒应贯穿整个深度，插捣第二层时，捣棒应插透本层至下一层的表面；每一层捣完后用橡皮锤轻轻沿容器外壁敲打5～10次，进行振实，直至拌合物表面插捣孔消失并不见大气泡为止。

采用振动台振实时，应一次将混凝土拌合物灌到高处容量筒口。装料时可用捣棒稍加插捣，振动过程中如混凝土低于筒口，应随时添加混凝土，振动直至表面出浆为止。

（3）用刮尺将筒口多余的混凝土拌合物刮去，表面如有凹陷应填平；将容量筒外壁擦净，称出混凝土试样与容量筒总质量，精确至50 g。

3. 试验结果

混凝土拌合物表观密度应按下式计算：

$$\gamma_b = \frac{W_2 - W_1}{V} \times 1\,000$$

式中：γ_b——表观密度(kg/m^3)；

W_1——容量筒质量(kg)；

W_2——容量筒和试样总质量(kg)；

V——容量筒容积(L)。

试验结果的计算精确至 $10\ kg/m^3$。

成果验收单

某校宿舍楼工程为剪力墙结构，剪力墙所用混凝土的设计强度等级为C40，采用现场泵送浇筑施工，要求坍落度为 190～210 mm，请设计商品混凝土配合比。

施工所用原材料如下。水泥：P·O，42.5R，表观密度 $\rho_c = 3.1\ g/cm^3$。细骨料：天然中砂，细度模数2.8，表观密度 $\rho_s = 2.7\ g/cm^3$。粗骨料：石灰石碎石，5～25 mm，连续粒级，级配良好，表观密度 $\rho_g = 2.7\ g/cm^3$。粉煤灰：掺量为胶凝材料的 15%，表观密度 $\rho_{粉煤灰} = 2.2\ g/cm^3$。S95 级矿渣粉：掺量为胶凝材料的 15%，表观密度 $\rho_{矿渣} = 2.8\ g/cm^3$。掺合料：Ⅱ级。外加剂：萘系泵送减水剂，含固量 30%，推荐掺量为胶凝材料的 2%，减水率 20%，密度 $\rho_m = 1.1\ g/cm^3$。水：饮用自来水。

课后练习与作业

一、填空题

1. 普通混凝土配合比设计的 3 个重要参数是_____、_____、_____。

2. 混凝土配合比的表达方式有_____种，分别是：_____
和_____。

3. 混凝土配合比设计需要考虑的基本原则是：_____。

4. 混凝土配合比设计一般需要经过_____、_____、_____、
_____这四个步骤。

二、实践应用

1. 某混凝土的设计强度等级为C25，坍落度要求 30～50 mm，采用机械搅拌合振捣。所用材料如下。水泥：42.5 普通水泥，$\rho_c = 3.1\ g/cm^3$，堆积密度 1 300 kg/m^3，富余系数 1.13。碎石：5～20 mm，连续级配，$\rho_g = 2\ 700\ kg/m^3$，堆积密度 1 500 kg/m^3，含水率1.2%。中砂：$M_x = 2.6$，$\rho_s = 2\ 650\ kg/m^3$，堆积密度 1 450 kg/m^3，含水率3.5%。

试求：

(1) 混凝土初步配合比；

（2）混凝土施工配合比（初步配合比符合要求）。

2. 某建筑工地使用的混凝土，经过试配调整，所得和易性合格的材料用量分别为：水泥 3.20 kg，水 1.85 kg，砂子 6.30 kg，石子 12.65 kg，实测拌合物表观密度为 2 450 kg/m³。请根据以上条件，回答下列问题：

（1）计算该混凝土的基准配合比；

（2）若基准配合比经强度检验符合要求，现测得工地用砂的含水率为 5%，石子含水率为 2.5%，请计算施工配合比。

3. 某建筑工程混凝土的试验室配合比为 1∶2.2∶4.26，$W/C=0.6$，每 1 m³ 混凝土中水泥用量为 300 kg，实测现场砂含水率为 3%，石含水率为 1%，采用 250 L（出料容量）搅拌机进行搅拌。请根据上述条件，回答下列问题：

（1）该建筑工程混凝土的施工配合比为多少？

（2）该混凝土每搅拌一次，水泥、砂子、石子和水的用量分别为多少？

成绩评定单

成绩评定单如表 4-47 所示。

表 4-47　成绩评定单

检查项目	分项总分	个人自评（20%）	组内互评（30%）	教师评定（50%）
学习态度	20			
知识掌握	15			
技能应用	15			
任务完成	25			
爱护公物	10			
团队合作	15			
合计	100			

任务 4　混凝土质量控制

教学目标

知识目标

（1）了解影响混凝土质量波动的因素。

（2）理解混凝土强度质量评定方法。

（3）掌握施工现场混凝土质量控制的措施和方法。

技能目标

（1）能运用《混凝土强度检验评定标准》GB/T 50107—2010 对混凝土质量进行评定。
（2）能对混凝土在施工现场的生产及使用过程进行质量控制。

学习任务单

任务描述

某学院 2 号综合楼项目主体混凝土浇筑过程是影响工程质量的重要环节，在编制施工组织设计方案时需要对此过程提出质量控制方案。你能完成混凝土工程质量控制方案的编写任务么？

咨询清单

（1）影响混凝土质量波动的因素。
（2）混凝土强度质量评定方法。
（3）混凝土质量控制的措施和方法。

成果要求

（1）评定混凝土强度合格性。
（2）完成混凝土工程质量控制方案。

完成时间

资讯学习 50 min，任务完成 40 min，评估 10 min。

资讯交底单

一、影响混凝土质量波动的因素

混凝土是由多种材料组合而成的一种复合材料，在生产过程中由于受原材料质量、施工工艺、气温变化和试验条件等许多因素的影响，不可避免地造成混凝土质量存在一定的波动性。影响混凝土质量的主要因素如下。

（1）混凝土原材料质量。
（2）混凝土施工过程中的因素，如混凝土拌合物的搅拌、运输、浇筑和养护等。
（3）检测条件和检测方法。

二、混凝土强度质量评定

混凝土强度质量评定是按规定的时间与数量在搅拌地点或浇筑点抽取具有代表性的试样，按标准方法制作试件，标准养护至规定的龄期后，进行强度检测，以评定混凝土的质量。

根据国家标准《混凝土强度检验评定标准》（GB/T 50107—2010）规定，混凝土强度质量评定分为统计方法评定及非统计方法评定。

1. 统计方法评定

当连续生产的混凝土,生产条件在较长时间内能保持一致,且同一品种、统一强度等级混凝土的强度变异性保持稳定时,其强度应同时满足以下规定:

$$\begin{cases} m_{f_{cu}} \geqslant f_{cu,k} + 0.7\sigma_0 \\ f_{cu,min} \geqslant f_{cu,k} - 0.7\sigma_0 \end{cases}$$

混凝土立方体抗压强度的标准差 σ_0,可按下式计算:

$$\sigma_0 = \sqrt{\frac{\sum_{i=1}^{n} f_{cu,i}^2 - nm_{f_{cu}}^2}{n-1}}$$

同时,还应满足:当混凝土强度等级不大于 C20 时,其强度的最小值应满足 $f_{cu,min} \geqslant 0.85f_{cu,k}$ 条件;当混凝土强度等级大于 C20 时,其强度的最小值应满足 $f_{cu,min} \geqslant 0.90f_{cu,k}$ 条件。

式中:$m_{f_{cu}}$——同一验收批混凝土立方体抗压强度的平均值(MPa);

$f_{cu,k}$——混凝土立方体抗压强度标准值(MPa);

$f_{cu,min}$——同一验收批混凝土立方体抗压强度的最小值(MPa);

σ_0——验收批混凝土立方体抗压强度的标准差(MPa);

$f_{cu,i}$——第 i 组混凝土试件的立方体抗压强度值(MPa);

n——一个验收批混凝土试件的组数。

结论:当检验结果满足以上所有规定不等式条件时,认为该批混凝土强度质量合格,否则不合格。

例 4-1 某高层建筑,现浇混凝土强度等级为 C30,做试件 11 组(配合比基本一致)。试件强度代表值分别为:$f_{cu,1}=30.8$ MPa、$f_{cu,2}=31.8$ MPa、$f_{cu,3}=33.0$ MPa、$f_{cu,4}=29.8$ MPa、$f_{cu,5}=32.0$ MPa、$f_{cu,6}=31.2$ MPa、$f_{cu,7}=34.0$ MPa、$f_{cu,8}=29.0$ MPa、$f_{cu,9}=31.5$ MPa、$f_{cu,10}=32.3$ MPa、$f_{cu,11}=28.8$ MPa。判断其强度合格性。

解 因为验收批试件组数 $n=11$,所以采用统计方法评定,判断三个不等式是否成立。

$$m_{f_{cu}} = \frac{\sum_{i=1}^{11} f_{cu,i}}{n} = \frac{30.8+31.8+33.0+29.8+32.0+31.2+34.0+29.0+31.5+32.3+28.8}{11} \text{ MPa}$$

$$= 31.3 \text{ MPa}$$

$$\sigma_0 = \sqrt{\frac{\sum_{i=1}^{n} f_{cu,i}^2 - nm_{f_{cu}}^2}{n-1}}$$

$$= \sqrt{\frac{(30.8^2+31.8^2+33.0^2+29.8^2+32.0^2+31.2^2+34.0^2+29.0^2+31.5^2+32.3^2+28.8^2) - 11\times31.3^2}{11-1}} \text{ MPa}$$

$$= 1.4 \text{ MPa}$$

$$f_{cu,k} + 0.7\sigma_0 = (30 + 0.7\times1.4) \text{ MPa} = 30.98 \text{ MPa}$$

所以,不等式 $m_{f_{cu}} \geqslant f_{cu,k} + 0.7\sigma_0$ 成立。

$$f_{cu,min} = 28.8 \text{ MPa}$$

$$f_{cu,k} - 0.7\sigma_0 = (30 - 0.7 \times 1.4)\ \text{MPa} = 29.02\ \text{MPa}$$

所以，不等式 $f_{cu,min} \geqslant f_{cu,k} - 0.7\sigma_0$ 不成立。

因为此批混凝土强度等级为C30，大于C20，所以其强度的最小值应满足 $f_{cu,min} \geqslant 0.90 f_{cu,k}$ 的条件。

$$0.90 f_{cu,k} = 0.90 \times 30\ \text{MPa} = 27.0\ \text{MPa}$$

所以，不等式 $f_{cu,min} \geqslant 0.90 f_{cu,k}$ 成立。

三个不等式中有一个不等式不成立，所以，该批混凝土强度质量不合格。

2. 非统计方法评定

当评定的样本容量小于10组时，应采用非统计方法评定混凝土强度。

按非统计方法评定混凝土强度时，其强度应同时满足下列要求：

$$\begin{cases} m_{f_{cu}} \geqslant \lambda_3 \cdot f_{cu,k} \\ f_{cu,min} \geqslant \lambda_4 \cdot f_{cu,k} \end{cases}$$

式中：λ_3、λ_4——合格评定系数，应按表4-48选取。

表4-48　混凝土强度的非统计方法合格评定系数

混凝土强度等级	＜C60	≥C60
λ_3	1.15	1.10
λ_4	0.95	

结论：当检验结果满足以上规定所有不等式条件时，认为该批混凝土强度质量合格，否则不合格。

例4-2　某结构混凝土设计为C30，同一检验批试块共6组，每组的代表值分别为36.1、28.9、35.4、37.2、34.5、35.4（单位：MPa）。请判定强度是否符合标准规定。

解　因为：
$$m_{f_{cu}} = \frac{36.1 + 28.9 + 35.4 + 37.2 + 34.5 + 35.4}{6}\ \text{MPa} = 34.58\ \text{MPa}$$

$$\lambda_3 \cdot f_{cu,k} = 1.15 \times 30\ \text{MPa} = 34.5\ \text{MPa}$$

所以，不等式 $m_{f_{cu}} \geqslant \lambda_3 \cdot f_{cu,k}$ 成立。

因为：
$$f_{cu,min} = 28.9\ \text{MPa}$$

$$\lambda_4 \cdot f_{cu,k} = 0.95 \times 30\ \text{MPa} = 28.5\ \text{MPa}$$

所以，不等式 $f_{cu,min} \geqslant \lambda_4 \cdot f_{cu,k}$ 成立。

两个不等式均成立，所以该批混凝土强度质量合格。

三、混凝土质量控制措施

（一）混凝土质量的初步控制

1. 混凝土各组成材料进场质量检验与控制

（1）混凝土原材料进入施工场地时，供方应按规定提供原材料出厂质量检测报告、合格证等质量证明文件，外加剂产品还应提供产品使用说明书。

（2）原材料进场后应按国家标准规定检测项目及时进行检测,检测样品应随机抽取。

（3）混凝土各组成材料质量均应符合相应的技术标准,原材料质量、规格必须满足工程设计与施工的要求。

2．混凝土配合比的确定与调整

（1）混凝土配合比应经试验室检测验证,并应满足混凝土施工性能、强度和耐久性等设计要求。

（2）在混凝土配合比使用过程中,应根据原材料质量的动态信息,如水泥强度等级、混凝土用砂粗细情况、粗骨料最大粒径、施工现场含水率等及时进行调整,但在施工过程中不得随意改变混凝土配合比。

（二）混凝土质量的生产控制

1．计量

严格控制各组成材料的用量,计量偏差要符合规范要求。胶凝材料的称量偏差为 2％,骨料的偏差为 3％,拌合用水与外加剂的称量偏差为 1％。

2．搅拌

投料方式应满足技术要求。严格控制搅拌时间,应符合表 4-49 的规定。掺入外加剂的要延长搅拌时间,且外加剂应事先溶化在水里,待拌合物搅拌了规定时间的一半后再加入。

表 4-49　混凝土搅拌的最短时间

混凝土坍落度/mm	搅拌机机型	搅拌机出料量/L		
		＜250	250～500	＞500
≤30	强制式	60 s	90 s	120 s
	自落式	90 s	120 s	150 s
＞30	强制式	60 s	60 s	90 s
	自落式	90 s	90 s	120 s

注：① 混凝土搅拌的最短时间是指自全部材料装入搅拌机中起到开始卸料的时间;

② 当采用其他形式的搅拌设备时,搅拌的最短时间应按设备说明书的规定或经验确定;

③ 在运输过程中,应防止混凝土拌合物出现离析、分层现象,保证混凝土的匀质性,应以最少的转载次数和最短的运输时间,将混凝土拌合物从搅拌地点运至浇筑地点,运输时间不宜超过 90 min。

3．浇筑

浇筑混凝土前,应检查并控制模板、钢筋、保护层和预埋件等的尺寸、规格、数量和位置,模板支撑的稳定性及接缝的密合情况,以保证模板在混凝土浇筑过程中不出现失稳、跑模和漏浆等现象;清除模板内的杂物和钢筋表面上的油污。

按规定方法浇筑,控制混凝土的均匀性、密实性和整体性,同时注意限制卸料高度（混凝土自高处倾落的自由高度不应超过 2 m),以防止离析现象的产生。遇雨雪天时不应露天浇筑。浇筑混凝土应连续浇筑,当必须有间歇时,其间歇时间应缩短,并应在前层混凝土凝结之前,将次层混凝土浇筑完毕。

4.振捣

应根据混凝土拌合物特性及混凝土结构、构件的制作方式确定合理的振捣方式和振捣时间。振捣时间应按混凝土拌合物稠度和振捣部位等不同情况,控制在 10~30 s,一般认为混凝土拌合物表面出现浮浆和不再沉落时,可视为振捣密实。

5.养护

应根据结构类型、环境条件、原材料情况以及对混凝土性能的要求等,提出混凝土施工养护方案。对已浇筑完毕的混凝土,应在 12 h 内加以覆盖和浇水,保持必要的温度和湿度。一般情况下养护时间不应少于 14 d。养护时可用稻草或麻袋等物覆盖表面并经常浇水,浇水次数应以保持混凝土处于湿润状态为宜,冬季要注意保温,防止冰冻。

(三)混凝土质量的合格控制

混凝土质量的合格控制是指对所浇筑的混凝土进行强度或其他技术指标的检验评定。

混凝土的质量波动将直接反映到混凝土的强度方面,而混凝土的抗压强度与其他性能有较好的相关性,因此,在混凝土生产质量管理中,常以混凝土的抗压强度作为评定和控制其质量的主要指标。

成果验收单

1. 某筏板基础混凝土设计为 C45,共 1950 m³,按规定每 200 m³ 至少留置一组强度试块,故留 10 组试块,强度代表值分别为 52.1、45.9、47.2、46.1、47.7、48.5、46.3、49.2、50.3、51.2(单位:MPa)。请判定其强度是否符合标准规定。

2. 分组编制混凝土工程质量控制方案。

课后练习与作业

一、填空题

1. 影响混凝土质量的主要因素有:_____。

2. 混凝土强度质量评定是按规定的_____与_____在_____地点或_____地点抽取具有代表性的试样,按_____方法制作试件,标准养护至规定的龄期后,进行强度检测,以评定混凝土的质量。

3. 国家标准《混凝土强度检验评定标准》(GB/T 50107—2010)规定,混凝土强度质量评定分为_____方法评定与_____方法评定。

二、选择题

关于混凝土质量,下列叙述正确的是(   )。

A.混凝土质量是波动的

B. 为了保证生产的混凝土技术性能满足设计要求,必须对混凝土质量进行控制

C. 混凝土各组成材料的质量及混凝土配合比能够引起混凝土质量波动

D. 生产全过程各工序能够引起混凝土质量波动

E. 混凝土质量波动不受混凝土成品质量的控制与评定的影响

成绩评定单

成绩评定单如表 4-50 所示。

表 4-50　成绩评定单

检 查 项 目	分 项 总 分	个人自评(20%)	组内互评(30%)	教师评定(50%)
学习态度	20			
知识掌握	15			
技能应用	15			
任务完成	25			
爱护公物	10			
团队合作	15			
合计	100			

任务 5 混凝土的应用

教学目标

知识目标

(1) 了解其他品种混凝土的基本组成和类型。

(2) 掌握其他品种混凝土的特点和应用。

技能目标

能根据施工需要选用不同品种的混凝土。

学习任务单

任务描述

请你为上海东海大桥、日本跨海明石大桥混凝土基墩、美国 Chowan River 大跨度桥、上海卢浦大桥、某住宅小区地下车库工程、地铁工程、黄河堤坝工程、泄洪涵洞工程、水下修补工程选择合适的混凝土类型。

咨询清单

（1）高性能混凝土的构成、特点及应用。

（2）轻混凝土的构成、特点及应用。

（3）防水混凝土的构成、特点及应用。

（4）纤维增强混凝土的构成、特点及应用。

（5）聚合物混凝土的构成、特点及应用。

成果要求

任务描述中的各类型工程所用混凝土选型结果及原因分析。

完成时间

资讯学习 50 min，任务完成 40 min，评估 10 min。

资讯交底单

一、高性能混凝土

高性能混凝土（high performance concrete，简称 HPC）是一种新型高技术混凝土，是在大幅度提高普通混凝土性能的基础上采用现代混凝土技术制作的混凝土。它以耐久性作为设计的主要指标，针对不同用途要求，对耐久性、工作性、适用性、强度、体积稳定性和经济性予以重点保证。为此，高性能混凝土在配制上的特点是：采用低水胶比，选用优质原材料，且必须掺加足够数量的掺合料（矿物细掺料）和高效外加剂。

高性能混凝土具有以下特点。

1. 自密实性

高性能混凝土的用水量较低，流动性好，抗离析性高，从而具有较优异的填充性。因此，配制恰当的大流动性高性能混凝土有较好的自密实性。

2. 体积稳定性

高性能混凝土的体积稳定性较高，表现为具有高弹性模量、低收缩与徐变、低温度变形。普通混凝土的弹性模量为 20～25 GPa，采用适宜的材料与配合比的高性能混凝土，其弹性模量可达 40～50 GPa。采用高弹性模量、高强度的粗集料并降低混凝土中水泥浆体的含量，选用合理的配合比配制的高性能混凝土，90 天龄期的干缩值低于 0.04%。

3. 强度高

高性能混凝土的抗压强度已超过 200 MPa。28 d 平均强度介于 100～120 MPa 的高性能混凝土，已在工程中应用。高性能混凝土抗拉强度与抗压强度较高强混凝土有明显增加，高性能混凝土的早期强度发展加快，而后期强度的增长率却低于普通强度混凝土。

4. 水化热低

由于高性能混凝土的水灰比较低，会较早地终止水化反应，因此，水化热相应地降低。

5. 收缩和徐变小

高性能混凝土的总收缩量与其强度成反比,强度越高,总收缩量越小。但高性能混凝土的早期收缩率,随着早期强度的提高而增大。相对湿度和环境温度,仍然是影响高性能混凝土收缩性能的两个主要因素。

高性能混凝土的徐变变形显著低于普通混凝土,高性能混凝土与普通强度混凝土相比较,高性能混凝土的徐变总量(基本徐变与干燥徐变之和)有显著减少。在徐变总量中,干燥徐变值的减少更为显著,基本徐变仅略有一些降低。而干燥徐变与基本徐变的比值,则随着混凝土强度的增加而降低。

6. 耐久性好

高性能混凝土除通常的抗冻性、抗渗性明显高于普通混凝土之外,高性能混凝土的 Cl^- 渗透率,明显低于普通混凝土。高性能混凝土由于具有较高的密实性和抗渗性,因此,其抗化学腐蚀性能显著优于普通强度混凝土。

7. 耐火性差

高性能混凝土在高温作用下,会产生爆裂、剥落。由于混凝土的高密实度使自由水不易很快地从毛细孔中排出,再受高温时其内部形成的蒸汽压力几乎可达到饱和蒸汽压力。在 300 ℃温度下,蒸汽压力可达 8 MPa,而在 350 ℃温度下,蒸汽压力可达 17 MPa,这样的内部压力可使混凝土中产生 5 MPa 拉伸应力,使混凝土发生爆炸性剥蚀和脱落。因此高性能混凝土的耐高温性能是一个值得重视的问题。为克服这一性能缺陷,可在高性能和高强度混凝土中掺入有机纤维,在高温下混凝土中的纤维能熔解、挥发,形成许多连通的孔隙,使高温作用产生的蒸汽压力得以释放,从而改善高性能混凝土的耐高温性能。

概括起来说,高性能混凝土就是能更好地满足结构功能要求和施工工艺要求的混凝土,能最大限度地延长混凝土结构的使用年限,降低工程造价。高性能混凝土主要用于高层、重载、大跨度结构,尤其是有抗渗、抗化学腐蚀要求的混凝土结构。

二、轻混凝土

容重不大于 1 900 kg/m³ 的混凝土统称为轻混凝土。轻混凝土与普通混凝土相比,其最大特点是容重轻、具有良好的保温性能。

轻混凝土按其孔隙结构分为:轻骨料混凝土(即多孔骨料轻混凝土)、多孔混凝土(主要包括加气混凝土和泡沫混凝土等)、大孔混凝土(即无砂混凝土或少砂混凝土)。

1. 轻骨料混凝土

轻骨料混凝土(lightweight aggregate concrete)是指采用轻骨料的混凝土,其表观密度不大于 1 900 kg/m³。所谓轻骨料是以减轻混凝土的质量以及提高热工效果为目的而采用的骨料,其表观密度要比普通骨料低。人造轻骨料又称为陶粒。

轻骨料混凝土密度小、保温性好、抗震性好,并且变形性能良好,弹性模量较低,在一般情况下收缩和徐变也较大,适用于高层及大跨度建筑。

轻骨料混凝土按细骨料不同,又分为全轻混凝土和砂轻混凝土。采用轻砂做细骨料的,称为全轻混凝土;由普通砂或部分轻砂做细骨料的,称为砂轻混凝土。

2. 多孔混凝土

多孔混凝土中无粗、细骨料,内部充满大量细小封闭的孔,孔隙率高达 60% 以上。多孔混凝土可分为加气混凝土和泡沫混凝土两种。近年来,也有用压缩空气经过充气介质弥散成大量微气泡,均匀地分散在料浆中而形成多孔结构。这种多孔混凝土称为充气混凝土。

多孔混凝土质轻,其表观密度不超过 1 000 kg/m³,通常在 300~800 kg/m³ 之间;保温性能优良,导热系数随其表观密度降低而减小,一般为 0.09~0.17 W/(m·K);可加工性好,可锯、可刨、可钉、可钻,并可用胶黏剂黏结。

3. 大孔混凝土

大孔混凝土,也称无砂混凝土,是以粗集料和水泥配制成的一种轻混凝土。大孔混凝土按其所用集料品种,可分为普通大孔混凝土和轻集料大孔混凝土。前者用普通碎石、卵石或硬矿渣配制而成,主要用于承重及保温外墙体。后者用陶粒、浮石、碎砖等轻集料制成,通常用于非承重和承重的保温外墙。

三、防水混凝土

防水混凝土(water tight concrete)是一种具有高的抗渗性能,并达到防水要求的混凝土。防水混凝土分为普通防水混凝土、外加剂防水混凝土、膨胀水泥防水混凝土。

1. 普通防水混凝土

所用原材料与普通混凝土基本相同,但两者的配制原则不同。普通防水混凝土主要借助于采用较小的水灰比(不大于 0.6),适当提高水泥用量(不小于 320 kg/m³)、砂率(35%~40%)及灰砂比(1∶2~1∶2.5),控制石子最大粒径,加强养护等方法,以抑制或减少混凝土孔隙率,改变孔隙特征,提高砂浆及其与粗骨料界面之间的密实性和抗渗性。普通防水混凝土一般抗渗压力可达 0.6~2.5 MPa,施工简便,造价低廉,质量可靠,适用于地上和地下防水工程。

2. 外加剂防水混凝土

在混凝土拌合物中加入微量有机物(引气剂、减水剂、三乙醇胺)或无机盐(如氯化铁),以改善其和易性,提高混凝土的密实性和抗渗性,引气剂防水混凝土抗冻性好,能经受 150~200 次冻融循环,适用于抗水性、耐久性要求较高的防水工程。减水剂防水混凝土具有良好的和易性,可调节凝结时间,适用于泵送混凝土及薄壁防水结构。三乙醇胺防水混凝土早期强度高,抗渗性能好,适用于工期紧迫、要求早强及抗渗压力大于 2.5 MPa 的防水工程。氯化铁防水混凝土具有较高的密实性和抗渗性,抗渗压力可达 2.5~4.0 MPa,适用于水下、深层防水工程或修补堵漏工程。

3. 膨胀水泥防水混凝土

膨胀水泥防水混凝土是利用膨胀水泥水化时产生的体积膨胀,使混凝土在约束条件下的抗裂性和抗渗性获得提高,主要用于地下防水工程和后灌缝。

四、纤维增强混凝土

纤维增强混凝土是纤维和水泥基料(水泥石、砂浆或混凝土)组成的复合材料的统称。制造纤维混凝土主要使用具有一定长径比(即纤维的长度与直径的比值)的短纤维。水泥石、砂浆与混凝土的主要缺点是抗拉强度低、极限延伸率小、性脆,加入抗拉强度高、极限延伸率大、抗碱性好的纤维,可以克服这些缺点。

所用纤维按其材料性质可分为:①金属纤维,如钢纤维(钢纤维混凝土)、不锈钢纤维(适用于耐热混凝土);②无机纤维,主要有天然矿物纤维(温石棉、青石棉、铁石棉等)和人造矿物纤维(抗碱玻璃纤维及抗碱矿棉等碳纤维);③有机纤维,主要有合成纤维(聚乙烯、聚丙烯、聚乙烯醇、尼龙、芳族聚酰亚胺等)和植物纤维(西沙尔麻、龙舌兰等),合成纤维混凝土不宜使用于高于60 ℃的热环境中。

纤维可控制基体混凝土裂纹的进一步发展,从而提高抗裂性。由于纤维的抗拉强度大、延伸率大,使混凝土的抗拉、抗弯、抗冲击强度及延伸率和韧性得以提高。纤维混凝土的主要品种有石棉水泥、钢纤维混凝土、玻璃纤维混凝土、聚丙烯纤维混凝土及碳纤维混凝土、植物纤维混凝土和高弹模合成纤维混凝土等。

纤维增强混凝土主要用于对抗冲击性能、抗裂性、耐磨性要求较高的工程,如机场跑道、高速公路、桥面、隧道、压力管道、铁路轨枕、薄型混凝土板等。

五、聚合物混凝土

聚合物浸渍混凝土(PIC)是以已硬化的水泥混凝土为基材,以聚合物填充其孔隙而成的一种混凝土-聚合物复合材料,其中聚合物含量为复合体质量的 5%～15%。其工艺为先将基材作不同程度的干燥处理,然后在不同压力下浸泡在以苯乙烯或甲基丙烯酸甲酯等有机单体为主的浸渍液中,使之渗入基材孔隙,最后用加热、辐射或化学方法等,使浸渍液在其中聚合固化。在浸渍过程中,浸渍液深入基材内部并遍及全体者,称完全浸渍工艺,一般应用于工厂预制构件,各道工序在专门设备中进行。浸渍液仅渗入基材表面层者,称表面浸渍工艺,一般应用于路面、桥面等现场施工。

由于聚合物填充了水泥混凝土中的孔隙和微裂缝,可提高它的密实度,增强水泥石与集料间的黏结力,并缓和裂缝尖端的应力集中,改变普通水泥混凝土的原有性能,使之具有高强度、抗渗、抗冻、抗冲击、耐磨、耐化学腐蚀、抗射线等显著优点。可作为高效能结构材料,应用于特种工程,例如腐蚀介质中的管、桩、柱、地面砖、海洋构筑物和路面、桥面板,以及水利工程中对抗冲击、耐磨、抗冻要求高的部位,也可应用于现场修补构筑物的表面和缺陷,以提高其使用性能。

聚合物浸渍混凝土的制备技术,还可推广到不以水泥混凝土为基材和不以有机单体为浸渍液的材料,例如聚合物浸渍石膏和硫黄浸渍混凝土。

聚合物水泥混凝土(PCC)是以聚合物(或单体)和水泥共同作为胶凝材料的聚合物混凝土。其制作工艺与普通混凝土相似,在加水搅拌时掺入一定量的有机物及其辅助剂,经成型、养护后,其中的水泥与聚合物同时固化而成。

聚合物掺加量一般为水泥质量的 5%～20%。使用的聚合物一般为合成橡胶乳液,如氯丁胶乳(CR)、丁苯胶乳(SBR)、丁腈胶乳(NBR),或热塑性树脂乳液,如聚丙烯酸酯类乳液(PAE)、聚乙酸乙烯乳液(PVAC)等。此外,环氧树脂及不饱和聚酯一类树脂也可应用。

由于聚合物的引入,聚合物水泥混凝土改进了普通混凝土的抗拉强度、耐磨、耐腐蚀、抗渗、抗冲击等性能,并改善混凝土的和易性,可应用于现场灌筑构筑物、路面及桥面修补,混凝土储罐的耐腐蚀面层,新老混凝土的黏结以及其他特殊用途的预制品。

聚合物混凝土适用于有高强度、高耐久性要求的工程,如桥面、公路路面、机场跑道的面层、耐腐蚀的化工结构、管道内衬、隧道支撑系统及水下结构等。

六、玻璃混凝土

玻璃混凝土是不用水泥而全部采用液体玻璃(硅酸钠)和磨细的填料制成的新型混凝土,可耐 500 ℃的高温,适于制作煤气管道和烟道等。

七、彩色混凝土

这种混凝土色彩艳丽,而且颜色可随空气的湿度不同而变化,即空气干燥时呈蔚蓝色;潮湿时变成紫色;下雨时又变成玫瑰色。这种变色本领是由于在水泥中掺入了二氧化钴的成分。二氧化钴能随空气的湿度的不同而改变颜色。用这种混凝土作装饰材料,不仅给人一种变化莫测的感觉和美的享受,而且还可根据它的颜色变化预测天气,因此也叫作"气象混凝土"。

成果验收单

成果验收单如表 4-51 所示。

表 4-51　成果验收单

序　号	项　目	混凝土类型	选 型 原 因
1	上海东海大桥		
2	日本跨海明石大桥混凝土基墩		
3	美国 Chowan River 大跨度桥		
4	上海卢浦大桥		
5	某住宅小区地下车库工程		
6	地铁工程		
7	黄河堤坝工程		
8	泄洪涵洞工程		
9	水下修补工程		

课后练习与作业

一、填空题

1. 高性能混凝土是指＿＿＿＿＿＿＿＿＿＿＿＿＿＿＿＿＿。

2. 轻混凝土包括:＿＿＿＿＿＿、＿＿＿＿＿＿、＿＿＿＿＿＿。

3. 防水混凝土的抗渗能力以＿＿＿＿＿＿来表示。

4.纤维增强混凝土是在普通混凝土拌合物中掺入_____配制而成的混凝土。

5.聚合物混凝土按其组成和制作工艺不同可分为_____、_____、_____。

二、实践应用

1. 为以下结构和工程选择合适的混凝土类型。

(1)50 层的钢混结构建筑；(2)大跨度钢混桥梁；(3)预制混凝土屋面保温构件；

(4)海底隧道；(5)耐腐蚀的化工结构；(6)铁路轨枕；(7)混凝土高速公路；

(8)机场跑道。

2. 从技术经济及工程特点考虑，针对大体积混凝土、高强混凝土、普通现浇混凝土、混凝土预制构件、喷射混凝土和泵送混凝土工程或制品，选用合适的外加剂品种，并简要说明理由。

成绩评定单

成绩评定单如表 4-52 所示。

表 4-52 成绩评定单

检 查 项 目	分 项 总 分	个人自评(20%)	组内互评(30%)	教师评定(50%)
学习态度	20			
知识掌握	15			
技能应用	15			
任务完成	25			
爱护公物	10			
团队合作	15			
合计	100			

学习情境 5

建筑砂浆的检测及应用

建筑砂浆是由胶凝材料（水泥、石灰、石膏等）、细骨料（砂、炉渣等）和水，有时还掺入某些掺合料，按一定比例配制并浇拌而成。建筑砂浆在建筑工程中，是一项用量大、用途广泛的建筑材料。建筑砂浆根据所用胶凝材料不同，可分为水泥砂浆、石灰砂浆、水泥石灰混合砂浆等。

任务 1 建筑砂浆的技术性能及检测

教学目标

知识目标

（1）理解建筑砂浆的用途。
（2）掌握建筑砂浆的类型。
（3）掌握建筑砂浆的组成材料。
（4）掌握建筑砂浆的技术性能。
（5）掌握建筑砂浆技术性能检测方法。

技能目标

（1）会阅读建筑砂浆的技术性能检测报告。
（2）能正确对建筑砂浆进行技术性能检测并评定。

学习任务单

任务描述

某学校学生宿舍楼砌筑工程需要用强度等级为 M7.5，稠度为 80～90 mm 的水泥石灰混合砂浆。师傅要求小王对工地现场拌制好的建筑砂浆进行技术性能检测，并对检测结果进行判定，确保工程质量。你能帮助小王完成工作任务么？

咨询清单

（1）建筑砂浆的组成材料。

（2）建筑砂浆的用途与类型。

（3）建筑砂浆的技术性能。

（4）建筑砂浆技术性能检测方法。

成果要求

建筑砂浆技术性能检测试验记录填写并判定性能检测试验结果。

完成时间

资讯学习 50 min，任务完成 40 min，评估 10 min。

资讯交底单

一、建筑砂浆的组成材料

1．胶凝材料

拌制建筑砂浆常用的胶凝材料有水泥、石灰、石膏等，应根据使用环境、用途等合理选用。在干燥环境下使用的砂浆既可以选用石灰、石膏等气硬性胶凝材料，也可以选用水泥等水硬性胶凝材料；在潮湿环境下或水中使用的砂浆必须选用水泥等水硬性胶凝材料。

砌筑砂浆常用的胶凝材料是水泥，其品种应根据砂浆的用途和使用环境来选择；其强度等级宜为砂浆强度等级的 4～5 倍，用于配制水泥砂浆的水泥强度等级不宜大于 32.5 级，用于配制混合砂浆的水泥强度等级不宜大于 42.5 级。

2．砂

建筑砂浆常用的砂主要是天然砂，要求坚固清洁，级配适宜，最大粒径通常应控制在砂浆厚度的 1/5～1/4，使用前必须过筛。拌制砂浆时优先选用中砂，这样既满足砂浆和易性要求，又能节约水泥用量。

3．水

拌制砂浆应使用饮用水、洁净水，未经试验鉴定的非洁净水、生活污水、工业废水等均不能用于拌制砂浆及养护砂浆。

4．掺合料

为了改善建筑砂浆的和易性，可以在砂浆中加入一些无机细颗粒的掺合料，常用的掺合料有石灰膏、生石灰粉、消石灰粉和磨细的粉煤灰等。

二、建筑砂浆的用途与类型

1．建筑砂浆的用途

建筑砂浆是建筑工程中，尤其是民用建筑中使用广、用量大的一种建筑材料。

（1）可用于砌筑砖、石、砌块等砌体。

（2）可用于室内外墙面、地面等抹面。

（3）可用于镶贴大理石、水磨石、瓷砖等贴面材料。

（4）可用于砖、石等勾缝材料。

（5）可用于制成特殊性能的砂浆，对结构进行特殊处理（保温、吸声、防水、防腐、装修等）。

2. 建筑砂浆的类型

根据砂浆的用途不同，建筑砂浆主要可分为砌筑砂浆、抹面砂浆和特种砂浆。

1）*砌筑砂浆*

将砖、石、砌块等块材经砌筑成为砌体的砂浆称为砌筑砂浆。它起黏结、衬垫和传力作用，是砌体的重要组成部分。水泥砂浆宜用于砌筑潮湿环境以及强度要求较高的砌体；水泥石灰混合砂浆宜用于砌筑干燥环境中的砌体。多层房屋的墙一般采用强度等级为 M5 的水泥石灰混合砂浆；砖柱、砖拱、钢筋砖过梁等一般采用强度等级为 M5～M10 的水泥砂浆；砖基础一般采用不低于 M5 的水泥砂浆。

2）*抹面砂浆*

凡涂抹在建筑物或建筑构件表面的砂浆，统称为抹面砂浆。抹面砂浆要求具有良好的和易性，容易抹成均匀平整的薄层，便于施工。还应有较高的黏结力，砂浆层应能与底面黏结牢固，长期不致开裂或脱落。处于潮湿环境或易受外力作用部位（如地面、墙裙等），还应具有较高的耐水性和强度。

根据抹面砂浆功能的不同，可将抹面砂浆分为普通抹面砂浆、装饰砂浆等。普通抹面砂浆是建筑工程中用量最大的抹面砂浆。其功能主要是保护墙体、地面不受风雨及有害杂质的侵蚀，提高防潮、防腐蚀、抗风化性能，增加耐久性；同时可使建筑物达到表面平整、清洁和美观的效果。抹面砂浆通常分两层或三层进行施工。各层砂浆要求不同，因此每层所选用的砂浆也不一样。

装饰砂浆是常用的装饰材料的一种，是直接涂抹在建筑内外墙表面，以增加建筑物美观度的抹面砂浆。装饰砂浆底层和中层与普通抹面砂浆基本相同，区别只在于面层具有特殊的表面式样或呈现各种色彩。装饰砂浆所采用的胶凝材料有普通水泥、白水泥和彩色水泥，以及石灰、石膏等。骨料常用天然砂、色石渣（由大理石、白云石、花岗岩等带颜色的岩石破碎加工而成），还采用彩色瓷粒及玻璃球。

3）*特种砂浆*

（1）防水砂浆。

防水砂浆是一种抗渗性高的砂浆。防水砂浆层又称刚性防水层，适用于不受振动和具有一定刚度的混凝土或砖石砌体的表面，对于变形较大或可能发生不均匀沉陷的建筑物，都不宜采用刚性防水层。

防水砂浆按其组成成分可分为：多层抹面水泥砂浆（也称五层抹面法或四层抹面法）、掺防水剂防水砂浆、膨胀水泥防水砂浆及掺聚合物防水砂浆等四类。

（2）保温砂浆。

保温砂浆又称绝热砂浆，是采用水泥、石灰、石膏等胶凝材料与膨胀珍珠岩或膨胀蛭石、陶砂等轻质多孔骨料按一定比例配合制成的砂浆。保温砂浆具有轻质、保温隔热、吸声等性能，其导热系数为 0.07~0.10 W/(m·K)，可用于屋面保温层、保温墙壁以及供热管道保温层等处。

常用的保温砂浆有水泥膨胀珍珠岩砂浆、水泥膨胀蛭石砂浆、水泥石灰膨胀蛭石砂浆等。近年来，随着国内节能减排工作的推进，涌现出众多新型保温材料，其中 EPS（聚苯乙烯）颗粒保温砂浆就是一种得到广泛应用的新型外保温砂浆。

（3）吸声砂浆。

一般绝热砂浆是由轻质多孔骨料制成的，都具有吸声性能。另外，也可以用水泥、石膏、砂、锯末按体积比为 1:1:3:5 配制成吸声砂浆，或在石灰、石膏砂浆中掺入玻璃纤维、矿棉等松软纤维材料制成。吸声砂浆主要用于室内墙壁和平顶的吸声。

（4）耐酸砂浆。

用水玻璃（硅酸钠）与氟硅酸钠拌制成耐酸砂浆，有时也可掺入石英岩、花岗岩、铸石等粉状细骨料。水玻璃硬化后具有很好的耐酸性能。耐酸砂浆多用作衬砌材料、耐酸地面和耐酸容器的内壁防护层。

三、建筑砂浆的技术性能

1. 新拌砂浆的和易性

新拌砂浆应具有良好的和易性，容易在砖、石、砌体及结构等的表面铺成均匀的薄层，并与基底黏结牢固。新拌砂浆的和易性包括流动性和保水性两方面的性能。

1）流动性

砂浆的流动性也称稠度，是指砂浆在自重或外力作用下流动的性质。砂浆的流动性用砂浆稠度仪测定，以沉入度（单位为 mm）表示。沉入度大的砂浆，流动性好。砂浆的流动性应根据砂浆和砌体种类、施工方法和气候条件来选择。一般而言，抹面砂浆、多孔吸水的砌体材料、干燥气候和手工操作的砂浆，流动性应大些；而砌筑砂浆、密实的砌体材料、寒冷气候和机械施工的砂浆，流动性应小些。

2）保水性

砂浆的保水性是指砂浆保持水分的能力。它反映新拌砂浆在停放、运输和使用过程中，各组成材料是否容易分离的性能。保水性良好的砂浆，水分不易流失，容易摊铺成均匀的砂浆层，且与基底的黏结好、强度较高。

砂浆的保水性用分层度测定仪测定，以分层度表示。砂浆的分层度以 10~20 mm 为宜，分层度过大（>30 mm），保水性差，容易离析，不便于施工和保证质量；分层度过小（<10 mm），虽然保水性好，但易产生收缩开裂，影响质量。

2. 硬化砂浆的强度

砂浆的强度是指六块边长为 70.7 mm 的立方体试件，在标准养护条件下（温度为 20 ℃±2 ℃，相对湿度对水泥混合砂浆为 60%~80%，对水泥砂浆为 90% 以上）养护 28 d 的抗压强度平均值（单位为 MPa）。

砌筑砂浆根据砂浆的强度分为 M2.5、M5、M7.5、M10、M15 和 M20 六个强度等级。砂浆的强度与其组成材料、配合比以及砌体材料等很多因素有关。

3. 砂浆的黏结力

砂浆的黏结力是影响砌体结构抗剪强度、抗震性、抗裂性等的重要因素。通常,砂浆的黏结力随抗压强度增加而提高,但与砌体材料表面的粗糙度、清洁程度、润湿情况及养护情况等有关。粗糙的、润湿的、清洁的表面与砂浆的黏结力较高,养护良好的砂浆与砌体材料的黏结较好。

4. 砂浆的变形性能

砂浆在硬化过程中、承受荷载、温度和干湿变化时,均会产生变形。如果变形过大或不均匀,则会引起砌体沉降或开裂。如果砂过细或胶凝材料过多,会引起砂浆收缩变形过大而开裂。使用轻骨料拌制砂浆也容易开裂。

5. 砂浆的抗冻性

受冻融影响的砌体结构,对砂浆还有抗冻性的要求。对冻融循环次数有要求的砂浆,经冻融试验后,质量损失率不得大于 5%,抗压强度损失率不得大于 25%。

四、建筑砂浆技术性能检测

（一）建筑砂浆的拌制

1. 试验目的

学会建筑砂浆拌合物的拌制方法,为测试和调整建筑砂浆的性能,进行砂浆配合比设计打下基础。

2. 主要仪器设备

砂浆搅拌机、磅秤、天平、拌合钢板、馒刀等。

3. 试验步骤

按所选建筑砂浆配合比备料,称量要准确。

1）人工拌合法

（1）将拌合铁板与拌铲等用湿布润湿后,将称好的砂子平摊在拌合板上,再倒入水泥,用拌铲自拌合板一端翻拌至另一端,如此反复,直至拌匀。

（2）将拌匀的混合料集中成锥形,在堆上做一凹槽,将称好的石灰膏或黏土膏倒入凹槽中,再倒入适量的水将石灰膏或黏土膏稀释(如为水泥砂浆,将称好的水倒一部分到凹槽里),然后与水泥及砂一起拌合,逐次加水,仔细拌合均匀。

（3）拌合时间一般需 5 min,和易性满足要求即可。

2）机械拌合法

（1）拌前先对砂浆搅拌机挂浆,即用按配合比要求的水泥、砂、水,在搅拌机中搅拌(涮膛),

然后倒出多余砂浆。其目的是防止正式拌合时水泥浆挂失影响到砂浆的配合比。

（2）将称好的砂、水泥倒入搅拌机内。

（3）开动搅拌机，将水徐徐加入（如是混合砂浆，应将石灰膏或黏土膏用水稀释成浆状），搅拌时间从加水完毕算起为 3 min。

将砂浆从搅拌机倒在铁板上，再用铁铲翻拌两次，使之均匀。

（二）建筑砂浆的稠度试验

1. 试验目的

通过稠度试验，可以测得达到设计稠度时的加水量，或在现场对要求的稠度进行控制，以保证施工质量。掌握《建筑砂浆基本性能试验方法标准》(JGJ/T 70—2009)，正确使用仪器设备。

图 5-1　砂浆稠度仪（沉入度仪）

2. 主要仪器设备

砂浆稠度仪（沉入度仪），如图 5-1 所示。钢制捣棒、台秤、量筒、秒表等。

3. 试验步骤

（1）盛浆容器和试锥表面用湿布擦干净后，将拌好的砂浆物一次装入容器，使砂浆表面低于容器口约 10 mm，用捣棒自容器中心向边缘插捣 25 次，然后轻轻地将容器摇动或敲击 5～6 下，使砂浆表面平整，随后将容器置于砂浆稠度仪的底座上。

（2）拧开试锥滑杆的制动螺丝，向下移动滑杆，当试锥尖端与砂浆表面刚接触时，拧紧制动螺丝，使齿条测杆下端刚接触滑杆上端，并将指针对准零点上。

（3）拧开制动螺丝，同时计时，待 10 s 立刻固定螺丝，将齿条测杆下端接触滑杆上端，从刻度盘上读出下沉深度（精确到 1 mm），即为砂浆的稠度值。

（4）圆锥形容器内的砂浆，只允许测定一次稠度，重复测定时，应重新取样测定之。

4. 试验结果评定

（1）取两次试验结果的算术平均值作为砂浆稠度的测定结果，计算值精确至 1 mm。

（2）两次试验值之差如大于 20 mm，则应另取砂浆搅拌后重新测定。

（三）建筑砂浆的分层度试验

1. 试验目的

测定砂浆拌合物在运输及停放时的保水能力及砂浆内部各组分之间的相对稳定性，以评定其和易性。掌握《建筑砂浆基本性能试验方法标准》(JGJ/T 70—2009)，正确使用仪器设备。

2. 主要仪器设备

砂浆分层度测定仪,如图 5-2 所示。砂浆稠度仪、水泥胶砂振实台、秒表等。

3. 试验步骤

(1)首先将砂浆拌合物按稠度试验方法测定稠度。

(2)将砂浆拌合物一次装入分层度筒内,待装满后,用木锤在容器周围距离大致相等的四个不同地方轻轻敲击 1～2 下,如砂浆沉落到低于筒口,则应随时添加,然后刮去多余的砂浆并用镘刀抹平。

图 5-2　砂浆分层度测定仪

(3)静置 30 min 后,去掉上节 200 mm 砂浆,剩余的 100 mm 砂浆倒出,放在拌合锅内拌 2 min,再按稠度试验方法测其稠度。前后测得的稠度之差即为该砂浆的分层度值(cm)。

4. 试验结果评定

砂浆的分层度宜在 10～30 mm 之间,如大于 30 mm,易产生分层、离析和泌水等现象;如小于 10 mm,则砂浆过干,不宜铺设且容易产生干缩裂缝。

(四)建筑砂浆的立方体抗压强度试验

1. 试验目的

测定建筑砂浆立方体的抗压强度,以便确定砂浆的强度等级并可判断是否达到设计要求。掌握《建筑砂浆基本性能试验方法标准》(JGJ/T 70—2009),正确使用仪器设备。

图 5-3　试模

2. 主要仪器设备

压力试验机,试模(见图 5-3),捣棒,垫板等。

3. 试件制备

(1)制作砌筑砂浆试件时,将无底试模放在预先铺有吸水性较好的湿纸的普通黏土砖上(砖的吸水率不小于 10%,含水率不大于 2%),试模内壁事先涂刷脱膜剂或薄层机油。

(2)放在砖上的湿纸,应为湿的新闻纸(或其他未黏过胶凝材料的纸),纸的大小要以能盖过砖的四边为准,砖的使用面要求平整,凡砖四个垂直面黏过水泥或其他胶结材料后,不允许再使用。

(3)向试模内一次注满砂浆,用捣棒均匀由外向里按螺旋方向插捣 25 次,为了防止低稠度砂浆插捣后,可能留下孔洞,允许用油灰刀沿模壁插数次,使砂浆高出试模顶面 6～8 mm。

(4)当砂浆表面开始出现麻斑状态时(15～30 min)将高出部分的砂浆沿试模顶面削去抹平。

4．试件养护

（1）试件制作后应在（20±5）℃温度环境下停置一昼夜（24±2）h，当气温较低时，可适当延长时间，但不应超过两昼夜，然后对试件进行编号并拆模。试件拆模后，应在标准养护条件下，继续养护至 28 d，然后进行试压。

（2）标准养护条件。

① 水泥混合砂浆应为温度（20±3）℃，相对湿度 60％～80％；

② 水泥砂浆和微沫砂浆应为温度（20±3）℃，相对湿度 90％以上；

③ 养护期间，试件彼此间隔不少于 10 mm。

（3）当无标准养护条件时，可采用自然养护。

① 水泥混合砂浆应在正常温度、相对湿度为 60％～80％的条件下（如养护箱中或不通风的室内）养护。

② 水泥砂浆和微沫砂浆应在正常温度并保持试块表面湿润的状态下（如湿砂堆中）养护。

③养护期间必须作好温度记录。

（4）在有争议时，以标准养护为准。

5．立方体抗压强度试验

（1）试件从养护地点取出后，应尽快进行试验，以免试件内部的温度发生显著变化。试验前先将试件擦拭干净，测量尺寸，并检查其外观。试件尺寸测量精确至 1 mm，并据此计算试件的承压面积。如实测尺寸与公称尺寸之差不超过 1 mm，可按公称尺寸进行计算。

（2）将试件安放在试验机的下压板上（或下垫板上），试件的承压面应与成型时的顶面垂直，试件中心应与试验机下压板中心对准。开动试验机，当上压板与试件（或上垫板）接近时，调整球座，使接触面均衡承压。试验时应连续而均匀地加荷，加荷速度应为 0.5～1.5 kN/s（砂浆强度 5 MPa 以下时，取下限为宜；砂浆强度 5 MPa 以上时，取上限为宜），当试件接近破坏而开始迅速变形时，停止调整试验油门，直至试件破坏，然后记录破坏荷载。

6．试验结果计算与处理

（1）砂浆立方体抗压强度应按下式计算，精确至 0.1 MPa。

$$f_{\mathrm{m,cu}} = \frac{P}{A}$$

式中：$f_{\mathrm{m,cu}}$——砂浆立方体试件的抗压强度值，MPa；

$\quad$ P——试件破坏荷载，N；

$\quad$ A——试件承压面积，mm²。

（2）以 6 个试件测定值的算术平均值作为该组试件的抗压强度值，平均值计算精确至 0.1 MPa。

当 6 个试件的最大值或最小值与平均值的差超过 20％时，以中间 4 个试件的平均值作为该组试件的抗压强度值。

成果验收单

对送检的建筑砂浆技术性能进行检测，填写试验记录（表 5-1～表 5-4），并进行性能判定。

表 5-1 建筑砂浆的拌制试验记录

试验日期：__________ 气温/室温：__________ 湿度：__________

材料	水泥	砂	水	外加剂	掺合料
品种					
规格					
1 m^3砂浆材料用量/kg					
试验拌合用量/kg					

表 5-2 建筑砂浆的稠度试验记录

拌制日期					要求的稠度		
试样编组	拌合______L砂浆所用材料/kg				实测沉入度/mm	试验结果/mm	
	水泥	石灰膏	砂	水			
1							
2							

表 5-3 建筑砂浆的分层度试验记录

拌制日期					要求的稠度			
试样编组	拌合______L砂浆所用材料/kg				静置前稠度值/mm	静置30 min后稠度值/mm	分层度值/mm	试验结果/mm
	水泥	石灰膏	砂	水				
1								
2								

结果评定：

根据分层度判别此砂浆的保水性为：______________________________。

表 5-4 建筑砂浆的立方体抗压强度试验记录

砂浆质量配合比：

成型日期			拌合方法				捣实方法		
预拌砂浆强度等级			水泥强度等级				养护方法		
试验日期	养护龄期/d	试块编号	试块边长/mm		受压面积/mm^2	破坏荷载/N	抗压强度/MPa	平均抗压强度/MPa	单块抗压强度最小值/MPa
			a	b					
		1							
		2							
		3							
		4							
		5							
		6							

结果评定：

根据国家规定，该批砂浆强度等级为：______________________________。

课后练习与作业

一、填空题

1. 水泥砂浆采用的水泥强度等级一般不大于（　　），混合砂浆中的水泥强度等级一般不大于（　　）。

2. 砌筑砂浆中的砂子，用于砌筑毛石砌体时，宜采用（　　），最大粒径不得大于灰缝厚度的（　　）。

3. 在水泥砂浆中加入石灰膏制成水泥混合砂浆，这是为了改善砂浆的（　　）和（　　）。

二、实践应用

1. 影响砂浆黏结力的因素有哪些？

2. 简述改善砂浆和易性的措施。

3. 有一组边长为 70.7 mm 的立方体砂浆试件，经过标准养护 28 d 后送试验室准备进行抗压试验。若测得的抗压破坏荷载分别为 50 kN、40 kN、51 kN、60 kN、57 kN、54 kN。试计算其抗压强度，并确定其强度等级。

成绩评定单

成绩评定单如表 5-5 所示。

表 5-5　成绩评定单

检查项目	分项总分	个人自评(20%)	组内互评(30%)	教师评定(50%)
学习态度	20			
知识掌握	15			
技能应用	15			
任务完成	25			
爱护公物	10			
团队合作	15			
合计	100			

任务 2　建筑砂浆的配合比应用

教学目标

知识目标

(1) 掌握建筑砂浆配合比的表示方法。

(2) 掌握建筑砂浆配合比设计的基本要求。

(3) 掌握建筑砂浆配合比设计的方法。

技能目标

能够按照要求对建筑砂浆进行配合比设计。

学习任务单

任务描述

某学校学生宿舍楼砌筑工程需要用强度等级为 M7.5,稠度为 80～90 mm 的水泥石灰混合砂浆。施工现场原材料有 32.5 级普通硅酸盐水泥;稠度为 100 mm 的石灰膏;堆积密度为 1420 kg/m³,含水率为 2% 的中砂。师傅要求小王按照要求进行配合比设计,以保证工程质量。你能帮助小王完成工作任务吗?

咨询清单

(1) 建筑砂浆配合比的表示方法。

(2) 建筑砂浆配合比设计的基本要求。

(3) 建筑砂浆配合比设计的方法。

成果要求

建筑砂浆配合比设计报告。

完成时间

资讯学习 50 min,任务完成 40 min,评估 10 min。

资讯交底单

一、建筑砂浆配合比的表示方法

建筑砂浆配合比是指砂浆中水泥、细骨料、掺合料、水各项组成材料用量之间的比例关系。配合比有以下两种表示方法。

(1) 以每立方米各组成材料的质量表示,如水泥 220 kg,砂 1460 kg,石灰膏 135 kg,水 300 kg。

(2) 以各组成材料相互之间的质量比来表示,如水泥：砂：石灰膏＝1：6.64：0.61,水胶比＝0.73。

二、建筑砂浆配合比设计的基本要求

(1) 满足砂浆拌合物的和易性要求。

(2) 满足砂浆强度要求,即应满足结构设计和施工过程中所要求的强度。

(3) 满足砂浆耐久性的要求,即应满足砂浆抗渗性、抗冻性、抗裂性等方面的要求。

(4) 在保证上述三方面要求的前提下,做到节省水泥,合理使用原材料,取得较好的经济性。

三、建筑砂浆配合比设计

（一）水泥石灰混合砂浆配合比设计

1. 计算砂浆的试配强度 $f_{m,0}$

$$f_{m,0} = f_2 + 0.645\sigma$$

式中：$f_{m,0}$——砂浆的试配强度，精确至 0.1 MPa；

f_2——砂浆设计强度（即砂浆抗压强度平均值），MPa；

σ——砂浆现场强度标准差，精确至 0.01 MPa。

标准差 σ 按下列规定计算：

（1）当有统计资料时，按下式计算：

$$\sigma = \sqrt{\frac{\sum\limits_{i=1}^{n} f_{m,i}^2 - n\mu_{fm}^2}{n-1}}$$

式中：$f_{m,i}$——统计周期内同一品种砂浆第 i 组试件的强度，MPa；

μ_{fm}——统计周期内同一品种砂浆 n 组试件强度的平均值，MPa；

n——统计周期内同一品种砂浆试件的总组数，$n \geqslant 25$。

（2）当不具有近期统计资料时，标准差 σ 可按表 5-6 取值。

表 5-6　砂浆现场强度标准差选用值

施工水平	现场强度标准差 σ/MPa						
	M5	M7.5	M10	M15	M20	M25	M30
优良	1.00	1.50	2.00	3.00	4.00	5.00	6.00
一般	1.25	1.88	2.50	3.75	5.00	6.25	7.50
较差	1.50	2.25	3.00	4.50	6.00	7.50	9.00

2. 计算水泥用量 Q_c

$$Q_c = \frac{1\,000(f_{m,0} - \beta)}{\alpha f_{ce}}$$

式中：Q_c——每立方米砂浆中的水泥用量，精确至 1 kg；

f_{ce}——水泥的实测强度，精确至 0.1 MPa；

α、β——砂浆的特征系数，其中 $\alpha = 3.03$，$\beta = -15.09$。

当计算出的水泥用量不足 200 kg/m³ 时，应按 200 kg/m³ 选用。

另外，无法取得水泥的实测强度时，可按下式计算：

$$f_{ce} = \gamma_c \cdot f_{ce,k}$$

式中：$f_{ce,k}$——水泥强度等级对应的强度值；

γ_c——水泥强度等级值的富余系数，按实际统计资料确定。无统计资料时取 1.0。

3. 计算石灰膏用量 Q_d

$$Q_d = Q_a - Q_c$$

式中:Q_d——每立方米砂浆中石灰膏用量,精确至 1 kg;石灰膏使用时的稠度为(120 ± 5) mm;

Q_a——每立方米砂浆中水泥和石灰膏的总量,精确至 1 kg;宜在 $300\sim350$ kg/m³ 之间。

4. 确定砂用量 Q_s

每立方米砂浆中砂用量应以干燥状态(含水率小于 0.5%)的堆积密度值作为计算值。当含水率大于 0.5%时,应考虑砂的含水率。

5. 确定水用量 Q_w

每立方米砂浆中用水量可根据砂浆稠度要求选用 $270\sim330$ kg。同时,注意以下几点:

(1)混合砂浆中的用水量,不包括石灰膏中的水;

(2)当采用细砂或粗砂时,用水量分别取上限或下限;

(3)稠度小于 70 mm 时,用水量可小于下限;

(4)施工现场气候炎热或干燥季节,可酌量增加水量。

(二)水泥砂浆配合比选用

水泥砂浆各种材料用量可按照表 5-7 选用。

表 5-7　每立方米水泥砂浆各材料用量(kg/m³)

强 度 等 级	水 泥 用 量	砂 用 量	用 水 量
M5	200~230	1 m³ 干燥状态下砂的堆积密度值	270~330
M7.5	230~260		
M10	260~290		
M15	290~330		
M20	340~400		
M25	360~410		
M30	430~480		

(三)配合比的试配、调整与确定

按计算或查表选用的配合比进行试拌,测定其拌合物的稠度和分层度,若不能满足要求,则应调整材料用量,直至符合要求为止。此时的配合比为砂浆基准配合比。为了测定的砂浆强度能在设计要求范围内,试配时至少采用 3 个不同的配合比,其中一个为基准配合比,另外两个配合比的水泥用量按基准配合比分别增加及减少 10%,在保证稠度和分层度合格的条件下,可将用水量或掺合料用量作相应调整。按《建筑砂浆基本性能试验方法标准》(JGJ/T 70—2009)的规定成型试件,测定砂浆强度。选定符合试配强度要求并且水泥用量最少的配合比作为砂浆配合比。

（四）砂浆配合比设计案例

某建筑工地要配制用于砌筑砖围墙的水泥石灰混合砂浆，设计强度等级为 M10，稠度 70～100 mm，施工水平一般，原材料如下。（1）水泥：42.5 级普通硅酸盐水泥。（2）砂子：中砂，堆积密度 1480 kg/m³，含水率 3%。（3）石灰膏：稠度 100 mm。（4）水：自来水。试计算其配合比。

解：（1）计算砂浆的试配强度 $f_{m,0}$。

已知 $f_2=10$ MPa，由表 5-6 查得 $\sigma=2.5$ MPa

$$f_{m,0}=f_2+0.645\sigma=(10+0.645\times2.5)\ \text{MPa}=11.61\ \text{MPa}$$

（2）计算水泥用量 Q_c。

$$\alpha=3.03,\beta=-15.09,\gamma_c=1.0$$

$$f_{ce}=\gamma_c\cdot f_{ce,k}=(1.0\times42.5)\ \text{MPa}=42.5\ \text{MPa}$$

$$Q_c=\frac{1\,000(f_{m,0}-\beta)}{\alpha f_{ce}}=\left[\frac{1\,000\times(11.61+15.09)}{3.03\times42.5}\right]\ \text{kg/m}^3=207\ \text{kg/m}^3$$

（3）计算石灰膏用量 Q_d

取

$$Q_a=330\ \text{kg/m}^3$$

$$Q_d=Q_a-Q_c=(330-207)\ \text{kg/m}^3=123\ \text{kg/m}^3$$

（4）确定砂用量 Q_s

根据砂的堆积密度和含水率计算确定

$$Q_s=[1480\times(1+3\%)]\ \text{kg/m}^3=1524\ \text{kg/m}^3$$

（5）选择试配用水量 Q_w

$$Q_w=280\ \text{kg/m}^3$$

（6）确定配合比

由以上计算得出的各材料用量比例为：

水泥∶石灰膏∶砂∶水＝207∶123∶1524∶280＝1∶0.59∶7.36∶1.35

成果验收单

某学校学生宿舍楼砌筑工程需要用强度等级为 M7.5，稠度为 80～90 mm 的水泥石灰混合砂浆。施工现场原材料有 32.5 级普通硅酸盐水泥；稠度为 100 mm 的石灰膏；堆积密度为 1420 kg/m³，含水率为 2% 的中砂。请根据以上条件完成建筑砂浆配合比设计。

课后练习与作业

一、实践应用

1. 某建筑工地要配制用于砌筑砖墙的水泥石灰混合砂浆，设计强度等级为 M7.5，稠度 70～90 mm，施工水平一般，原材料如下。（1）水泥：42.5 级普通硅酸盐水泥。（2）砂子：中砂，堆积密度 1450 kg/m³，含水率 2%。（3）石灰膏：稠度 110 mm。（4）水：自来水。试计算其配合比。

2. 某工程现需配制强度等级为 M10 的水泥砂浆，现有材料如下。（1）水泥：32.5 级矿渣水泥。（2）砂子：中砂，堆积密度 1480 kg/m³，含水率 1.5%。（3）水：自来水。试计算砂浆的配合比。

成绩评定单

成绩评定单如表5-8所示。

表 5-8 成绩评定单

检 查 项 目	分 项 总 分	个人自评(20%)	组内互评(30%)	教师评定(50%)
学习态度	20			
知识掌握	15			
技能应用	15			
任务完成	25			
爱护公物	10			
团队合作	15			
合 计	100			

6

建筑钢材的检测及应用

钢材是指以铁为主要元素,含碳量在 2% 以下,并含有少量其他元素(磷 P、硫 S、氧 O、氮 N、硅 Si、锰 Mn 等)的材料。建筑钢材是建筑上所用钢材的总称,包括型钢(工字钢、角钢、槽钢、T 型钢、H 型钢等)、钢板、钢筋混凝土用钢筋、钢丝等。

钢材分类如下。

1. 按钢材的化学成分分类

(1)碳素钢:低碳钢(C 元素含量小于 0.25%);中碳钢(C 元素含量介于 0.25%~0.60% 之间);高碳钢(C 元素含量大于 0.60%)。

(2)合金钢:低合金钢(合金元素总量小于 5%);中合金钢(合金元素总量介于 5%~10% 之间);高合金钢(合金元素总量大于 10%)。

2. 按冶炼方法分类

按冶炼方法可分为转炉钢、平炉钢、电炉钢。

3. 按脱氧程度分类

按脱氧程度可分为沸腾钢(F)、镇静钢(Z)、半镇静钢(bZ)、特殊镇静钢(TZ)。

4. 按质量等级(杂质元素含量)分类

(1)普通钢:磷含量不大于 0.045%;硫含量不大于 0.050%。

(2)优质钢:磷含量不大于 0.035%;硫含量不大于 0.035%。

(3)高级优质钢:磷含量不大于 0.035%;硫含量不大于 0.030%。

5. 按用途分类

按用途分为结构钢、工具钢、专用钢、特殊性能钢。

任务 1 建筑钢材的技术性能及检测

教学目标

知识目标

（1）了解钢材的特点。

（2）掌握钢材的技术性能。

（3）掌握钢材技术性能检测方法。

（4）熟悉化学成分对钢材性能的影响。

技能目标

（1）会阅读建筑钢材的技术性能检测报告。

（2）能正确对建筑钢材进行技术性能检测并评定。

学习任务单

任务描述

某学校教学楼项目主体工程浇筑钢筋混凝土需要用牌号为 HRB335 热轧带肋钢筋，师傅要求小王对该批钢筋进行抽样检测，从而确保工程质量。你能帮助小王完成这些工作任务么？

咨询清单

（1）建筑钢材的特点。

（2）建筑钢材的技术性能及其检测方法。

（3）钢材化学成分对技术性能的影响。

成果要求

钢筋技术性能质量检测试验记录。

完成时间

资讯学习 40 min，任务完成 40 min，评估 20 min。

资讯交底单

一、建筑钢材的特点

1. 钢材的优点

（1）强度高，塑性、韧性好。

（2）材质均匀，工作可靠性高。

（3）钢结构制造简便，施工周期短，具有良好的装配性。

（4）钢材具有可焊性。

（5）钢材具有不渗漏性，便于做成密闭结构。

（6）钢结构建筑是绿色建筑，具备可持续发展的特性。

2. 钢材的缺点

（1）钢材耐腐蚀性差。

（2）钢材耐热但不耐火。

二、钢材的技术性能

钢材的技术性能主要包括力学性能和工艺性能。力学性能主要包括抗拉性能、冲击韧性、耐疲劳性能和硬度等。工艺性能为金属材料在加工制造过程中所表现出来的性能，如冷弯性能、焊接性能及冷加工强化及时效处理等。

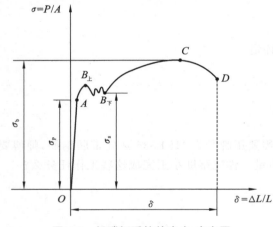

图 6-1　低碳钢受拉的应力-应变图

（一）力学性能

1. 拉伸性能

拉伸是建筑钢材的主要受力形式，所以拉伸性能是表示钢材性能和选用钢材的重要指标。将低碳钢制成一定规格的试件，放在材料试验机上进行拉伸试验，可以绘出如图 6-1 所示的应力-应变关系曲线。从图中可以看出，低碳钢受拉至拉断，经历了四个阶段：弹性阶段（OA 段）、屈服阶段（AB 段）、强化阶段（BC 段）和颈缩阶段（CD 段）。

1）弹性阶段（OA 段）

曲线中 OA 段是一条直线，应力与应变成正比。如卸去外力，试件能恢复原来的形状，这种性质即为弹性，此阶段的变形为弹性变形。与 A 点对应的应力称为弹性极限，以 σ_p 表示。应力与应变的比值为常数，即弹性模量 $E = \sigma / \varepsilon$。弹性模量反映钢材抵抗弹性变形的能力，是钢材在受力条件下计算结构变形的重要指标。

2）屈服阶段（AB 段）

应力超过 A 点后，应力、应变不再成正比关系，开始出现塑性变形。应力的增长滞后于应变的增长，当应力到达 $B_上$ 点后（上屈服点），瞬时下降至 $B_下$ 点（下屈服点），变形迅速增加，而此时外力则大致在恒定的位置上波动，直到 B 点，这就是所谓的"屈服现象"，此阶段为屈服阶段。与 $B_下$ 点（此点较稳定、易测定）对应的应力称为屈服点（屈服强度），用 σ_s 表示。屈服强度是设计上钢材强度取值的依据，是工程结构计算中非常重要的一个参数。其计算公式为

$$\sigma_s = \frac{F_s}{A}$$

建筑钢材的检测及应用

式中：σ_s——屈服强度，MPa；

$\quad F_s$——屈服点荷载，N；

$\quad A$——试件的公称截面面积，mm^2。

3）强化阶段（BC 段）

当应力超过屈服强度后，由于钢材内部组织中的晶格发生了畸变，阻止了晶格进一步滑移，钢材得到强化，钢材抵抗塑性变形的能力又重新提高，此阶段应力-应变关系呈上升曲线，为强化阶段。对应于最高点 C 的应力值（σ_b）称为极限抗拉强度，简称抗拉强度。其计算公式为

$$\sigma_b = \frac{F_b}{A}$$

式中：σ_b——抗拉强度，MPa；

$\quad F_b$——最大荷载，N；

显然，σ_b 是钢材受拉时所能承受的最大应力值。屈服强度和抗拉强度之比（即屈强比 σ_s/σ_b）能反映钢材的利用率和结构安全可靠程度。屈强比越小，其结构的安全可靠程度越高，但屈强比过小，又说明钢材强度的利用率偏低，造成钢材浪费。建筑结构钢合理的屈强比一般为 $0.60\sim0.75$。

4）颈缩阶段（CD 段）

试件受力达到最高点 C 点后，其抵抗变形的能力明显降低，变形迅速发展，应力逐渐下降，试件被拉长，在有杂质或缺陷处，断面急剧缩小，直到断裂，此段为颈缩阶段。建筑钢材应具有很好的塑性，钢材的塑性通常用伸长率表示，是衡量钢材塑性的一个重要指标。伸长率越大说明钢材的塑性越好，可保证应力重新分布，避免应力集中，从而钢材用于结构的安全性越大。其计算公式为

$$\delta = \frac{l_1 - l_0}{l_0} \times 100\%$$

式中：δ——伸长率，%；

$\quad l_0$——原始标距长度，mm；

$\quad l_1$——试件断裂后直接量出或按位移法确定的断裂后标距长度，mm。

2．冲击韧性

冲击韧性是指钢材抵抗冲击荷载而不被破坏的能力。钢材的冲击韧性是用有刻槽的标准试件，在冲击试验机的一次摆锤冲击下，以破坏后缺口处单位面积上所消耗的功（J/cm^2）来表示，其符号为 α_k。试验时将试件放置在固定支座上，然后以摆锤冲击试件刻槽的背面，使试件承受冲击弯曲而断裂。α_k 值越大，冲击韧性越好。对于经常受较大冲击荷载作用的结构，要选用 α_k 值大的钢材。

影响钢材冲击韧性的因素很多，如化学成分、冶炼质量、冷作及时效、环境温度等。

3．耐疲劳性

钢材在交变荷载的反复作用下，往往在最大应力远小于其抗拉强度时就发生破坏，这种现象称为钢材的疲劳性。疲劳破坏的危险应力用疲劳强度（或称疲劳极限）来表示，它是指疲劳试验时试件在交变应力作用下，于规定的周期基数内不发生断裂所能承受的最大应力。一般把钢材承受交变荷载 $106\sim107$ 次时不发生破坏的最大应力作为疲劳强度。

疲劳破坏经常是突然发生的,因而具有很大的危险性,往往造成严重事故。钢材的疲劳破坏是拉应力引起的,首先在局部开始形成微细裂纹,其后由于裂纹尖端处产生应力集中而使裂纹迅速扩展直至钢材断裂。因此,钢材的内部成分的偏析、夹杂物的多少以及最大应力处的表面光洁程度、加工损伤等,都是影响钢材疲劳强度的因素。

4. 硬度

硬度是指金属材料在表面局部体积内,抵抗硬物压入表面的能力。亦即材料表面抵抗塑性变形的能力。测定钢材硬度采用压入法。即以一定的静荷载(压力),把压头压在金属表面,然后测定压痕的面积或深度来确定硬度。按压头或压力不同,有布氏法、洛氏法等,相应的硬度试验指标称布氏硬度(HB)和洛氏硬度(HR)。较常用的方法是布氏法,其硬度指标是布氏硬度值。

各类钢材的 HB 值与抗拉强度之间有一定的相关关系。材料的抗拉强度越高,塑性变形抵抗力越强,硬度值也就越大。

(二)工艺性能

1. 冷弯性能

冷弯性能是指钢材在常温下承受弯曲变形的能力。钢材的冷弯性能指标是以试件弯曲的角度 a 和弯心直径对试件厚度(或直径)的比值(d/a)表示。

钢材的冷弯试验是通过直径(或厚度)为 a 的试件,采用标准规定的弯心直径 $d(d = na)$,弯曲到规定的弯曲角(180°或 90°)时,试件的弯曲处不产生裂缝、裂断或起层,即认为冷弯性能合格。钢材弯曲时的弯曲角越大,弯心直径越小,则表示其冷弯性能越好。

通过冷弯试验更有助于暴露钢材的某些内在缺陷。相对于伸长率而言,冷弯是对钢材塑性更严格的检验,它能揭示钢材是否存在内部组织不均匀、内应力和夹杂物等缺陷,冷弯试验对焊接质量也是一种严格的检验,能揭示焊件在受弯表面存在未熔合、微裂纹及夹杂物等缺陷。

2. 焊接性能

在建筑工程中,各种型钢、钢板、钢筋及预埋件等需用焊接加工。钢结构绝大多数是焊接结构。焊接的质量取决于焊接工艺、焊接材料及钢铁焊接性能。

钢材的可焊性是指钢材是否适应通常的焊接方法与工艺的性能。可焊性好的钢材用一般焊接方法和工艺施焊,焊口处不易形成裂纹、气孔、夹渣等缺陷;焊接后钢材的力学性能,特别是强度不低于原有钢材,硬脆倾向小。钢材可焊性能的好坏,主要取决于钢化学成分。含碳量高将增加焊接接头的硬脆性,含碳量小于 0.25% 的碳素钢具有良好的可焊性。

3. 冷加工强化及时效处理

1)冷加工

将钢材在常温下进行冷加工(如冷拉、冷拔或冷轧),使之产生塑性变形,从而提高屈服强度,但钢材的塑性、韧性及弹模量则会降低,这个过程称为冷加工强化处理。建筑土地或预制构件厂常用的方法是冷拉和冷拔。

冷拉是将钢筋用冷拉设备加力进行张拉,使之伸长。钢材经冷拉后屈服强度可提高 20％～30％,可节约钢材 10％～20％,钢材经冷拉后屈服阶段短,伸长率降低,材质变硬。

冷拔是将光面圆钢筋通过硬质合金拔丝模孔强行拉拢,每次拉拢断面缩小应在 10％以下。钢筋在冷拔过程中,不仅受拉,同时还受到挤压作用,因而冷拔的作用比纯冷拉作用强烈。经过一次或多次冷拔后的钢筋,表面光洁度高,屈服强度提高 40％～60％,但塑性大大降低,具有硬钢的性质。

2）时效处理

钢材经冷加工后,在常温下存放 15～20 d 或加热至 100～200 ℃保持 2 h 左右,其屈服强度、抗拉强度及硬度进一步提高,而塑性及韧性继续降低,这种现象称为时效。前者称为自然时效,后者称为人工时效。

钢材经冷加工及时效处理后,屈服强度和抗拉强度均得到提高,但塑性和韧性则相应降低。钢材经过冷加工后,一般进行时效处理,通常强度较低的钢材宜采用自然时效,强度较高的钢材则采用人工时效。

三、钢材性能检测

（一）钢筋的拉伸性能试验

1. 试验目的

测定低碳钢的屈服强度、抗拉强度、伸长率三个指标,作为评定钢筋强度等级的主要技术依据。掌握《金属材料 拉伸试验 第 1 部分:室温试验方法》（GB/T 228.1—2010）和钢筋强度等级的评定方法。

2. 主要仪器设备

万能试验机（见图 6-2）、钢板尺、游标卡尺、千分尺、两脚爪规等。

图 6-2 万能试验机

3. 试件制备

（1）抗拉试验用钢筋试件一般不经过车削加工,可以用两个或一系列等分小冲点或细划线标出原始标距（标记不应影响试样断裂）。

（2）试件原始尺寸的测定。

① 测量标距长度 l_0,精确到 0.1 mm。

② 圆形试件横断面直径应在标距的两端及中间处两个相互垂直的方向上各测一次,取其算术平均值,选用三处测得的横截面积中最小值,横截面积按下式计算:

$$A_0 = \frac{1}{4}\pi \cdot d_0^2$$

式中:A_0——试件的横截面积,mm²;

d_0——圆形试件原始横断面直径,mm。

4．试验步骤

1）屈服强度与抗拉强度的测定

（1）调整试验机测力度盘的指针，使其对准零点，并拨动副指针，使其与主指针重叠。

（2）将试件固定在试验机夹头内，开动试验机进行拉伸。拉伸速度为：屈服前，应力增加速度为每秒钟 10 MPa；屈服后，试验机活动夹头在荷载下的移动速度不大于 $0.5L_c/min$（不经车削试件 $L_c=l_0+2h_1$）。

（3）拉伸中，测力度盘的指针停止转动时的恒定荷载，或不计初始瞬时效应时的最小荷载，即为屈服点荷载 F_s。

（4）向试件连续施荷直至拉断，由测力度盘读出最大荷载，即为抗拉极限荷载 F_b。

2）伸长率的测定

（1）将已拉断试件的两端在断裂处对齐，尽量使其轴线位于一条直线上。如拉断处由于各种原因形成缝隙，则此缝隙应计入试件拉断后的标距部分长度内。

（2）如拉断处到临近标距端点的距离大于 $\frac{1}{3}l_0$ 时，可用卡尺直接量出已被拉长的标距长度 l_1（mm）。

（3）如拉断处到临近标距端点的距离小于或等于 $\frac{1}{3}l_0$ 时，可按移位法计算标距 l_1（mm）。

（4）如试件在标距端点上或标距处断裂，则试验结果无效，应重新试验。

5．试验结果处理

（1）屈服强度按下式计算：

$$\sigma_s=\frac{F_s}{A}$$

（2）抗拉强度按下式计算：

$$\sigma_b=\frac{F_b}{A}$$

（3）伸长率按下式计算（精确至1%）：

$$\delta=\frac{l_1-l_0}{l_0}\times100\%$$

（4）当试验结果有一项不合格时，应另取双倍数量的试样重做试验，如仍有不合格项目，则该批钢材判为拉伸性能不合格。

（二）钢筋的弯曲（冷弯）性能试验

1．试验目的

通过检验钢筋的工艺性能评定钢筋的质量。掌握钢筋弯曲（冷弯）性能的测试方法和钢筋质量的评定方法，正确使用仪器设备。

2．主要仪器设备

压力机或万能试验机。

3. 试件制备

（1）试件的弯曲外表面不得有划痕。

（2）试样加工时，应去除剪切或火焰切割等形成的影响区域。

（3）当钢筋直径小于 35 mm 时，不需加工，直接试验；若试验机能量允许时，直径不大于 50 mm 的试件亦可用全截面的试件进行试验。

（4）当钢筋直径大于 35 mm 时，应加工成直径为 25 mm 的试件。加工时应保留一侧原表面，弯曲试验时，原表面应位于弯曲的外侧。

（5）弯曲试件长度根据试件直径和弯曲试验装置而定，通常按下式确定试件长度：

$$l = 5d + 150$$

4. 试验步骤（过程）

（1）半导向弯曲。

（2）导向弯曲。

5. 试验结果处理

按以下五种试验结果评定方法进行，若无裂纹、裂缝或裂断，则评定试件合格。

（1）完好。试件弯曲处的外表面金属基本上无肉眼可见因弯曲变形产生的缺陷时，称为完好。

（2）微裂纹。试件弯曲外表面金属基本上出现细小裂纹，其长度不大于 2 mm，宽度不大于 0.2 mm 时，称为微裂纹。

（3）裂纹。试件弯曲外表面金属基本上出现裂纹，其长度大于 2 mm 而小于或等于 5 mm，宽度大于 0.2 mm 而小于或等于 0.5 mm 时，称为裂纹。

（4）裂缝。试件弯曲外表面金属基本上出现明显开裂，其长度大于 5 mm，宽度大于 0.5 mm 时，称为裂缝。

（5）裂断。试件弯曲外表面出现沿宽度贯穿的开裂，其深度超过试件厚度的 1/3 时，称为裂断。

注：在微裂纹、裂纹、裂缝中规定的长度和宽度，只要有一项达到某规定范围，即应按该级评定。

四、钢材化学成分对钢材性能的影响

钢材中除了主要化学成分铁（Fe）以外，还含有少量的碳（C）、硅（Si）、锰（Mn）、磷（P）、硫（S）、氧（O）、氮（N）、钛（Ti）、钒（V）等元素，这些元素虽然含量少，但对钢材性能有很大影响。

1. 碳

碳是决定钢材性能的最重要元素。当钢中含碳量在 0.8% 以下时，随着含碳量的增加，钢材的强度和硬度提高，而塑性和韧性降低；但当含碳量在 1.0% 以上时，随着含碳量的增加，钢材的强度反而下降，钢材的焊接性能变差（含碳量大于 0.3% 的钢材，可焊性显著下降），冷脆性和时效敏感性增大，耐大气锈蚀性下降。一般工程所用碳素钢均为低碳钢，即含碳量小于 0.25%；工程所用低合金钢，其含碳量小于 0.52%。

2. 硅

硅是作为脱氧剂而存在于钢中的,是钢中的有益元素。硅含量较低(小于 1.0%)时,能提高钢材的强度,而对塑性和韧性无明显影响。

3. 锰

锰是炼钢时用来脱氧去硫而存在于钢中的,是钢中的有益元素。锰具有很强的脱氧去硫能力,能消除或减轻氧、硫所引起的热脆性,大大改善钢材的热加工性能,同时能提高钢材的强度和硬度。锰是我国低合金结构钢中的主要合金元素。

4. 磷

磷是钢中很有害的元素。随着磷含量的增加,钢材的强度、屈强比、硬度均提高,而塑性和韧性显著降低。特别是温度越低,对塑性和韧性的影响越大,显著加大钢材的冷脆性。磷也使钢材的可焊性显著降低。但磷可提高钢材的耐磨性和耐蚀性,故在低合金钢中可配合其他元素作为合金元素使用。

5. 硫

硫是钢中很有害的元素。硫的存在会加大钢材的热脆性,降低钢材的各种机械性能,也使钢材的可焊性、冲击韧性、耐疲劳性和抗腐蚀性等均降低。

6. 氧

氧是钢中的有害元素。随着氧含量的增加,钢材的强度有所提高,但塑性特别是韧性显著降低,可焊性变差。氧的存在会造成钢材的热脆性。

7. 氮

氮对钢材性能的影响与碳、磷相似,随着氮含量的增加,可使钢材的强度提高,塑性特别是韧性显著降低,可焊性变差,冷脆性加剧。氮在铝、铌、钒等元素的配合下可以减少其不利影响,改善钢材性能,可作为低合金钢的合金元素使用。

8. 钛

钛是强脱氧剂。钛能显著提高强度,改善韧性、可焊性,但稍降低塑性。钛是常用的微量合金元素。

9. 钒

钒是弱脱氧剂。钒加入钢中可减弱碳和氮的不利影响,有效地提高强度,但有时也会增加焊接淬硬倾向,钒也是常用的微量合金元素。

成果验收单 ....

对建筑钢筋试样进行技术性能检测试验，并进行数据记录（见表6-1和表6-2）。

表6-1 钢筋的拉伸性能试验记录

试验日期：＿＿＿＿＿＿＿＿＿＿　　　气温/室温：＿＿＿＿＿＿＿＿＿＿　　　湿度：＿＿＿＿＿

试件名称	测量直径/mm	截面积/mm²	屈服荷载/N	极限荷载/N	拉断后长度/mm	屈服强度/MPa	抗拉强度/MPa	伸长率/(%)

试验结果：＿＿＿＿＿＿＿＿＿＿＿＿＿＿＿＿＿＿＿＿＿＿＿＿＿＿＿＿＿＿＿＿＿＿＿。

表6-2 钢筋的弯曲（冷弯）性能试验记录

试验日期：＿＿＿＿＿＿＿＿＿＿　　　气温/室温：＿＿＿＿＿＿＿＿＿＿　　　湿度：＿＿＿＿＿

试件名称	弯心直径	弯曲角度	结　果

试验结果：＿＿＿＿＿＿＿＿＿＿＿＿＿＿＿＿＿＿＿＿＿＿＿＿＿＿＿＿＿＿＿＿＿＿＿。

课后练习与作业

一、填空题

1. δ_5表示（　　），δ_{10}表示（　　）。

2. 钢材试件的标距长度是 16 cm，受力面积是 200 mm²，达到屈服点时的拉力是 45 kN，拉断时的拉力是 75 kN，拉断后的标距长度是 18.9 cm，则钢材的屈服强度是（　　），极限抗拉强度是（　　），伸长率是（　　）。

3. 在我国北方地区选用钢材时，必须对钢材的（　　）性能进行检验，确保选用的钢材的（　　）温度比环境温度低。

二、判断题

1. 材料的屈强比越大，反映结构的安全性高，但钢材的有效利用率低。（　　）

2. 所有钢材都会出现屈服现象。（　　）

3. 抗拉强度是钢材开始丧失对变形的抵抗能力时所承受的最大拉应力。（　　）

4. 钢材的伸长率表明钢材的塑性变形能力，伸长率越大，钢材的塑性越好。（　　）

5. 与伸长率一样，冷弯性能也可以表明钢材的塑性大小。（　　）

6. 钢材冲击韧性越大，表示钢材抵抗冲击荷载的能力越好。（　　）

7. 锰对钢的性能产生一系列不良的影响，是一种有害元素。（　　）

8. 钢材中的磷使钢材的热脆性增加，钢材中的硫使钢材的冷脆性增加。（　　）

9. 钢材冷拉是指在常温下将钢材拉断，以伸长率作为性能指标。（　　）

10. 石灰可以在水中使用。（　　）

三、选择题

1. 下列钢质量的排列次序正确的是（　　）。

A.沸腾钢＞镇静钢＞半镇静钢

B.镇静钢＞半镇静钢＞沸腾钢

C.半镇静钢＞沸腾钢＞镇静钢

2. 钢结构设计时，碳素结构钢以（　　）作为设计计算取值的依据。

A.σ_s　　　　　　B.σ_b　　　　　　C.$\sigma_{0.2}$　　　　　　D.σ_p

3. 甲钢伸长率为δ_5，乙钢伸长率为δ_{10}，试验条件相同。若两者数值相等，则（　　）。

A.甲钢的塑性比乙钢好

B.乙钢的塑性比甲钢好

C.两者塑性一样

4. 对承受冲击及振动荷载的结构不允许使用（　　）。

A.冷拉钢筋　　　　　B.热轧钢筋　　　　　C.热处理钢筋

5. 在建筑工程中大量应用的钢材，其力学性质主要取决于（　　）的含量多少。

A.锰　　　　　　　B.磷　　　　　　　C.氧　　　　　　　D.碳

6. 钢材随着含碳量的增加（　　）。

A.强度、硬度、塑性都提高　　　　　　B.强度提高，塑性降低

C.强度降低，塑性提高　　　　　　　　D.强度、塑性都降低

四、实践应用

1. 直径为 12 mm 的热轧钢筋,截取两根试样,测得的屈服荷载为 42.4 kN、41.1 kN;断裂荷载为 64.3 kN、63.1 kN。试件标距为 60 mm,断裂后的标距长度分别为 71.3 mm、71.8 mm。试确定该钢筋的牌号。

2. 简述钢材拉伸试验过程中经历的几个阶段,应力和变形特点,画出应力-应变曲线。

成绩评定单

成绩评定单如表 6-3 所示。

表 6-3　成绩评定单

检 查 项 目	分 项 总 分	个人自评(20%)	组内互评(30%)	教师评定(50%)
学习态度	20			
知识掌握	15			
技能应用	15			
任务完成	25			
爱护公物	10			
团队合作	15			
合计	100			

任务 2 建筑钢材的应用

教学目标

知识目标

(1)掌握钢材的类型及牌号。

(2)掌握钢材的规格。

(3)掌握钢材的特性及适用性。

(4)掌握钢材存储要求。

技能目标

(1)能识别钢筋类型和种类。

(2)能正确查找建筑钢材相应的标准、规范。

学习任务单

任务描述

某学校钢结构综合实训大厅项目主体结构为钢结构建筑,师傅要求小王首先对市场上的建筑型钢进行考察,挑选出合适的建筑钢材;其次,了解如何对建筑钢材进行正确的存储,编制建筑钢材储存管理规定;最后,指导工人正确使用建筑钢材,确保工程质量。你能帮助小王完成这些工作任务么?

咨询清单

（1）建筑钢材的种类。

（2）建筑钢材的规格。

（3）建筑钢材的选用原则。

（4）建筑钢材的储存。

成果要求

（1）鉴别建筑钢材类型和规格。

（2）编写建筑钢材储存管理规定。

完成时间

资讯学习 40 min,任务完成 40 min,评估 20 min。

资讯交底单

一、建筑钢材的种类

我国的建筑用钢主要为碳素结构钢和低合金高强度结构钢两种,优质碳素结构钢在冷拔碳素钢丝和连接用紧固件中也有应用。

1. 碳素结构钢

1）碳素结构钢的牌号及其表示方法

碳素结构钢的牌号由四个部分组成:屈服点的字母（Q）、屈服点数值（N/mm²）、质量等级符号（A、B、C、D）、脱氧程度符号（F、B、Z、TZ）。碳素结构钢的质量等级是按钢中硫、磷含量由多至少划分的,随 A、B、C、D 的顺序质量等级逐级提高。当为镇静钢或特殊镇静钢时,则牌号表示"Z"与"TZ"符号可予以省略。

按标准规定,我国碳素结构钢分五个牌号,即 Q195、Q215、Q235、Q255 和 Q275。例如 Q235—A·F,它表示:屈服点为 235 N/mm² 的平炉或氧气转炉冶炼的 A 级沸腾碳素结构钢。

2）碳素结构钢的技术要求

按照标准《碳素结构钢》(GB/T 700—2006)规定,碳素结构钢的技术要求包括化学成分、力学性能、冶炼方法、交货状态、表面质量等五个方面。各牌号碳素结构钢的化学成分及力学性能应分别符合表 6-4、表 6-5 的要求。

表 6-4　碳素结构钢的化学成分

牌号	等级	化学成分					脱氧方法
		C	Mn	Si	S	P	
					≤		
Q195	—	0.06～0.12	0.25～0.50	0.30	0.050	0.045	F、b、Z
Q215	A	0.09～0.15	0.25～0.55	0.30	0.500	0.045	F、b、Z
	B				0.045		
Q235	A	0.14～0.22	0.30～0.65	0.30	0.050	0.045	F、b、Z
	B	0.12～0.20	0.30～0.70		0.045		
	C	≤0.18	0.35～0.80		0.040	0.040	Z
	D	≤0.17			0.035	0.035	TZ
Q255	A	0.18～0.28	0.40～0.70	0.30	0.050	0.045	Z
	B				0.045		
Q275	—	0.20～0.38	0.50～0.80	0.35	0.050	0.045	Z

表 6-5　碳素结构钢的力学性能

牌号	等级	拉伸试验								伸长率 δ_5/(%)						冲击试验	
		屈服点 σ_s/MPa						抗拉强度 σ_b/MPa		钢材厚度(直径)/mm						V型冲击功(纵向)/J	
		钢筋厚度(直径)/mm							≤16	16～40	40～60	60～100	100～150	>150	温度/℃	
		≤16	16～40	40～60	60～100	100～150	>150									
		≥							≥						≥	
Q195	—	(195)	(185)	—	—	—	—	315～390	33	32	—	—	—	—	—	—
Q215	A	215	205	195	185	175	165	335～410	31	30	29	28	27	26	—	—
	B														20	27
Q235	A	235	225	215	205	195	185	375～460	26	25	24	23	22	21	—	—
	B														20	27
	C														0	
	D														−20	
Q255	A	255	245	235	225	215	205	410～510	24	23	22	21	20	19	—	—
	B														20	27
Q275	—	275	265	255	245	235	225	490～610	20	19	18	17	16	15	—	—

3）各牌号碳素结构钢的用途

建筑工程中常用的碳素结构钢牌号为 Q235，由于该牌号钢既具有较高的强度，又具有较好的塑性和韧性，可焊性也好，故能较好地满足一般钢结构和钢筋混凝土结构的用钢要求。相反用 Q195 和 Q215 号钢，虽塑性很好，但强度太低；而 Q255 和 Q275 号钢，其强度很高，但塑性较差，可焊性也差，所以均不适用。

Q235 号钢冶炼方便，成本较低，在建筑中应用广泛。由于塑性好，在结构中能保证在超载、冲击、焊接、温度应力等不利条件下的安全。适于各种加工，大量被用作轧制各种型钢、钢板及钢筋。其力学性能稳定，对轧制、加热、急剧冷却时的敏感性较小。其中 Q235-A 级钢，一般仅适用于承受静荷载作用的结构，Q235-C 和 D 级钢可用于重要焊接的结构。另外，由于 Q235-D 级钢含有足够的形成细晶粒结构的元素，同时对硫、磷有害元素控制严格，故其冲击韧性很好，具有较强的抗冲击、振动荷载的能力，尤其适宜在较低温度下使用。Q195 和 Q215 号钢常用作生产一般使用的钢钉、铆钉、螺栓及铁丝等；Q255 及 Q275 号钢多用于生产机械零件和工具等。

2. 低合金高强度结构钢

低合金高强度结构钢是在碳素钢结构钢的基础上，添加少量的一种或多种合金元素（总含量 < 5%）的一种结构钢。其目的是提高钢的屈服强度、抗拉强度、耐磨性、耐蚀性与耐低温性等。因而它是综合性较为理想的建筑钢材，在大跨度、承受动荷载和冲击荷载的结构中更适用。此外，与使用碳素钢相比，可以节约钢材 20%～30%，而成本并不很高。

1）低合金高强度结构钢的牌号及其表示方法

低合金高强度结构钢的牌号由三个部分组成：屈服点的字母（Q）、屈服点数值（N/mm²）、质量等级符号（A、B、C、D、E）。我国低合金高强度结构钢分八个牌号，即 Q345、Q390、Q420、Q460、Q500、Q550、Q620、Q690，所加元素主要有锰、硅、钒、钛等。例如 Q420A 表示屈服点为 420 N/mm² 的质量等级 A 级的低合金高强度结构钢。

2）低合金高强度结构钢的技术要求

按照标准《低合金高强度结构钢》（GB/T 1591—2008）规定，低合金高强度结构钢各牌号的化学成分及力学性能应分别符合表 6-6、表 6-7 的要求。

表 6-6　低合金高强度结构钢的化学成分

牌号	等级	化学成分（质量分数）/（%）													
		C ≤	Si ≤	Mn ≤	P ≤	S ≤	Nb ≤	V ≤	Ti ≤	Cr ≤	Ni ≤	Cu ≤	N ≤	Mo ≤	B ≤	Als ≥
Q345	A	0.20	0.50	1.70	0.035	0.035	0.07	0.15	0.20	0.30	0.50	0.30	0.012	0.10	—	—
	B				0.035	0.035										
	C				0.030	0.030										
	D	0.18			0.030	0.025										0.015
	E				0.025	0.020										

续表

牌号	等级	化学成分(质量分数)/(%)														
		C ≤	Si ≤	Mn ≤	P ≤	S ≤	Nb ≤	V ≤	Ti ≤	Cr ≤	Ni ≤	Cu ≤	N ≤	Mo ≤	B ≤	Als ≥
Q390	A	0.20	0.50	1.70	0.035	0.035	0.07	0.20	0.20	0.30	0.50	0.30	0.015	0.10	—	—
	B				0.035	0.035										
	C				0.030	0.030										—
	D				0.030	0.025										0.015
	E				0.025	0.020										
Q420	A	0.20	0.50	1.70	0.035	0.035	0.07	0.20	0.20	0.30	0.80	0.30	0.015	0.20	—	—
	B				0.035	0.035										
	C				0.030	0.030										—
	D				0.030	0.025										0.015
	E				0.025	0.020										
Q460	C	0.20	0.60	1.80	0.030	0.030	0.11	0.20	0.20	0.30	0.80	0.55	0.015	0.20	0.004	0.015
	D				0.030	0.025										
	E				0.025	0.020										
Q500	C	0.18	0.60	1.80	0.030	0.030	0.11	0.12	0.20	0.60	0.80	0.55	0.015	0.20	0.004	0.015
	D				0.030	0.025										
	E				0.025	0.020										
Q550	C	0.18	0.60	2.00	0.030	0.030	0.11	0.12	0.20	0.80	0.80	0.80	0.015	0.30	0.004	0.015
	D				0.030	0.025										
	E				0.025	0.020										
Q620	C	0.18	0.60	2.00	0.030	0.030	0.11	0.12	0.20	1.00	0.80	0.80	0.015	0.30	0.004	0.015
	D				0.030	0.025										
	E				0.025	0.020										
Q690	C	0.18	0.60	2.00	0.030	0.030	0.11	0.12	0.20	1.00	0.80	0.80	0.015	0.30	0.004	0.015
	D				0.030	0.025										
	E				0.025	0.020										

表 6-7　低合金高强度结构钢的力学性能

牌号	等级	拉伸试验																						
		屈服强度 R_{eL}/MPa　以下公称厚度(直径、边长)下的									抗拉强度 R_m/MPa　以下公称厚度(直径、边长)下的							断后伸长率 A/(%)　以下公称厚度(直径、边长)下的					
		≤16 mm	16~40 mm	40~63 mm	63~80 mm	80~100 mm	100~150 mm	150~200 mm	200~250 mm	250~400 mm	≤40 mm	40~63 mm	63~80 mm	80~100 mm	100~150 mm	150~250 mm	250~400 mm	≤40 mm	40~63 mm	63~100 mm	100~150 mm	150~250 mm	250~400 mm
Q345	A B C D E	≥345	≥335	≥325	≥315	≥305	≥285	≥275	≥265	≥265	470~630	470~630	470~630	470~630	450~630	450~630	450~630	≥20	≥19	≥19	≥18	≥17	≥17
Q390	A B C D E	≥390	≥370	≥350	≥330	≥310	—	—	—	—	490~650	490~650	490~650	490~650	470~620	—	—	≥21	≥20	≥20	≥19	≥18	—
Q420	A B C D E	≥420	≥400	≥380	≥360	≥340	—	—	—	—	520~680	520~680	520~680	520~680	500~650	—	—	≥20	≥19	≥19	≥18	≥18	—
Q460	C D E	≥460	≥440	≥420	≥400	≥380	—	—	—	—	550~720	550~720	550~720	550~720	530~700	—	—	≥19	≥18	≥18	≥18	≥16	—
Q500	C D E	≥500	≥480	≥470	≥450	≥440	—	—	—	—	610~770	600~760	590~750	540~730	—	—	—	≥17	≥16	≥16	≥16	—	—
Q550	C D E	≥550	≥530	≥520	≥500	≥490	—	—	—	—	670~830	620~810	600~790	590~780	—	—	—	≥17	≥17	≥17	—	—	—
Q620	C D E	≥620	≥600	≥590	≥570	—	—	—	—	—	710~880	690~880	670~860	—	—	—	—	≥16	≥15	≥16	—	—	—
Q690	C D E	≥690	≥670	≥660	≥640	—	—	—	—	—	770~940	750~920	730~900	—	—	—	—	≥14	≥14	≥14	—	—	—

3）低合金结构钢的应用

低合金结构钢主要用于轧制各种型钢（角钢、槽钢、工字钢）、钢板、钢管及钢筋，广泛用于钢结构和钢筋混凝土结构中，特别适用于各种重型结构、大跨度结构、高层结构及桥梁工程等，尤其对用于大跨度和大柱网的结构，其技术经济效果更为显著。

3. 优质碳素结构钢

优质碳素结构钢与碳素结构钢的主要区别在于钢中含杂质元素较少，磷、硫等有害元素的含量均不大于 0.035%，其他缺陷的限制也较严格，具有较好的综合性能。按照国家标准《优质碳素结构钢》(GB/T 699—2015)生产的优质碳素钢共有两大类，一类为普通含锰量的钢，另一类为较高含锰量的钢，两类的钢号均用两位数字表示，它表示钢中的平均含碳量的万分数，前者数字后不加 Mn，后者数字后加 Mn，如 45 号钢，表示平均含碳量为 0.45% 的优质碳素钢；45Mn 号钢，则表示同样含碳量、但锰的含量也较高的优质碳素钢。优质碳素结构钢在工程中一般用于生产预应力砼用钢丝、钢绞线、锚具，以及高强度螺栓、重要结构的钢铸件等。

二、建筑钢材的规格

建筑工程用钢有钢筋混凝土结构用钢和钢结构用钢两类，前者主要有钢筋、钢丝和钢绞线，后者主要有型钢和钢板。

（一）钢筋混凝土结构用钢

1. 钢筋

1）热轧钢筋

热轧钢筋是经热轧成型并自然冷却的成品钢筋，由低碳钢或普通合金钢在高温状态下压制而成，主要用于钢筋混凝土和预应力混凝土结构的配筋，是土木建筑工程中使用量最大的钢材品种之一。分为热轧光圆钢筋和热轧带肋钢筋两种。

（1）热轧光圆钢筋。

根据《钢筋混凝土用钢 第 1 部分：热轧光圆钢筋》(GB 1499.1—2008)标准，热轧光圆钢筋牌号由 HPB+屈服强度特征值构成，其中 HPB 为热轧光圆钢筋的英文（hot rolled plain steel bars）缩写。热轧光圆钢筋有 HPB235 和 HPB300 两个牌号。

① 公称直径范围及推荐直径。

钢筋的公称直径范围为 6～22 mm，标准推荐的钢筋公称直径为 6 mm、8 mm、10 mm、12 mm、16 mm、20 mm。

② 公称横截面面积与理论重量。

钢筋的公称横截面面积与理论重量列于表 6-8。

表 6-8　钢筋的公称横截面面积与理论重量

公称直径/mm	公称横截面面积/mm²	理论重量/(kg/m)
5.5	23.76	0.187
6.5	33.18	0.26
8	50.27	0.395
10	78.54	0.617
12	113.1	0.888
14	153.9	1.21
16	201.1	1.58
18	254.5	2
20	314.2	2.47

注：表中理论重量按密度为 7.85 g/cm³ 计算。

③ 化学成分及力学性能。

钢筋的化学成分应符合表 6-9 的规定。

表 6-9　钢筋的化学成分

牌号	化学成分(质量分数),%　不大于				
	C	Si	Mn	P	S
HPB235	0.22	0.3	0.65	0.045	0.045
HPB300	0.25	0.55	1.5		

钢筋的屈服强度 R_{eL}、抗拉强度 R_m、断后伸长率 A、最大力下总延伸率 A_{gt} 等力学性能特征值应符合表 6-10 的规定。

表 6-10　钢筋的力学性能特征值

牌号	R_{eL}/MPa	R_m/MPa	A/(%)	A_{gt}/(%)	冷弯试验180° d—弯芯直径 a—钢筋公称直径
	不小于				
HPB235	235	370	23	10	$d=a$
HPB300	300	400			

(2) 热轧带肋钢筋。

根据《钢筋混凝土用钢 第 2 部分：热轧带肋钢筋》(GB 1499.2—2007)标准，热轧带肋钢筋牌号由 HRB(HRBF)＋屈服强度特征值构成，其中 HRB 为热轧带肋钢筋的英文(hot rolled ribbed bars)缩写，HRBF 在热轧带肋钢筋的英文缩写后加"细"的英文(fine)首位字母。热轧带肋钢筋有 HRB335、HRB400、HRB500 和 HRBF335、HRBF400、HRBF500 六个牌号。

① 公称直径范围及推荐直径。

钢筋的公称直径范围为 6～50 mm，标准推荐的钢筋公称直径为 6 mm、8 mm、10 mm、12 mm、16 mm、20 mm、25 mm、32 mm、40 mm、50 mm。

② 公称横截面面积与理论重量。

钢筋的公称横截面面积与理论重量列于表 6-11。

表 6-11　钢筋的公称横截面面积与理论重量

公称直径/mm	公称横截面面积/mm²	理论重量/(kg/m)
6	28.27	0.222
8	50.27	0.395
10	78.54	0.617
12	113.1	0.888
14	153.9	1.21
16	201.1	1.58
18	254.5	2
20	314.2	2.47
22	380.1	2.98
25	490.9	3.85
28	615.8	4.83
32	804.2	6.31
36	1018	7.99
40	1257	9.87
50	1964	15.42

注：表中理论重量按密度为 7.85 g/cm³ 计算。

③ 化学成分及技术性能。

钢筋的化学成分应符合表 6-12 的规定。

表 6-12　钢筋的化学成分

牌号	化学成分/(%)					
	C	Si	Mn	P	S	Ceq
HRB335						0.52
HRBF335						
HRB400	0.25	0.8	1.6	0.045	0.045	0.54
HRBF400						
HRB500						0.55
HRBF500						

钢筋的屈服强度 R_{eL}、抗拉强度 R_m、断后伸长率 A、最大力下总延伸率 A_{gt} 等力学性能特征值应符合表 6-13 的规定。冷弯性能特征值应符合表 6-14 的规定。

表 6-13　钢筋的力学性能特征值

牌号	R_{eL}/MPa	R_m/MPa	A/（%）	A_{gt}/（%）
	不小于			
HRB335 HRBF335	335	455	17	
HRB400 HRBF400	400	540	16	7.5
HRB500 HRBF500	500	630	15	

表 6-14　钢筋的冷弯性能特征值

牌号	公称直径 d	弯芯直径
HRB335 HRBF335	6～25	$3d$
	28～40	$4d$
	40～50	$5d$
HRB400 HRBF400	6～25	$4d$
	28～40	$5d$
	40～50	$6d$
HRB500 HRBF500	6～25	$6d$
	28～40	$7d$
	40～50	$8d$

2）冷轧带肋钢筋

冷轧带肋钢筋是用热轧盘条经多道冷轧减径，一道压肋并经消除内应力后形成的一种带有两面或三面月牙形的钢筋。根据《冷轧带肋钢筋》（GB/T 13788—2008）标准，冷轧带肋钢筋牌号由 CRB＋抗拉强度最小值构成，其中 CRB 为冷轧带肋钢筋的英文（cold rolled ribbed bars）缩写。冷轧带肋钢筋有 CRB550、CRB650、CRB800 和 CRB970 四个牌号。

（1）公称直径范围及推荐直径。

CRB550 牌号钢筋的公称直径范围为 4～12 mm，CRB650 牌号及以上钢筋的公称直径为 4 mm、5 mm、6 mm。

（2）公称横截面面积与理论重量。

钢筋的公称横截面面积与理论重量列于表 6-15。

150

表 6-15　钢筋的公称横截面面积与理论重量

公称直径/mm	公称横截面面积/mm²	理论重量/(kg/m)
4	12.6	0.099
4.5	15.9	0.125
5	19.6	0.154
5.5	23.7	0.186
6	28.3	0.222
6.5	33.2	0.261
7	38.5	0.302
7.5	44.2	0.347
8	50.3	0.395
8.5	56.7	0.445
9	63.6	0.499
9.5	70.8	0.556
10	78.5	0.617
10.5	86.5	0.679
11	95.0	0.745
11.5	103.8	0.815
12	113.1	0.888

注：表中理论重量按密度为 7.85 g/cm³ 计算。

（3）力学性能与工艺性能。

钢筋的力学性能与工艺性能应符合表 6-16 的规定。

表 6-16　钢筋的力学性能与工艺性能

牌号	$R_{p0.2}$/MPa 不小于	R_m/MPa 不小于	伸长率/(%)		弯曲试验 180°	反复弯曲次数
			$A_{11.3}$	A_{100}		
CRB550	500	550	8.0		$D=3d$	
CRB650	585	650		4.0		3
CRB800	720	800		4.0		3
CRB970	875	970		4.0		3

2. 预应力混凝土用钢丝、钢绞线

大型预应力混凝土构件由于受力很大,常采用高强度钢丝或钢绞线作为主要受力钢筋。预应力高强度钢丝是用优质碳素结构钢盘条经酸洗、冷拉或再经回火处理等工艺制成的。钢绞线由多根高强度钢丝绞捻后经一定热处理清除内应力而制成。

1）预应力混凝土用钢丝

根据《预应力混凝土用钢丝》(GB/T 5223—2014)的规定,预应力混凝土用钢丝按加工状态分为冷拉钢丝(WCD)、低松弛级钢丝(WLR)、普通松弛级钢丝(WNR);按外形分为光圆钢丝(P)、螺旋肋钢丝(H)、刻痕钢丝(I)。

2）预应力混凝土用钢绞线

根据《预应力混凝土用钢绞线》(GB/T 5224—2014)的规定,预应力混凝土用钢绞线按捻制结构(钢丝股数)分为 1×2、1×3、1×3I、1×7、1×7I、(1×7)C、1×19S、1×19W。

预应力混凝土用钢丝、钢绞线具有强度高、柔性好、无接头等优点,施工简单,无须冷拉、焊接等加工,质量稳定、安全可靠。主要用于大跨度屋架、起重机梁、桥梁、电杆、轨枕等的预应力钢筋。

(二) 钢结构用钢

钢结构采用的型钢有热轧成型的钢板、型钢和冷弯(或冷压)成型的薄壁型钢。

1. 钢板

热轧钢板有薄钢板(厚度 0.35～4 mm)、厚钢板(厚度 4.5～60 mm)以及扁钢(厚度 4～60 mm,宽度 12～200 mm)。用符号表示为"—宽×厚×长"(单位为 mm),如"—400×8×1 000"是指宽度为 400 mm、厚度为 8 mm、长度为 1 000 mm 的钢板。

2. 型钢

热轧型钢有角钢、工字钢、槽钢和钢管等。

1）角钢

角钢分为等边角钢和不等边角钢两种。等边角钢用符号表示为"L 边宽×厚度"(单位为 mm),如"L110×10"是指边宽为 110 mm、厚度为 10 mm 的等边角钢。不等边角钢用符号表示为"L 长边宽×短边宽×厚度"(单位为 mm),如"L180×110×10"是指长边宽为 180 mm、短边宽为 110 mm、厚度为 10 mm 的不等边角钢。

2）工字钢

工字钢有普通工字钢、轻型工字钢和 H 型钢。普通工字钢和轻型工字钢用号数表示,号数为其截面高度的厘米数。20 号以上的工字钢,同一型号按腹板厚度分为 a、b、c 三类,其中 a 类腹板较薄。轻型工字钢的腹板和翼缘较普通工字钢薄。H 型钢与普通工字钢比较,其翼缘内外两侧平行。H 型钢分为宽翼缘 H 型钢(代号 HW,翼缘宽度 B 与截面高度 H 相等)、中翼缘 H 型钢(代号 HM)、窄翼缘 H 型钢(代号 HN)。H 型钢可以剖分为 T 型钢,可以分为 TW、TM、TN。

3）槽钢

槽钢有普通槽钢、轻型槽钢两种,用号数表示,号数为其截面高度的厘米数。14 号以上的槽钢,同一型号按腹板厚度分为 a、b、c 三类,其中 a 类腹板较薄。

4）钢管

钢管有无缝钢管和有缝钢管两种,用符号"ϕ"后面加"外径×厚度"表示,单位均为 mm。如 ϕ180×5 表示外径为 180 mm,厚度为 5 mm 的钢管。

3. 薄壁型钢

薄壁型钢是用 1.5～5 mm 厚的薄钢板(Q235 或者 Q345 钢)经过模压或弯曲而成的成品钢

材,其截面形式比较多。冷弯型钢作为围护结构、配件等在轻钢房屋中应用较多。

三、钢材的选用一般遵循下面原则

1. 荷载性质

对于经常承受动力或振动荷载的结构,容易产生应力集中,从而引起疲劳破坏,需要选用材质高的钢材。

2. 使用温度

对于经常处于低温状态的结构,钢材容易发生冷脆断裂,特别是焊接结构更甚,因而要求钢材具有良好的塑性和低温冲击韧性。

3. 连接方式

对于焊接结构,当温度变化和受力性质改变时,焊缝附近的母体金属容易出现冷、热裂纹,促使结构早期破坏。所以焊接结构对钢材化学成分和机械性能要求应较严。

4. 钢材厚度

钢材力学性能一般随厚度增大而降低,钢材经多次轧制后,钢的内部结晶组织更为紧密,强度更高,质量更好。故一般结构用的钢材厚度不宜超过 40 mm。

5. 结构重要性

选择钢材要考虑结构使用的重要性,如大跨度结构、重要的建筑物结构,须相应选用质量更好的钢材。

四、建筑钢材的储存

1. 选择适宜的存放处所

对风吹、日晒、雨淋十分敏感的钢材,应入库存放;对风吹、日晒、潮湿不十分敏感的钢材,可入棚存放;自然因素对其性能影响轻微,或使用前可通过加工措施,消除影响的钢材,可露天存放。

存放场所应尽量远离有害气体和粉尘,避免受酸、碱、盐及其气体的侵蚀。

2. 保持库房干燥通风

库、棚地面的种类,影响着钢材锈蚀的速度,土地面和砖地面都容易返潮,加上采光不好,库棚内会比露天料场还要潮湿,钢材更容易锈蚀。因此库棚内应采用水泥地面,正式库房还应作地面防潮处理。根据库房内、外的温、湿度情况,进行通风降潮。有条件的,应加吸潮剂。

3. 合理码垛

(1) 料垛应稳定,垛底应垫高 30~50 cm,有条件的应采用料架。
(2) 垛位的质量不应超过地面承载力。
(3) 垛形应整齐,便于清点,防止不同品种混乱。

4. 保持料场清洁

（1）尘土、碎布、杂物都能吸收水分，应注意及时清除。

（2）杂草根部易存水，阻碍通风，夜间能排放 CO_2，必须彻底清除。

5. 加强防护措施

（1）有保管条件的，应以箱、架、垛为单位，进行密封保管。

（2）表面涂防护剂，是防锈的有效措施。应采用使用方便、效果较好的干性防锈涂料。油性防锈剂易黏土，且不是所有的钢材都能采用。

6. 加强计划管理

制定合理的库存周期计划和储备定额，制定严格的库存锈蚀检查计划。

成果验收单

任务 1　请对某工程的建筑钢材的类型和规格进行调查，填写清单表（见表 6-17）。

表 6-17　某工程项目建筑钢材应用情况调查清单表

钢 材 类 型	钢 材 规 格	应 用 部 位	特点及适用性

任务 2　编制建筑钢材储存管理规定。

拓展内容

一、钢材腐蚀与防护

钢材表面与周围环境接触，在一定条件下，可发生化学或电化学反应而使钢材表面遭受侵蚀。尤其是显著降低钢材的冲击韧性，使钢材脆断。腐蚀分为化学腐蚀和电化学腐蚀。

防止钢材腐蚀的方法如下。(1)保护膜法。(2)电化学保护法。(3)外加电流保护法。(4)最经济有效方法：提高混凝土的密实度和碱度，并保证钢筋有足够的保护层厚度。

二、钢材的防火

建筑钢材属于不燃性材料，但并不意味着钢材本身具有抵抗火灾的能力。钢结构防火的基本原理是采用绝缘或吸热材料阻隔火焰和热量，减缓钢结构的升温速度。常用的防火方法为包覆法。即用防火涂料刷涂或喷涂在钢结构表面，起防火隔热作用，防止钢材在火灾中迅速升温而降低强度，避免钢结构失去支撑能力而导致建筑物垮塌。

课后练习与作业

一、填空题

1. 型钢 I20a 中,I 表示(   ),20 表示(   ),a 表示(   )。

2. 型钢 L45×60×8 表示(   )。

3. 钢材的腐蚀分为(   )、(   )两种。

二、选择题

1. 钢结构设计时,对直接承受动力荷载的结构应选用(   )。

A.镇静钢　　　　　　　B.半镇静钢　　　　　　　C.沸腾钢

2. 从便于加工、塑性和焊接性能的角度出发应选择(   )钢筋。

A.HPB235　　　　　　　B.HRB335　　　　　　　C.HRB400

3. 热轧钢筋的级别高,则其(   )。

A.屈服强度、抗拉强度高且塑性好　　　　　　B.屈服强度、抗拉强度高且塑性差

C.屈服强度、抗拉强度低且塑性好　　　　　　D.屈服强度、抗拉强度低且塑性差

4. 预应力混凝土配筋用钢绞线是由(   )根圆形截面钢丝绞捻而成的。

A.5　　　　　　　　B.6　　　　　　　　C.7　　　　　　　　D.8

5. 钢筋表面锈蚀的原因,以下何者是主要的?(   )

A.钢铁本身杂质多　　　　　　　　B.电化学作用

C.外部电解作用　　　　　　　　　D.经冷加工存在内应力

三、实践应用

1. 说说各种钢筋混凝土用钢筋的适用范围。

2. 与碳素结构钢相比,低合金高强度结构钢有何优点?建筑上常用哪些牌号?

3. 钢材的防腐措施有哪些?

成绩评定单

成绩评定单如表 6-18 所示。

表 6-18　成绩评定单

检查项目	分项总分	个人自评(20%)	组内互评(30%)	教师评定(50%)
学习态度	20			
知识掌握	15			
技能应用	15			
任务完成	25			
爱护公物	10			
团队合作	15			
合计	100			

7

墙体材料的检测及应用

墙体在结构中起着承重、围护和分隔的作用。在我国,传统的墙体材料主要是烧结黏土砖、石砖和青砖。随着我国墙体材料改革的深入,为适应现代建筑的轻质高强、多功能的需要,实现建筑节能,减轻建筑自重,相继出现了很多新型材料。主要产品有空心砖、多孔砖、煤矸石砖、粉煤灰砖、灰砂砖、页岩砖等砖类;普通混凝土砌块、轻质混凝土砌块、加气混凝土砌块、石膏砌块等砌块类;新型薄板、新型墙用条板和新型复合条板等墙体板材。这些材料的使用,既可以节约黏土资源,又可以利用工业废渣,有利于保护环境,实现可持续发展的战略。

任务 1 墙体材料的技术性能及检测

教学目标

知识目标

(1)了解墙体材料的定义和类型。

(2)掌握墙体材料的技术标准。

(3)掌握墙体材料的检测方法。

技能目标

(1)会检测常用墙体材料的技术性能。

(2)能正确查找、阅读墙体材料的技术标准、规范。

学习任务单

任务描述

李磊被项目部指定为在建 18 层板式高层住宅砌墙材料做材料验收及检测。该住宅建筑中,最大户型 120 m²,最小户型 85 m²。如果你是李磊,你能完成本项目的墙体材料验收及检测工作吗?

咨询清单

(1)墙体材料的类型。

(2)墙体材料的技术性能。

(3)墙体材料的性能检测。

成果要求

墙体材料性能检测试验记录。

完成时间

资讯学习 40 min,任务完成 40 min,评估 20 min。

资讯交底单

一、墙体材料的分类

目前,常用的墙体材料有三大类:砌墙砖、砌块和墙体板材。

1. 砌墙砖的类型

砌墙砖按照所用原料分为黏土砖、页岩砖、煤矸石砖、粉煤灰砖、灰砂砖和炉渣砖等;按照生产工艺分为烧结砖、蒸压砖和碳化砖;按照有无空洞可分为多孔砖、空心砖和实心砖。如图 7-1 所示。

(a)烧结黏土实心砖

(b)烧结页岩空心砖

(c)蒸压煤矸石实心砖

(d)蒸压粉煤灰多孔砖

(e)蒸压灰砂实心砖

(f)蒸压炉渣空心砖

图 7-1　砌墙砖

2. 砌块的类型

砌块是指砌筑用的人造块材,为多位直角六面体。砌块按照用途分为承重砌块和非承重砌块;按照产品规格分为大型砌块(主要规格高度大于 980 mm)、中型砌块(主要规格高度介于 380～980 mm)和小型砌块(主要规格高度介于 115～380 mm);按照生产工艺可以分为烧结砌块和蒸养蒸压砌块;按照主要原材料分为普通混凝土砌块、轻骨料混凝土砌块、硅酸盐混凝土砌块和石膏砌块等。如图 7-2 所示。

(a) 普通混凝土砌块

(b) 轻质砂蒸压加气混凝土砌块

(c) 轻骨料混凝土空心砌块

(d) 石膏砌块

(e) 烧结页岩空心砌块

(f) 蒸养加气砌块

图 7-2　砌块

3. 墙体板材的类型

墙体板材需要具有轻质、高强、隔热、保温、施工效率高等特点,是未来墙体材料的发展方向。现在墙体板材大体可以分为三大类:第一类为钢丝网架夹芯复合板,包括夹芯聚苯乙烯和岩棉类;第二类为空心或实心的条型板材类,包括玻璃纤维增强水泥复合板(GRC 空心复合墙板)、彩钢夹芯板、嵌墙板、混凝土空心条板、蜂巢夹芯板等;第三类为薄板类,包括石棉水泥板、硅酸钙板、纸面石膏板、纤维增强石膏板以及铝合金蜂巢板等。如图 7-3 所示。

二、墙体材料的技术性能

1. 烧结砖技术性能

1) 烧结普通砖技术性能

根据《烧结普通砖》(GB/T 5101—2003)的规定,烧结普通砖技术性能要求包括外形尺寸、

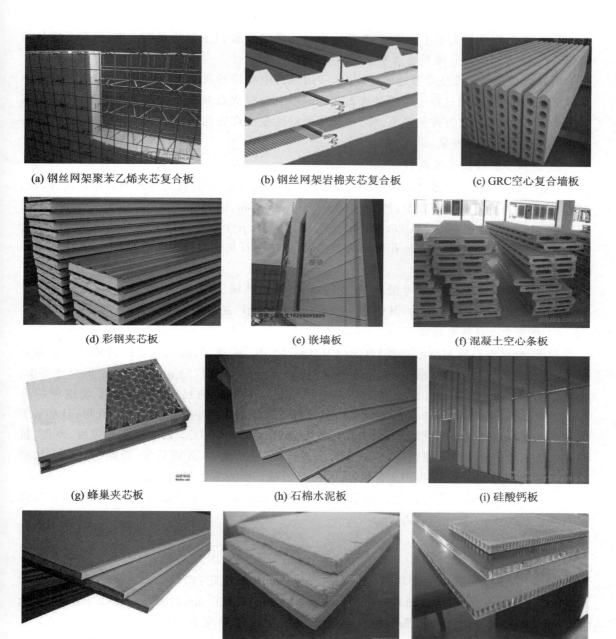

(a) 钢丝网架聚苯乙烯夹芯复合板　　　(b) 钢丝网架岩棉夹芯复合板　　　(c) GRC空心复合墙板

(d) 彩钢夹芯板　　　(e) 嵌墙板　　　(f) 混凝土空心条板

(g) 蜂巢夹芯板　　　(h) 石棉水泥板　　　(i) 硅酸钙板

(j) 纸面石膏板　　　(k) 纤维增强石膏板　　　(l) 铝合金蜂巢板

图 7-3　墙体板材

强度等级、耐久性和外观质量等方面。

普通烧结砖外形尺寸为 240 mm×115 mm×53 mm。强度等级是根据 10 块砖的抗压强度平均值、标准值或最小值划分,共分为 MU30、MU25、MU20、MU15、MU10 五个强度等级。抗风化性能是普通烧结砖的重要耐久性指标之一,其主要通过抗冻性、吸水率及饱和系数三项指标进行划分。

抗冻性是指经 15 次冻融循环后不产生裂纹、分层、掉皮、缺棱和掉角等冻坏现象,且质量损失率小于 2%,强度损失率小于规定值;吸水率是指常温泡水 24 h 的质量吸水率;饱和系数是指常温 24 h 吸水率与 5 h 沸煮吸水率之比。

石灰爆裂是指制作烧结普通砖砖坯时,所用原料中夹带石灰石或内燃料(粉煤灰、炉渣)中带入 CaO,在高温焙烧过程中生成过火石灰,在使用时,过火石灰在砖体内吸水膨胀,导致砖体膨胀破坏,这种现象称为石灰爆裂。泛霜是指可溶性盐类在表面析出的现象,泛霜易使砖的表面出现疏松和剥落等现象。

2) 烧结多孔砖技术性能

根据《烧结多孔砖和多孔砌块》(GB 13544—2011)的规定,多孔砖的外形为直角六面体,长、宽、高应分别符合下列尺寸要求:290 mm、240 mm;190 mm、180 mm、140 mm;115 mm、90 mm。按抗压强度划分为 MU30、MU25、MU20、MU15、MU10 五个强度等级。强度和抗风化性能合格的砖,按尺寸偏差、外观质量、孔形及孔洞排列、泛霜和石灰爆裂分为优等品(A)、一等品(B)、合格品(C)三个等级。

验收项目有外观质量、尺寸偏差、强度等级、抗风化性能、石灰爆裂、泛霜、孔型空洞率及空洞排列。按相应技术标准检验,其中有一项不合格则该批产品就判为不合格。

3) 烧结空心砖技术性能

根据《烧结空心砖和空心砌块》(GB/T 13545—2014)的规定,烧结空心砖的外形为直角六面体,长度规格应符合 390 mm、290 mm、240 mm、190 mm、180(175) mm、140 mm 的尺寸要求;宽度规格应符合 190 mm、180(175) mm、140 mm、115 mm 的尺寸要求;高度规格应符合 180(175) mm、140 mm、115 mm、90 mm 的尺寸要求。空洞采用矩形条孔或其他孔形,且平行于大面和条面。按照抗压强度划分为 MU10、MU7.5、MU5.0、MU3.5 四个等级。强度、密度、抗风化性能和放射性物质合格的砖,根据孔洞及其排数、尺寸偏差、外观质量、泛霜、石灰爆裂、吸水率分为优等品(A)、一等品(B)、合格品(C)三个等级。

烧结多孔砖和烧结空心砖的抗风化性能、石灰爆裂性能和泛霜性能等耐久性技术要求与烧结普通砖基本相同,吸水率相近。

2. 砌块技术性能

根据《蒸压加气混凝土砌块》(GB/T 11968—2006)的规定:砌块长度为 600 mm;宽度为 100 mm、125 mm、150 mm、200 mm、250 mm、300 mm 或 120 mm、180 mm、240 mm;高度为 200 mm、250 mm、300 mm。蒸压加气混凝土砌块按抗压强度有 A1.0、A2.0、A2.5、A3.5、A5.0、A7.5、A10.0 七个级别;按干密度划分为 B03、B04、B05、B06、B07、B08 六个级别。按尺寸偏差、外观质量、干密度、抗压强度和抗冻性分为优等品(A)、合格品(C)。

检验项目有尺寸偏差、外观、立方体抗压强度、干密度,必要时应增加干燥收缩率、抗冻性、热导率。判断原则具体如下。①同品种、同规格、同等级的砌块以 1 000 块为一批,不足者也为一批。②随机抽取 50 块进行尺寸、外观检验,不符合相应等级数不超过 5 块时为合格。外观检验要在交货地点进行。③从尺寸和外观合格的样品中随机抽样,制成 3 组试件进行立方体抗压强度试验,以 3 组平均值和其中一组的最小值判定强度等级;制成 3 组试件进行干密度试验,以 3 组平均值判定密度级别,符合相应级别的强度和密度要求时判为合格。其中有一项不合格时要判为不合格或降级使用。

3. 墙体板材技术性能

（1）新型薄板。新型薄板主要以薄板和龙骨组成墙体，品种有纸面石膏板、石膏水泥板、纤维增强硅酸钙板、水泥木屑板、水泥刨花板和稻壳板等。轻质、高强、应用灵活、施工方便是新型薄板的最大特点。

（2）新型墙用条板。新型墙用条板主要有石膏空心条板、加气混凝土条板和轻质空心隔墙板等。其尺寸较大、施工简便迅速，为常用板材。

（3）新型复合条板。新型复合条板主要有钢网泡沫塑料墙板、混凝土岩面复合板和超轻隔热夹芯板等，其特点是集保温、隔热、防水、隔声和承重等多功能为一体，克服了使用单一材料板材的局限性。

三、墙体材料的性能检测

因篇幅所限，本书仅以烧结多孔砖为例，介绍其性能检测方法。根据《烧结多孔砖和多孔砌块》（GB 13544—2011）标准，烧结多孔砖的性能检测项目包括：尺寸允许偏差、外观质量、密度等级、强度等级、孔型孔结构及孔洞率、泛霜、石灰爆裂、抗风化性能、放射性核素限量及欠火砖或酥砖类型的判断。本书选择部分性能检测方法进行介绍。

1. 烧结多孔砖的外观尺寸允许偏差

烧结多孔砖的外观尺寸允许偏差应抽取检验样品 20 块，按 GB/T 2542—2012 的方法进行检测，结果必须符合表 7-1 的规定，其中每一尺寸测量不足 0.5 mm 按 0.5 mm 计，每一方向尺寸以两个测量值的算术平均值表示。

样本平均偏差是 20 块试样同一方向 40 个测量尺寸的算术平均值减去其公称尺寸的差值，样本极差是抽检的 20 块试样中同一方向 40 个测量尺寸中最大测量值与最小测量值之差值。

表 7-1　尺寸允许偏差　　　　　　　　　　　　单位：mm

尺　　寸	样本平均偏差	样本极差≤
＞400	±3.0	10.0
300～400	±2.5	9.0
200～300	±2.5	8.0
100～200	±2.0	7.0
＜100	±1.5	6.0

2. 外观质量

外观质量的检验按 GB/T 2542—2012 的规定进行，随机在每一检验批中抽取 50 块样品进行检验。检验结果应符合表 7-2 的规定。如不合格品数≤7 时，判外观合格；如不合格品数≥11 时，判外观质量不合格。

表 7-2 外观质量

项　　目		指　标
1. 完整面	不得少于	一条面和一顶面
2. 缺棱掉角的三个破坏尺寸	不得同时大于	30 mm
3. 裂纹长度		
① 大面(有孔面)上深入孔壁 15 mm 以上宽度方向及其延伸到条面的长度	不大于	80 mm
② 大面(有孔面)上深入孔壁 15 mm 以上长度方向及其延伸到顶面的长度	不大于	100 mm
③ 条顶面上的水平裂纹	不大于	100 mm
4. 杂质在砖或砌块面上造成的凸出高度	不大于	5 mm

注:凡有下列缺陷之一者,不能称为完整面
① 缺损在条面或顶面上造成的破坏面尺寸同时大于 20 mm×30 mm;
② 条面或顶面上裂纹宽度大于 1 mm,其长度超过 70 mm;
③ 压陷、焦花、粘底在条面或顶面上的凹陷或凸出超过 2 mm,区域最大投影尺寸同时大于 20 mm×30 mm

3. 强度等级

强度以大面(有孔面)抗压强度结果表示,其中试样数量为 10 块。试验后按下式计算出强度标准差 S。

$$S = \sqrt{\frac{1}{9}\sum_{i=1}^{10}(f_i - \overline{f})^2}$$

式中:S——10 块试样的抗压强度标准差,单位为 MPa,精确至 0.01 MPa;

$\overline{f}$——10 块试样的抗压强度平均值,单位为 MPa,精确至 0.1 MPa;

f_i——单块试样抗压强度测定值,单位为 MPa,精确至 0.01 MPa。

样本量 $n=10$ 的强度标准值按下式计算:

$$f_k = \overline{f} - 1.83S$$

式中:f_k——强度标准值,精确至 0.1 MPa。

试验结果计算得到的强度平均值、强度标准值应符合表 7-3 的规定,并根据此表评定砖的强度等级,精确至 0.1MPa。不符合表 7-3 者,判为不合格。

表 7-3 强度等级

强度等级	抗压强度平均值 $\overline{f}\geqslant$	强度标准值 $f_k\geqslant$
MU30	30.0	22.0
MU25	25.0	18.0
MU20	20.0	14.0
MU15	15.0	10.0
MU10	10.0	6.5

4. 泛霜

每块砖不允许出现严重泛霜。否则判为不合格。

5. 石灰爆裂

（1）破坏尺寸大于 2 mm 且小于或等于 15 mm 的爆裂区域，每组砖不得多于 15 处。其中大于 10 mm 的爆裂区域不得多于 7 处。

（2）不允许出现破坏尺寸大于 15 mm 的爆裂区域。

不满足以上条件者判为不合格。

任务实施

对某一批烧结多孔砖进行性能检测，并填写表 7-4。

表 7-4 烧结多孔砖检验记录

委托单位：_____   检验单位：_____

工程名称：_____   检验依据：_____

检验日期：_____   检验人员：_____

生产厂家	规格尺寸		强度等级		质量等级
检验项目	检验结果			技术要求	
抗压强度/MPa	平均值	变异系数	标准值 单块最小值	平均值	标准值 单块最小值
尺寸偏差	方向	平均偏差	极差	平均偏差	极差
	长/mm				
	宽/mm				
	高/mm				
外观质量	不合格数量				
结论					

课后练习与作业

一、填空题

1. 目前所用的墙体材料有_____、_____和_____三大类。

2. 烧结普通砖的尺寸为_____mm×_____mm×_____mm，每立方米砌体用砖量为_____块。

3. 烧结多孔砖的主要用于_____,烧结空心砖主要用于_____。

4. 烧结普通砖按抗压强度分为_____、_____、_____、_____、_____五个强度等级。

5.泛霜的原因是＿＿＿＿＿＿＿＿＿＿＿＿＿＿＿＿＿＿＿＿＿＿＿＿＿＿＿。

二、选择题

1.红砖砌筑前，一定要浇水湿润，其目的是（　　　）。

A.把砖冲洗干净 　　　　　　　　　　B.保证砌筑砂浆的稠度

C.增加砂浆对砖的胶结力 　　　　　　D.减小砌筑砂浆的用水量

2.砌墙砖评定强度等级的依据是（　　　）。

A.抗压强度的平均值 　　　　　　　　B.抗折强度的平均值

C.抗压强度的单块最小值 　　　　　　D.抗折强度的单块最小值

3.黏土空心砖与普通砖相比所具备的特点，下列哪条是错误的？（　　　）

A.缩短焙烧时间、节约燃料 　　　　　B.减轻自重、改善隔热吸声性能

C.少耗黏土、节约耕地 　　　　　　　D.不能用来砌筑5层、6层建筑物的承重墙

4.砌筑有绝热要求的六层以下建筑物的承重墙应选用（　　　）。

A.烧结黏土砖　　　　B.烧结多孔砖　　　　C.烧结空心砖　　　　D.烧结粉煤灰砖

5.砌筑有保温要求的非承重墙时宜选用（　　　）。

A.烧结黏土砖 　　　　　　　　　　　B.烧结多孔砖

C.烧结空心砖 　　　　　　　　　　　D.烧结黏土砖＋烧结多孔砖

6.下面不是加气混凝土砌块的特点的是（　　　）。

A.轻质　　　　B.保温隔热　　　　C.加工性能好　　　　D.韧性好

7.利用煤矸石和粉煤灰等工业废渣烧砖，可以（　　　）。

A.减少环境污染 　　　　　　　　　　B.节约黏土和保护大片良田

C.节省大量燃料煤 　　　　　　　　　D.大幅提高产量

三、实践应用

1.说明烧结砖的泛霜和石灰爆裂对工程质量的影响。

2.某工地的备用红砖，在储存2个月后，尚未砌筑施工就发现有部分砖自裂成碎块，试解释原因。

3.试计算砌筑4 000 m² 的240 mm厚砖墙，需标准烧结普通砖多少块（考虑2%的材料损耗）。

成绩评定单

成绩评定单如表7-5所示

表7-5　成绩评定单

检查项目	分项总分	个人自评(20%)	组内互评(30%)	教师评定(50%)
学习态度	20			
知识掌握	15			
技能应用	15			
任务完成	25			
爱护公物	10			
团队合作	15			
合计	100			

任务 2 墙体材料的应用

教学目标

知识目标

（1）了解各类墙体材料的应用范围。

（2）掌握各类墙体材料的应用范围。

技能目标

（1）会进行墙体材料的选择。

（2）会正确使用墙体材料。

学习任务单

任务描述

小王是某建筑公司的材料员，被委任为公司在建三个项目采购砌筑材料。三个项目分别为两栋多层办公楼、一栋 30 层商住楼和一栋 10 层教学楼。小王需要根据三个项目部的建筑选择合适的墙体材料，如果你是小王能选择出来吗？

咨询清单

（1）砌墙砖的品种及特性。

（2）砌块的品种及特性。

（3）墙体板材的品种及特性。

成果要求

墙体材料选用情况列表。

完成时间

资讯学习 40 min，任务完成 40 min，评估 20 min。

资讯交底单

一、砌墙砖的品种及特性

烧结砖主要使用黏土、页岩、煤矸石等工业废料作为原料，经配料、制坯、干燥、焙烧而成的烧结普通砖简称黏土砖（符号为 N），又分为红砖和青砖。当砖窑中焙烧时为氧化气氛，则制得红砖；若砖坯在氧化气氛中烧成后，再在还原气氛中闷窑，促使砖内的红色高价氧化铁还原成青灰色的低价氧化铁,即得青砖。青砖较红砖结实、耐碱性能好、耐久性强,但价格较红砖贵。

砖坯焙烧时火候要控制适当,以免出现欠火砖和过火砖。欠火砖色浅、敲击声暗哑、强度低、吸水率大、耐久性差;过火砖色深、敲击时声音清脆,强度较高、吸水率低,但多弯曲变形。欠火砖和过火砖均为不合格产品。

烧结砖包括实心砖、空心砖和多孔砖。实心砖具有隔热、隔声性能好,不结露,价格低等优点,主要用于砌筑墙体、基础、柱、拱和铺砌地面等。优等品用于墙体装饰和清水墙的砌筑,一等品和合格品可用于混水墙的砌筑,中等泛霜的砖不得用于潮湿部位。由于其砖块小、自重大、耗土多的缺点,2012 年 9 月 26 日,国家发展和改革委员会宣布,我国将在"十二五"期间在上海等数百个城市和相关县城逐步限制使用黏土制品或禁用实心黏土砖。

烧结多孔砖主要用于 6 层以下建筑物的承重墙体。M 型砖符合建筑模数,使设计规范化、系列化,可提高施工速度,节约砂浆;P 型砖便于与烧结普通砖配套使用。

烧结空心砖自重轻、强度较低,主要用于非承重墙。如多层建筑的内隔墙或框架结构的填充墙。

二、砌块的品种及特性

1. 蒸压加气混凝土砌块

目前,最常用的砌块品种就是蒸压加气混凝土砌块,有加气粉煤灰砌块和蒸压矿渣加气混凝土砌块两种。这种砌块具有容重轻、保温性能高、吸音效果好,具有一定的强度和可加工性等优点,且抗震性强、隔声性好,其耐火等级按厚度从 75 mm、100 mm、150 mm、200 mm 分别为 2.50 h、3.75 h、5.75 h、8.00 h,适用于低层建筑的承重墙,多层和高层建筑的非承重墙、隔断墙、填充墙及工业建筑物的维护墙体和绝热材料。蒸压加气混凝土砌块是我国推广应用最早、使用最广泛的轻质墙体材料之一。其技术性能需符合《蒸压加气混凝土砌块》(GB/T 11968—2006)标准。这种砌块易于干缩开裂,必须做好饰面层,同时其砌筑砂浆的技术性能应符合《蒸压加气混凝土用砌筑砂浆与抹面砂浆》(JC 890—2001)标准的规定。

如无有效措施,蒸压加气混凝土砌块不得用于以下部位:建筑物标高±0.000 以下;长期浸水或经常受干湿交替作用;受酸碱化学物质腐蚀;制品表面温度高于 80℃。

2. 石膏砌块

石膏砌块是以建筑石膏为主要原材料,经加水搅拌、浇注成型和干燥制成的轻质建筑石膏制品。它具有隔声防火、施工便捷等多项优点,是一种低碳环保、健康、符合时代发展要求的新型墙体材料。全世界有 60 多个国家生产与使用石膏砌块,主要用于住宅、办公楼、旅馆等作为非承重内隔墙。国际上已公认石膏砌块是可持续发展的绿色建材产品,在欧洲占内墙总用量的30% 以上。

石膏砌块按其结构特性,可分为石膏实心砌块(S)和石膏空心砌块(K)。按其石膏来源,可分为天然石膏砌块(T)和化学石膏砌块(H)。按其防潮性能,可分为普通石膏砌块(P)和防潮石膏砌块(F)。按成型制造方式,可分为手工石膏砌块和机制石膏砌块。技术标准应符合JC/T 698—2010《石膏砌块》及 GB 6566—2010《建筑材料放射性核素限量》的要求。

石膏砌块的优点具体如下。

1) 安全

安全主要是指其耐火性好。这主要是因为二水石膏($CaSO_4 \cdot 2H_2O$)含两个结晶水,约占总重的21%。这两个结晶水平时稳定地存在于石膏内,遇到高温,这些水分能迅速扩散到墙体表面的空气中,进而在墙体材料表面形成一层"水气膜"。该"水气膜"既可降低墙体材料表面的温度,又能起到隔离氧气的作用,以此来阻止和延缓墙体材料和建筑物进一步燃烧,所以这种结晶水在德国被称为"灭火水"。石膏砌块按66 kg/m² 计,约含有13.86 kg的"灭火水",耐火极限达3 h以上。

2) 舒适

舒适是指它的"呼吸功能"和"暖性"。"呼吸功能"是指石膏砌块具有调节室内空气湿度的功能。石膏的微孔结构由二水石膏针状晶体交叉组成,故在针状晶体结构中存在着大量的自由空间,即空隙率很高。当空气中湿度高时,石膏可以通过毛细孔结构吸收空气中的水分,储水率能达到7~17 g/m²,比水泥砂浆(储水率6~9 g/m²)能多储存近一倍的水分。因为石膏的水蒸气扩散阻力系数比水泥砂浆低得多,当空气中湿度低时,石膏毛细孔结构中的水很容易蒸发到空气中去,达到调节室内空气湿度的作用,使人备感舒适。

"暖性"是指石膏砌块水膏比例大,水化硬化后的大量游离水被蒸发,在制品中留下大量孔隙。根据其体积密度的不同,其导热系数在0.2~0.28 W/(m·K)之间,与木材的平均导热系数相近。用它做墙,和钢筋混凝土等建材比,手感温暖,被称为"暖材"。同时能大大提高建筑节能,这是许多国家大量在室内选用石膏建材的重要原因。

3) 快速

快速是指石膏砌块的施工速度快、效率高。石膏砌块的施工属于干作业,砌块的四周均有榫槽和榫键,砌筑速度很快,用它砌筑的墙体不需两面抹灰找平,每天每人可砌筑20 m² 以上,砌筑的墙体24 h后即可进行装饰。在石膏砌块墙上安管和吊挂物品都非常方便,施工效率高,工期可大大缩短。

4) 环保

环保是指石膏砌块在原料、生产、施工、使用、废弃物回收上均不污染环境。不含甲醛、放射性元素等有害物体。石膏砌块配方中只有石膏和水,废弃的石膏砌块经破碎、再煅烧后又可作为生产石膏建材的原料。

5) 保健

石膏砌块的水汽渗透性和pH值,与人体皮肤的化学-物理性质惊人的相似,被称为"可近皮肤"的建材。石膏也是绝佳的美容面膜材料,无放射性,固有辐射低于地壳表面物质,特别是脱硫石膏经过过滤脱水后更加纯净,突显出对健康的有益性。石膏砌块的pH值在5~7之间,墙体表面不存水,可大大抑制霉菌的滋长。纯净的石膏在西医药典中作为药剂基料。在中药中则是一味清火良药。《神农本草经》《开宝本草》等中记载:石膏,性辛、甘、大寒,归肺、胃经。可养阴清热,除烦止渴,活血止痛,收敛生肌。因此在石膏建材构筑的建筑物内会令人感到惬意。

6) 不易开裂

水泥及各种硅酸盐基材料的水化产物以胶体为主,在外界温度变化时易于产生胀缩,水化期通常比较长(可高达几十年),在水化期会产生一定的变形。石膏基的水化产物为结晶体,水化期通常很短,水化期有变形,但水化结晶体形成网状后,基本不受外界温度的干扰,因此砌块本身基本不变形。其胀缩率在相等的条件下是水泥及硅酸盐类产品的 1/20。另外砌筑砌块的黏合剂也是用石膏配制的，它们的胀缩率是一致的，在榫槽咬合的作用下可以完美地形成一面整体墙而不易开裂。

7）加工性好

脱硫石膏砌块可锯、可刨、可钉挂的特性，使用户在做室内装饰造型时极其方便。墙体可以轻易地开槽走管线、安线盒，只要按正确的施工方法施工，走管线的部位仍然具有很好的强度。如墙体被破坏，修补时也十分方便快捷。

由于石膏砌块的优点众多，因此近年来在我国的应用日趋广泛，是性价比较高的一种新型墙体材料。

三、墙体板材的品种及特性

1. 钢丝网架夹芯复合板

钢丝网架夹芯复合板用钢丝网做骨架，用聚苯乙烯、岩棉、珍珠岩等作为夹芯材料，具有轻质、不燃、隔音、隔热、高强度、低收缩率、节能环保等许多优点。因其完美的特性适用内外墙，广泛应用在于框架结构及钢结构楼宇建筑的内外隔墙及屋顶、吊顶装饰，以及酒店、娱乐场所、宾馆、医院、学校、办公楼、公寓、居民住宅和工业厂房及旧楼改造、加层等领域上，属于新型墙体材料。

2. 玻璃纤维增强水泥复合板（GRC 复合墙板）

GRC 复合墙板是以低碱度水泥砂浆为基材，耐碱玻璃纤维做增强材料，制成板材面层，内置钢筋混凝土肋，并填充绝热材料内芯，以台座法一次制成的新型轻质复合墙板。

由于采用了 GRC 面层和高热阻芯材的复合结构，因此 GRC 复合墙板具有高强度、高韧性、高抗渗性、高防火性与高耐候性，并具有良好的绝热和隔声性能。

生产 GRC 复合墙板的面层材料与其他 GRC 制品相同。芯层可用现配、现浇的水泥膨胀珍珠岩拌合料，也可使用预制的绝热材料（如岩棉板、聚苯乙烯泡沫塑料板等）。一般采用反打成型工艺，成型时墙板的饰面朝下与模板表面接触，故墙板的饰面效果好，质量较高。墙板的 GRC面层一般用直接喷射法制作。内置的钢筋混凝土肋由焊好的钢筋骨架与用硫铝酸盐早强水泥配制的 C30 豆石混凝土制成。

根据墙板型号分类，GRC 复合墙板可分为单开间大板和双开间大板两类；按所用绝热材料分类，有水泥珍珠岩复合墙板、岩棉板复合墙板或聚苯乙烯泡沫板复合墙板等。

GRC 复合墙板规格尺寸大、自重轻、面层造型丰富、施工方便，故特别适用于框架结构建筑，尤其在高层框架建筑中可作为非承重外墙挂板使用。

3. 薄板类

薄板类产品普遍具有平整度好、外观质量好、尺寸偏差小、规格较统一、运输安装方便的优点，石棉水泥板、石膏板都已有相应的国家标准，所以产品性能较稳定。但也存在着安装必须配备龙骨、增加使用造价、隔音性能差、吸水率高等缺点。

新型墙体板材产品的总体特点是：单位面积质量轻，隔音隔热效果好，表面平整度好，抗震性能好，安装施工时基本是干作业操作，施工现场较干净，安装快捷，工效率高，该类产品适用于工业与民用建筑物的非承重内墙以及批发广场的间隔墙。

这几年来,新型墙板已逐步被建筑设计、施工部门采用,但相对砌块砖类产品来说,发展还较慢,用量也很少,主要因为墙板类产品规格尺寸不一致,性能指标差异较大,不同类别板材的安装施工方法不一样,安装好后第二次施工较困难等。另外,到目前为止,墙板类还未有一套较完整的施工规程或规范,这给建筑设计和应用部门造成困难。因此需要产品生产企业、设计部门、科研部门完善产品的技术性能和应用技术。

新型板材墙体材料在建筑墙体的应用上占的比例目前还较少,相对而言,使用较多的新型板材是钢丝网架芯板、GRC复合墙板、纸面石膏板及石棉水泥板。

成果验收单

请为任务单中的三个项目(两栋多层办公楼、一栋30层商住楼和一栋10层教学楼)选择恰当的墙体材料,并说明原因。并将结果填写在表7-6中。

表7-6　为三个项目选择墙体材料

项 目 名 称	墙体材料类型	应 用 部 位	选 择 原 因
多层办公楼			
30层商住楼			
10层教学楼			

课后练习与作业

一、单选题

1. 普通混凝土小型空心砌块的空心率不小于(　　　)。

A. 25％　　　　　　　　B. 20％　　　　　　　　C. 15％　　　　　　　　D. 30％

2. 烧结普通砖的公称尺寸为(　　　)。

A. 235 mm×115 mm×50 mm　　　　　　　B. 240 mm×115 mm×53 mm

C. 235 mm×110 mm×53 mm　　　　　　　D. 240 mm×115 mm×50 mm

3. 烧结普通砖、空心砖和混凝土普通砖(　　　)为一批。

A. 10 万　　　　　　　B. 15 万　　　　　　　C. 5 万　　　　　　　D. 3 万

4. 蒸压灰砂砖和粉煤灰砖(　　　)为一批。

A. 10 万　　　　　　　B. 15 万　　　　　　　C. 5 万　　　　　　　D. 3 万

5. 烧结多孔砖的最低强度等级为(　　　)。

A. MU5.0　　　　　　　B. MU10　　　　　　　C. MU7.5　　　　　　　D. MU3.5

二、多选题

1. 烧结普通砖按主要原材料分为(　　　)。

A. 黏土砖　　　　　　　B. 页岩砖　　　　　　　C. 煤矸石砖　　　　　　　D. 粉煤灰砖

2. 蒸压加气混凝土砌块的强度等级有(　　　)。

A. 2.0　　　　　　　B. 3.5　　　　　　　C. 5.0　　　　　　　D. 7.5

3. 普通混凝土小型空心砌块按其尺寸偏差、外观质量分为（　　　）。

A. 优等品　　　　　　B. 一等品　　　　　　C. 二等品　　　　　　D. 合格品

4. 蒸压加气混凝土板按使用功能分为（　　　）。

A. 屋面板　　　　　　B. 楼板　　　　　　C. 外墙板　　　　　　D. 隔墙板

5. 砌块按生产工艺分为（　　　）。

A. 烧结砌块　　　　　　　　　　　　B. 硅酸盐混凝土砌块

C. 蒸压蒸养砌块　　　　　　　　　　D. 实心砌块

6. 产品质量合格证主要内容包括（　　　）。

A. 生产厂名　　　　　　　　　　　　B. 产品标志

C. 批量及编号、证书编号　　　　　　D. 本批实测性能和生产日期

三、判断题

1. 蒸压灰砂砖 MU10 的砖可以用于防潮层的建筑。（　　　）

2. 烧结空心砖可以用于建筑物的承重部位。（　　　）

3. 混凝土实心砖和混凝土普通砖只是名称不同，实为同一品种砖。（　　　）

4. 混凝土多孔砖不可以用于建筑物的承重部位。（　　　）

5. 蒸压加气混凝土砌块受压方向应与膨胀发气方向垂直。（　　　）

6. 蒸压加气混凝土砌块的发气剂为铝粉。（　　　）

7. 蒸压加气混凝土砌块抗压强度的检测试样标准为 3 组 9 块，100 mm×100 mm×100 mm。（　　　）

8. 烧结空心砖所送样品中不允许有欠火砖和酥砖。（　　　）

9. 烧结空心砖的孔洞率≥33％。（　　　）

成绩评定单

成绩评定单如表 7-7 所示。

表 7-7　成绩评定单

检查项目	分项总分	个人自评（20％）	组内互评（30％）	教师评定（50％）
学习态度	20			
知识掌握	15			
技能应用	15			
任务完成	25			
爱护公物	10			
团队合作	15			
合计	100			

学习情境 8

防水材料的检测及应用

防水工程是工程建设的重要环节,必须重视两大要素:一是渗漏三要素(水,建筑有缝隙或空洞,水通过缝隙或空洞移动,缺一条不存在渗漏);二是防水三要素(设计、材料、施工)。防水材料是指能防止雨水、雪水、地下水等对建筑物和各种构筑物的渗透、渗漏和侵蚀的材料。产品形式有防水卷材、防水涂料、建筑密封材料、刚性防水材料、瓦类防水材料、堵漏材料六大类。从性质上可分为刚性防水材料和柔性防水材料两大类。

我国建筑防水材料的发展方向:大力发展改性沥青防水卷材,积极推进高分子卷材,适当发展防水涂料,努力开发密封材料,注意开发地下止水、堵漏材料和硬质发泡聚氨酯防水保温一体化材料,因此对防水材料的多功能复合化及多样化提出了新的要求。总之,开发高强度、高弹性、轻质、耐老化、低污染的新型防水材料已势在必行。

任务 1 防水材料的技术性能及检测

教学目标

知识目标

(1)了解防水材料的定义和类型。

(2)掌握防水材料的技术标准。

(3)掌握防水材料的检测和验收方法。

技能目标

(1)会验收防水材料。

(2)能正确查找防水材料的标准、规范。

建筑材料检测与应用

学习任务单

任务描述

韩梅梅是项目部的材料员,项目部要求她对新入场的一批 SBS 防水卷材进行质量验收。如果你是韩梅梅,你觉得可以完成防水材料验收工作吗?

咨询清单

(1) 防水材料的类型。

(2) 防水材料的技术性能。

(3) 防水材料的验收方法。

成果要求

本项目防水材料质量检验报告。

完成时间

资讯学习 40 min,任务完成 40 min,评估 20 min。

资讯交底单

一、防水材料的分类

沥青是一种有机胶凝材料,具有防潮、防水、防腐的性能,广泛用做交通、水利及工业与民用建筑工程中的防潮、防腐、防水材料。沥青材料可分为地沥青和焦油沥青两大类。地沥青包括天然沥青和石油沥青;焦油沥青包括煤沥青、木沥青、泥炭沥青、页岩沥青。工程中使用最多的是煤沥青和石油沥青。石油沥青的防水性能好于煤沥青,但是煤沥青的防腐性能和黏接性能较石油沥青好。

防水卷材是防水材料的重要品种之一,广泛应用于各类建筑物屋面、地下和构筑物等处的防水工程中。防水卷材主要包括沥青系防水卷材、高聚物改性沥青防水卷材和高分子防水卷材三大系列。其中,沥青系防水卷材是用厚纸、纤维织物和纤维毛毡等胎体浸涂沥青,表面散布粉状、粒状或片状材料制成可卷曲的片状防水材料。

防水涂料是以沥青、合成高分子材料等为主体,在常温下呈无定形流态或半固态,涂布在构筑物表面,通过溶剂挥发或反应固化后能形成坚韧防水膜的材料的总称。按主要成膜物质可划分为沥青类防水涂料、高聚物改性沥青类防水涂料、合成高分子类防水涂料、水泥类防水涂料四种。按涂料的液态类型,可分为溶剂型防水涂料、水乳型防水涂料、反应型防水涂料三种。按涂料的组成分可分为单组分防水涂料和双组分防水涂料两种。

建筑防水密封材料又称嵌缝材料,分为定形(密封条、压条)和不定形(密封膏或密封胶)两类。嵌入建筑接缝中,可以防尘、防水、隔气,具有良好的黏附性、耐老化性和温度适应性,能长期承受黏附物体的振动、收缩而不被破坏。按原材料及性能,不定形密封材料可分为塑性密封膏、弹性密封膏和弹塑性密封膏。塑性密封膏是以改性沥青和煤焦油为主要原料制成的。弹性

172

密封膏是由聚硫橡胶、有机硅橡胶、氯丁橡胶、聚氨酯和丙烯酸萘为主要原料制成的。弹塑性密封膏以聚氯乙烯胶泥及各种塑料油膏为主。

二、防水材料的技术性能

（一）沥青

1. 黏滞性

黏滞性是指沥青材料在外力作用下抵抗发生黏性变形的能力。半固体和固体沥青的黏性用针入度表示；液体沥青的黏性用黏滞度表示。针入度是指在温度为 25 ℃的条件下，以 100 g 的标准针，经 5 s 沉入沥青中的深度，每 0.1 mm 为 1 度。

2. 塑性

塑性是指沥青在外力作用下变形的能力。用延伸度表示，简称延度。延度的测定方法是将标准延度"8 字"试件，在一定温度（25 ℃）和一定拉伸速度（50 mm/min）下，将试件拉断时延度的长度，用 cm 表示，称为延度。延度越大，塑性越好。

3. 温度稳定性

温度稳定性是指沥青在高温下，黏滞性和塑性随温度而变化的快慢程度。温度稳定性用"软化点"来表示。通常用"环球法"测定软化点。将经熬制，已经脱水的沥青试样，装入规定尺寸的铜环中，试样上放置规定尺寸的钢球，放在盛水或甘油的容器中，以 5 ℃/min 的升温速度，加热至沥青软化，下垂达 25.4 mm 时的温度即为软化点。

4. 大气稳定性

大气稳定性是指石油沥青在温度、阳光、空气等的长期作用下性能的稳定程度。大气稳定性用蒸发损失率或针入度比表示。蒸发损失率是将石油沥青试样加热到 160 ℃恒温 5 h 测得蒸发前后的质量损失率。针入度比是指蒸发后的针入度与蒸发前的针入度的比值。

5. 溶解度

溶解度是指石油沥青在有机溶剂三氯乙烯、四氯化碳或苯中溶解的百分率，用以限制有害不溶物的含量。

6. 闪点

闪点也称闪火点，是指加热沥青产生的气体和空气的混合物在规定的条件下与火焰接触，初次产生蓝色闪光时沥青的温度。

7. 燃点

燃点又称着火点，是指加热沥青产生的气体和空气混合物与火焰接触能持续燃烧近 5 s 以上时的温度。

（二）防水卷材

1. 沥青系防水卷材

沥青系防水卷材指的是有胎卷材和无胎卷材。凡是用厚纸或玻璃丝布、石棉布、棉麻织品等胎料浸渍石油沥青制成的卷状材料，称为有胎卷材；将石棉、橡胶粉等掺入沥青材料中，经碾压制成的卷状材料称为辊压卷材，即无胎卷材。有胎卷材包括油纸和油毡。

1）石油沥青纸胎防水卷材

根据国标《石油沥青纸胎油毡》（GB/T 326—2007）规定：油毡按卷重和物理性能分为Ⅰ型、Ⅱ型、Ⅲ型，油毡幅宽为 1 000 mm，其他规格可由供需双方商定。每卷油毡的面积为（20±0.3）m²。

2）石油沥青玻璃纤维油毡和玻璃布油毡

玻璃纤维油毡是采用玻璃纤维薄毡为胎基，浸涂石油沥青，表面撒以矿物粉料或覆盖以聚乙烯薄膜等隔离材料，制成的一种防水卷材。其指标应符合《石油沥青玻璃纤维胎防水卷材》（GB/T 14686—2008）的规定。该油毡的柔性好（在 0～10 ℃弯曲无裂纹），耐化学微生物的腐蚀，寿命长。

玻璃布油毡根据行业标准《石油沥青玻璃布油毡》（JC/T 84—1996）规定规格，宽为 1 000 mm，分为一等品和合格品两个等级。每卷油毡的总面积为（20±0.3）m²。

3）沥青复合胎柔性防水卷材

沥青复合胎柔性防水卷材的规格尺寸有长 10 m、7.5 m；宽 1 000 mm、1 100 mm；厚度 3 mm、4 mm。按物理性能分为一等品（B）和合格品（C）。其性能指标应符合《沥青复合胎柔性防水卷材》（JC/T 690—2008）中的规定。

4）铝箔面油毡

铝箔面油毡具有美观效果及能反射热量和紫外线的功能，能降低屋面及室内温度，阻隔蒸汽的渗透，用于多层防水的面层和隔汽层。其性能指标应符合《铝箔面石油沥青防水卷材》（JC/T 504—2007）中的规定。

2. 高聚物改性沥青防水卷材

屋面防水中高聚物改性沥青防水卷材常见 APP 改性沥青防水卷材和 SBS 改性沥青防水卷材。它们的物理性能要求见表 8-1。

表 8-1　高聚物改性沥青防水卷材的物理性能

项目		Ⅰ类	Ⅱ类	Ⅲ类	Ⅳ类
拉伸性能	拉力	≥400 N	≥400 N	≥50 N	≥200 N
	延伸率	≥30%	≥5%	≥200%	≥3%
耐热度[（85±2）℃,2 h]		不流淌，无集中性气泡			
柔性（−5 ℃～−25 ℃）		绕规定直径圆棒无裂纹			
不透水性	压力	≥0.2 MPa			
	保持时间	≥30 min			

注：① Ⅰ类指聚酯毡胎体，Ⅱ类指麻布胎体，Ⅲ类指聚乙烯膜胎体，Ⅳ类指玻纤毡胎体；

② 表中柔性的温度范围系表示不同档次产品的低温性能。

3．高分子防水卷材

高分子防水卷材常见的有三元乙丙橡胶(EPDM)防水卷材、聚氯乙烯(PVC)防水卷材、氯化聚乙烯-橡胶共混防水卷材。

1)三元乙丙橡胶(EPDM)防水卷材

三元乙丙橡胶防水卷材是以三元乙丙橡胶为主体,掺入适量乙基橡胶、硫化剂、促进剂、软化剂和补强剂等,经过配料、密炼、拉片、过滤压延或挤出成形、硫化、检验和分卷等工序加工制成的一种高弹性防水卷材。

2)聚氯乙烯(PVC)防水卷材

聚氯乙烯防水卷材是以聚氯乙烯树脂为主要原料,以红泥(炼铝废渣)或经过特殊处理的黏土类矿物粉为填充料,并加适量改性剂、增塑剂、抗氧化剂和紫外线吸收剂等,经过混炼、造粒、压延、冷却、分卷和运装等工序制成的弹塑性防水卷材。

3)氯化聚乙烯-橡胶共混防水卷材

它是以氯化聚乙烯塑料和橡胶共混的方式制成的一种高分子防水卷材。

高分子防水卷材的性能要求应符合《高分子防水材料 第1部分:片材》(GB 18173.1—2012)的技术标准。其物理性质要求如表8-2所示。

表8-2 高分子防水卷材(均质片)的物理性能

项 目			指 标								试用试验条目
			硫化橡胶类			非硫化橡胶类			树 脂 类		
			JL1	JL2	JL3	JF1	JF2	JF3	JS1	JS2	JS3	
拉伸强度/MPa	常温(23 ℃)	≥	7.5	6.0	6.0	4.0	3.0	5.0	10	16	14	6.3.2
	高温(60 ℃)	≥	2.3	2.1	1.8	0.8	0.4	1.0	4	6	5	
拉断伸长率/%	常温(23 ℃)	≥	450	400	300	400	200	200	200	550	500	
	低温(−20 ℃)	≥	200	200	170	200	100	100	—	350	300	
撕裂强度/(kN/m)		≥	25	24	23	18	10	10	40	60	60	6.3.3
不透水性(30 min)			0.3 MPa 无渗漏	0.3 MPa 无渗漏	0.2 MPa 无渗漏	0.3 MPa 无渗漏	0.2 MPa 无渗漏		0.3 MPa 无渗漏			6.3.4
低温弯折			−40 ℃ 无裂纹	−30 ℃ 无裂纹			−20 ℃ 无裂纹		−35 ℃ 无裂纹			6.3.5
加热伸缩量/mm	延伸	≤	2	2	2	2	4	4	2	2	2	6.3.6
	收缩	≤	4	4	4	4	6	10	4	6	6	
热空气老化(80 ℃× 168 h)	拉伸强度保持率/%	≥	80	80	80	90	60	80	80	80	80	6.3.7
	扯断伸长率保持率/%	≥	70	70	70	70	70	70	70	70	70	

续表

项 目		指 标									试用试验条目
		硫化橡胶类			非硫化橡胶类			树 脂 类			
		JL1	JL2	JL3	JF1	JF2	JF3	JS1	JS2	JS3	
耐碱性[饱和 Ca(OH)₂溶液 23 ℃×168 h]	拉伸强度保持率/(%) ≥	80	80	80	80	70	70	80	80	80	6.3.8
	扯断伸长率保持率/(%) ≥	80	80	80	90	80	70	80	90	90	6.3.8
臭氧老化 (40 ℃×168 h)	伸长率40%, 500×10⁻⁸	无裂纹	—	—	无裂纹	—	—	—	—	—	6.3.9
	伸长率20%, 200×10⁻⁸	—	无裂纹	—	—	—	—	—	—	—	
	伸长率20%, 100×10⁻⁸	—	—	无裂纹	—	无裂纹	无裂纹	—	—	—	
人工气候 老化	拉伸强度保持率/(%) ≥	80	80	80	80	70	80	80	80	80	6.3.10
	拉断伸长率保持率/(%) ≥	70	70	70	70	70	70	70	70	70	
黏结剥离 强度(片材 与片材)	标准试验条件/(N/mm) ≥	1.5									6.3.11
	浸水保持率 (23 ℃×168 h)/(%) ≥	70									

注1:人工气候老化和黏结剥离强度为推荐项目;

注2:非外露使用可以不考核臭氧老化、人工气候老化、加热伸缩量、60 ℃拉伸强度性能

(三)防水涂料

1.橡胶沥青类防水涂料

橡胶沥青类防水涂料的技术性能见表8-3。

表 8-3　橡胶沥青类防水涂料的技术性能

项目＼品种	氯丁橡胶沥青防水涂料	再生橡胶沥青防水涂料	阳离子氯丁胶乳沥青防水涂料	水乳型再生橡胶沥青防水涂料
外观	黑色黏稠液体	黑色黏稠胶液	深棕色乳状液	黑色黏稠乳状液
黏结性（"8"字模）/MPa	≥0.25	0.2～0.4	≥0.2	≥0.2
耐热性	85 ℃,5 h	(80±2) ℃,5 h	80 ℃,5 h	80 ℃,5 h
	无变化			
耐碱性	在饱和 Ca(OH)₂ 溶液浸 20 d		在饱和 Ca(OH)₂ 溶液浸 15 d	在饱和 Ca(OH)₂ 溶液浸 15 d
	表面无剥落、起皮、起皱			
低温柔性	－40 ℃,1 h、绕 φ45 mm 圆棒弯曲	(－10～28) ℃、绕 φ1 mm 及 φ10 mm 圆棒弯曲	(－10～28) ℃、绕 φ1 mm 及 φ10 mm 圆棒弯曲	－10 ℃,2 h、绕 φ10 mm 圆棒弯曲
	无裂纹			
不透水性	动水压 0.2 MPa,3 h	动水压 0.2 MPa,2 h	动水压 0.1～0.2 MPa,0.5 h	动水压 0.1 MPa,0.5 h
	不透水			
耐裂性	基层裂缝不大于 0.8 mm	基层裂缝为 0.2～0.4 mm	基层裂缝不大于 2 mm	基层裂缝不大于 2 mm
	涂膜不裂			

2. 合成高分子防水涂料

合成高分子防水涂料具有比橡胶沥青类防水涂料更好的弹性及适应基层变形的能力,从而进一步提高了防水效果,延长了使用寿命,属于高档防水涂料。从所用基料的配制原理来看,都是以聚氨酯和丙烯酸酯等合成高分子材料为基料,采用双组分配制得到的防水材料。

1)聚氨酯防水涂料

聚氨酯防水涂料的技术性能见表 8-4。

表 8-4　聚氨酯防水涂料的技术性能

项　目	性能指标	项　目	性能指标
扯断强度/MPa	1.5～2.5	黏结强度	0.8
扯断延伸率(%)	300～400	不透水性/MPa	＞0.8
直角撕裂强度/N·cm⁻¹	约50	耐裂性	基层裂缝宽 1.2 mm,涂膜厚度 1 mm 未开裂
耐热性/℃	80		
低温柔性/℃	－20	干燥时间(触干)/h	1～6

2）丙烯酸酯屋面浅色绝热防水涂料

该类涂料形成的涂膜具有一定的韧性和较好的耐候性、着色性，与水乳型橡胶沥青防水涂料配合使用，可做成浅色屋面防水层。

该涂料应密封储运，环境温度应在 0 ℃以上，储存期为半年至一年。

（四）建筑防水密封材料

近年来，随着化工建材的不断发展，建筑防水密封材料的品种不断增多，除传统的塑料防水油膏、橡胶沥青防水油膏、桐油沥青防水油膏外，出现了性能优异的高分子嵌缝密封材料，如丙烯酸密封膏、聚硫密封材料、聚氨酯密封材料、硅酮密封材料等。这些已成为国家推荐的新型防水密封材料。

建筑防水密封材料分为不定型密封材料和定型密封材料两种。不定型密封材料通常是黏稠状的材料，分为弹性密封材料和非弹性密封材料。按构成类型分为溶剂型密封材料、乳液型密封材料和反应型密封材料；按使用时的组分分为单组分密封材料和多组分密封材料；按组成材料分为改性沥青密封材料和合成高分子密封材料。定形密封材料包括密封条带和止水带。定型密封材料按密封机理的不同可分为遇水非膨胀型密封材料和遇水膨胀型密封材料。

定型密封材料指膏糊状材料，如 PVC 油膏、PVC 胶泥、沥青油膏、丙烯酸、氯丁、丁基密封腻子、氯磺化聚乙烯、聚硫、硅酮、聚氨酯等；不定型密封材料指根据工程要求制成的带、条、垫状的密封材料，如止水带、止水条、防水垫、遇水自膨胀橡胶等。通常所说的密封材料是指不定型材料。

防水密封材料分类如下。

（1）聚合物改性沥青类：丁基橡胶改性沥青密封膏、SBS 改性沥青密封膏、再生胶改性沥青密封膏。

（2）合成高分子类：

① 橡胶型：硅酮密封膏、聚氨酯密封膏、聚硫密封膏、氯磺化聚乙烯密封膏、丁基密封膏；

② 树脂型：水性丙烯酸酯密封膏。

三、防水材料的性能检测及验收

（一）基本性能

1. 拉伸性能

拉伸性能包括拉伸强度（拉力）、断裂延伸率。拉伸强度是指单位面积上所能够承受的最大拉力；断裂延伸率指在标距内试样从受拉到最终断裂伸长的长度与原标距的比值。这两个指标主要是检测材料抵抗外力破坏的能力，其中断裂延伸率是衡量材料韧性好坏即材料变形能力的指标。

2. 不透水性

在特定的仪器上，按标准规定的水压、时间检测试样是否透水。该指标主要是检测材料的密实性及承受水压的能力。

3. 耐热性能

该指标用来表征防水材料对高温的承受力或者是抗热的能力。

4. 低温柔度

按标准规定的温度、时间检测材料在低温状态下材料的变形能力。

5. 固体含量

产品中含有成膜物质的量占总产品质量的百分比。也就是产品中除去溶剂后的质量占总产品质量的百分比。

（二）检测方法

每一种材料在进行试验之前都必须在规定的标准试验温度下，放置一段时间进行调节。主要是因为防水材料大部分都是高分子材料，材料的性能受温度、湿度的影响较大。试验前进行温度和湿度方面的调节，使同一类材料具有可比性。

1. 拉伸性能试验

将材料按各标准规定的尺寸裁样，如 PVC 材料要裁成 I 形哑铃，而沥青防水卷材大多是裁成 500 mm×50 mm 的长方形样。裁好样后，将试样夹在一定量程的拉力机的两个夹具上，按标准规定的拉伸速度进行试验，同时要记录试样标距初始长度，拉伸至样品断裂记录此时的最大拉力值及断裂时的标距长度。通过计算可得到材料的拉伸强度及断裂延伸率。

2. 不透水性能试验

将材料制成与透水压力盘尺寸相符的试验样品后，安装在不透水仪器上，按标准规定的压力和加压时间，进行试验。在试验进行的过程中要时刻观察材料有无渗水情况，并进行记录和描述。

3. 耐热性能试验

将材料按标准要求制成试样后，将样品放在恒温烘箱内，设定规定的温度，恒温一定时间后，取出观察材料在规定温度下是否有产生流淌、滑动等现象，或者测量样品在放入恒温箱前后样品的尺寸变化情况。一般用加热伸缩率来表示。

4. 低温柔度

将材料按标准要求制成试样后，将样品放在按标准规定的恒温的低温箱内，到规定时间后，取出材料在规定直径的抗弯仪上弯曲，然后用放大镜观察样品表面有无裂纹等现象。该测试用来检测材料在低温状态下材料的变形能力。

5. 固体含量

固体含量是检测防水除料的一项指标。它的检测方法是将材料按其配比配好料后，涂在已经烘至恒重的表面皿上，称量，在标准条件下放置 24 h 后，再放入烘箱内加热到一定温度、时间后，取出表面皿，再称量。然后计算材料中的固体含量。

（三）验收方法

1. 验收依据

国家标准：《沥青复合胎柔性防水卷材》JC/T 690—2008；《塑性体改性沥青防水卷材》GB 18243—2008；《弹性体改性沥青防水卷材》GB 18242—2008；《自粘聚合物改性沥青防水卷材》GB 23441—2009 和《预铺/湿铺防水卷材》GB/T 23457—2009 等。

2. 验收工具

验收工具为钢卷尺。

3. 验收时间

验收时间为到货后再验收。

4. 验收比例

验时比例为每批次同一规格型号到场数量的 1%，卷材不少于 3 卷，涂料不得小于 3 桶。

5. 验收步骤

(1)资料检查：进场产品必须有国家认可机构出具的产品质量检验报告（需要加盖厂家公章，公章必须是红章），产品合格证原件；如果没有检验报告和产品合格证，应拒收。

(2)外包装检查：包装完整，包装上面的品牌、规格、型号应与订单要求一致；确认产品包装的完整性。

(3)对用于现场验收时开桶检测的材料：对该桶涂料做好标记密封后在一个月内使用，如存在问题则予以更换。

(4)防水涂料开桶时检测为均匀黏稠体，开桶无凝胶、结块。

(5)防水材料净含量指允许正公差。

(6)对板检查：防水卷材观感效果及结构层次同验收原始样板。

① 卷材表面应平整，不允许有可见的缺陷，如空洞、结块、裂纹、气泡、缺边和裂口等。

② 成卷卷材易于展开，一批产品中有接头卷材不应超过 3%，每卷卷材的接头不应超过 1 个。

③ 防水涂料（水皮优）为均匀黏稠体，无凝胶、结块。

④ 隔离膜与自黏胶体间不应由于气温变化出现不能分离的现象。

(7)尺寸检查见表 8-5。

表 8-5　尺寸检查

项　目	标 准 规 定	检 测 工 具
面积/(m²/卷)	面积不小于产品标记值的 99%	钢卷尺
端面里进外出	偏差不得超过 20 mm	钢卷尺
厚度	符合订单要求，误差按国标	游标卡尺

备注:防水涂料的保质期一般在 6 个月到 1 年之间,在验收前要注意保质期,如果在进场的时候剩下的保质期本来就不长了,再加上现场施工进度赶不上的话,就会导致防水涂料过期,从而造成经济利益的损失。

任务实施

任务 1　阅读防水卷材检测报告

防水卷材检测报告见表 8-6。

表 8-6　防水卷材检测报告

委托编号:试运行-010

报告编号:FS-20140002

委托单位:×××

工 程 名 称	半岛售房部			
使用部位	—		检验类别	试运行
见证单位	—		见证人及编号	—
生产厂名	××橡胶制品有限公司		样品来源	自行取样
代表批量	—		收样日期	2014-12-06
产品名称	高分子防水材料——三元乙丙		检验日期	2014-12-07
规格型号	JL1-EPDM-20.0 m×1.0 m×1.5 mm		签发日期	2014-12-08
依据标准	GB 18173.1—2012			
检验项目	标准要求		检验结果	单项判定
断裂拉伸强度（N/cm）	纵向拉力≥		28	—
	横向拉力≥		29	
扯断伸长率（%）	纵向≥		465	—
	横向≥		466	
撕裂强度（N）	纵向≥		31	—
	横向≥		28	
不透水性	—		三个试件无渗漏	—
低温柔性	上表面	—	五个试件无裂纹	—
	下表面		四个试件无裂纹	
低温弯折	纵向	试验温度下放置1h、纵横向各两块试件均无裂纹	两块试件无裂纹	—
	横向		两块试件无裂纹	
结论	—			
备注				

任务 2　参与工程防水卷材验收过程,对照防水卷材的验收要求,填写验收单。

防水卷材验收单见表 8-7。

表 8-7　防水卷材验收单

序　号	验　收　项	验收结果	备　注
	资料检查		
1	产品质量检验报告(需要加盖厂家公章,公章必须是红章)		
2	产品合格证原件		
	包装检查		
3	包装完整,包装上面的品牌、规格、型号应与订单要求一致		
4	确认产品包装的完整性		
5	防水涂料开桶时检测为均匀黏稠体,开桶无凝胶、结块		
6	防水材料净含量指允许正公差		
	对板检查:防水卷材观感效果及结构层次同验收原始样板		
7	卷材表面应平整,不允许有可见的缺陷,如空洞、结块、裂纹、气泡、缺边和裂口等		
8	成卷卷材易于展开,一批产品中有接头卷材不应超过 3%,每卷卷材的接头不应超过 1 个		
9	防水涂料(水皮优)为均匀黏稠体,无凝胶、结块		
10	隔离膜与自黏胶体间不应由于气温变化出现不能分离现象		
	尺寸检查		
11	面积(m²/卷):面积不小于产品标记值的 99%		
12	端面里进外出:偏差不得超过 20 mm		
13	厚度:符合订单要求,误差按国标		

课后练习与作业

一、填空题

1. 防水材料的作用是_____。

2. 防水材料包括_____和_____。

3. 柔性防水材料包括_____、_____和_____。

4. 目前市场上常见的三种合成高分子防水卷材是_____、_____和_____。

5. 目前应用的主流改性沥青防水卷材包括_____和_____。

二、选择题

1. 下列选项属于改性沥青防水卷材的有(　　)。

A. 自黏橡胶沥青防水卷材　　　　　B. APP 改性沥青防水卷材

C. SBS 改性沥青防水卷材   D. 聚合物改性沥青复合胎防水卷材

E. 氯化聚乙烯卷材

2. 下列选项属于合成高分子卷材的有（   ）。

A. 三元乙丙卷材   B. 聚氯乙烯卷材

C. 氯化聚乙烯卷材   D. 氯化聚乙烯-橡胶共混卷材

E. 自黏橡胶沥青防水卷材

3. 弹性体沥青防水卷材的必检项目有（   ）。

A. 拉力试验   B. 不透水性测定

C. 耐热度和柔度测定   D. 断裂延伸率测定

E. 延度测定

成绩评定单

成绩评定单如表8-8所示。

表 8-8 成绩评定单

检查项目	分项总分	个人自评(20%)	组内互评(30%)	教师评定(50%)
学习态度	20			
知识掌握	15			
技能应用	15			
任务完成	25			
爱护公物	10			
团队合作	15			
合计	100			

任务 2 防水材料的应用

教学目标

知识目标

（1）了解各类防水材料的特点。

（2）掌握各类防水材料的使用要求。

技能目标

（1）会根据条件选择适当的防水材料。

（2）能解决防水材料施工中的常见问题。

学习任务单

任务描述

对防水材料市场进行调查,搜集当前主流的各类防水材料的类型,并总结这些防水材料的特点和适用性。

咨询清单

（1）防水卷材的品种及其特点和适用性。
（2）防水涂料的品种及其特点和适用性。
（3）防水密封材料的品种及其特点和适用性。

成果要求

完成防水材料市场调查信息表。

完成时间

资讯学习 40 min,任务完成 40 min,评估 20 min。

资讯交底单

一、防水卷材的品种及其特点和适用性

1. 沥青防水卷材

沥青防水卷材是我国目前产量最大的防水材料,成本较低,属低档防水材料。目前,沥青防水材料的数量占整个防水工程的 80% 以上。但沥青防水卷材的温度敏感性高、耐热老化性差、拉伸强度和延伸率低,特别是用于室外暴露部位,受高温时易于流淌老化,受低温时易于脆裂变形,使用期短,维修费高。沥青类卷材被广泛应用于地下防水工程和振动变形较大的部位。

2. 改性沥青防水卷材

1）APP 改性沥青防水卷材

无规聚丙烯（APP）改性沥青防水卷材是采用玻璃纤维无纺布或聚酯纤维无纺布做胎基,以 APP 高分子聚合物对沥青改性后的混合物做涂层,表面用滑石粉或细砂撒布,或用聚乙烯薄膜覆面所制成的一种防水卷材。

该防水毡与普通油毡相比,其显著特点是耐高温、低温柔性好、抗拉强度大、延伸率好、耐候性强、单层防水使用寿命可达 15 年以上,是国际上近年来推广使用的新型防水卷材。

2）SBS 改性沥青防水卷材

SBS 改性沥青防水卷材是以玻璃纤维或聚酯纤维无纺布为胎基,以 SBS（SBS 是通过相继加入苯乙烯、丁二烯,然后再加入苯乙烯的办法制得,称为三段共聚物,也叫热塑性弹性体）改性沥青为浸涂层,撒布滑石粉或细砂而制得的一种防水卷材。

SBS 改性沥青防水毡兼有橡胶和塑料的特性,耐高、低温性,耐疲劳性和弹性明显提高。可以冷粘贴施工,也可以热熔施工。施工工艺简单,效率高,成本低。

3. 合成高分子防水卷材

1) 三元乙丙橡胶(EPDM)防水卷材

三元乙丙橡胶防水卷材是以三元乙丙橡胶为主体,掺入适量乙基橡胶、硫化剂、促进剂、软化剂和补强剂等,经过配料、密炼、拉片、过滤压延或挤出成形、硫化、检验和分卷等工序加工制成的一种高弹性防水卷材。

三元乙丙橡胶由于分子结构主链没有双键,当其受到臭氧、光和湿热作用时,主链不易断裂,该卷材耐老化性能比其他类型卷材优越,且使用寿命长。同时,这种卷材还具有质量轻(1.2~2.0 kg/m²)、使用温度宽(−40~+80 ℃)、抗拉强度高(7.5 MPa 以上)、延伸率大(450%以上)、对基层变形适应性强和可单层冷作业施工等特点,目前在国内属高档防水卷材。

2) 聚氯乙烯(PVC)防水卷材

聚氯乙烯防水卷材是以聚氯乙烯树脂为主要原料,以红泥(炼铝废渣)或经过特殊处理的黏土类矿物粉为填充料,并加适量改性剂、增塑剂、抗氧化剂和紫外线吸收剂等,经过混炼、造粒、压延、冷却、分卷和运装等工序制成的弹塑性防水卷材。

聚氯乙烯防水卷材的断裂延伸率为纸胎沥青油毡延伸率的 100 倍以上,而且对基层变形适应性较强。聚氯乙烯防水卷材尺寸稳定性、耐腐蚀性、耐细菌性均较好,适用于新建的翻修工程的屋面防水,也适用于水池和堤坝等防水抗渗工程。

3) 氯化聚乙烯-橡胶共混防水卷材

它是以氯化聚乙烯塑料和橡胶共混的方式制成的一种高分子卷材。这种共混卷材具有氯化聚乙烯特有的高强度和优异的耐候性,同时还表现出橡胶的高弹性、高延伸率及良好的耐低温性能。有些物理性能指标已接近或达到三元乙丙橡胶卷材的指标,其抗拉强度在 7.5 MPa 以上,断后伸长率在 450%以上,直角撕裂强度大于 2.5 MPa,−40 ℃低温脆性合格,耐候性和耐老化能力都比较好。

防水卷材在使用中通常配合冷底子油进行施工。冷底子油是用稀释剂(汽油、柴油、煤油、苯等)对沥青进行稀释的产物。它多在常温下用于防水工程的底层,故称冷底子油。冷底子油黏度小,具有良好的流动性。涂刷在混凝土、砂浆或木材等基面上,能很快渗入基层孔隙中,待溶剂挥发后,便与基面牢固结合。冷底子油形成的涂膜较薄,一般不单独作防水材料使用,只作某些防水材料的配套材料。在铺贴防水油毡之前涂布于混凝土、砂浆、木材等基层上,能很快渗入基层孔隙中,待溶剂挥发后,便与基面牢固结合。冷底子油可封闭基层毛细孔隙,使基层形成防水能力;作用是处理基层界面,以便沥青油毡便于铺贴,使基层表面变为憎水性面层,为黏结同类防水材料创造了有利条件。图 8-1 所示为防水卷材的铺贴。

图 8-1 防水卷材的铺贴

二、防水涂料的品种及其特点和适用性

防水涂料是指涂料形成的涂膜能够防止雨水或地下水渗漏的一种涂料，是为了适应建筑堵漏的需要发展起来的一种新型防水材料。它除具有防水卷材的基本特性外，还具有施工简单和易于维修等特点，特别适用于构造复杂部位的防水。

防水涂料可按涂料状态和形式分为乳液型防水涂料、溶剂型防水涂料、反应型高分子防水涂料和改性沥青防水涂料。

1. 溶剂型防水涂料

这类涂料种类繁多，质量也好，但是成本高，安全性差，使用不是很普遍。

2. 乳液型及反应型高分子防水涂料

这类涂料在工艺上很难将各种补强剂、填充剂、高分子弹性体均匀分散于胶体中，只能用研磨法加入少量配合剂，反应型聚氨酯为双组分，易变质，成本高。

3. 塑料型改性沥青防水涂料

这类产品能抗紫外线，耐高温性好，但断裂延伸性略差。

市场上常见的防水涂料有两大类。一是聚氨酯类防水涂料。这类材料一般是由聚氨酯与煤焦油作为原材料制成。它所挥发的焦油气毒性大，且不容易清除，因此于 2000 年在中国被禁止使用。尚在销售的聚氨酯类防水涂料，是用沥青代替煤焦油作为原料。但在使用这种涂料时，一般采用含有甲苯、二甲苯等的有机溶剂来稀释，因而也含有毒性。另一类为聚合物水泥基防水涂料。它由多种水性聚合物合成的乳液与掺有各种添加剂的优质水泥组成，聚合物（树脂）的柔性与水泥的刚性结为一体，使得它在抗渗性与稳定性方面表现优异。它的优点是施工方便、综合造价低、工期短，且无毒环保。因此，聚合物水泥基已经成为防水涂料市场上的主角。

不同沥青防水涂料品种及其适用性介绍如下：

（1）防水乳化沥青涂料，主要用于建筑物的防水；

（2）有色乳化沥青涂料，用于屋面的防水；

（3）阳离子乳化沥青防水涂料，主要用于水泥板、石膏板和纤维板的防水；

（4）非离子型乳化沥青防水涂料，主要用于屋面防水、地下防潮、管道防腐、渠道防渗、地下防水等；

（5）沥青基厚质防水涂料，主要用于屋面的防水；

（6）沥青油膏稀释防水涂料，用于屋面的防水；

（7）脂肪酸乳化沥青，用于屋面的防水；

（8）沥青防潮涂料，用于屋面的防水；

（9）厚质沥青防潮涂料，可做灌封材料；

（10）膨润土乳化沥青防水涂料，用于屋面防水、房层的修补漏水处、地下工程、种子库地面防潮；

（11）石灰乳化沥青防水涂料，主要用于屋面防水和建筑路面防水；

（12）氨基聚乙烯醇乳化沥青防水涂料，主要用于防水涂层；

（13）丙烯酸树脂乳化沥青，可用于修补和变质的沥青表面，如道路路面的防水层；

（14）沥青酚醛防水涂料，主要用于屋面、地下防水；

（15）沥青氯丁橡胶涂料，用于屋面的防水。

图8-2所示为防水涂料的涂刷。

图8-2　防水涂料的涂刷

三、防水密封材料的品种及其特点和适用性

防水密封材料是指主要用于建筑物人为设置的伸缩缝、沉降缝、建筑结构节点、构件间的结合部、门窗框四周、玻璃镶嵌部等，能起到气密性和水密性作用的材料。防水密封材料能起到防水、防尘、隔音、保温等作用。随着人们对建筑工程质量和日常使用安全的重视程度不断地提高，防水密封材料已成为各类建筑不可缺少的功能材料。

根据密封胶的形态不同，可将其分为膏状密封胶、液态弹性体密封胶、热熔密封胶和液体密封胶四类。

膏状密封胶：这类密封胶属低级别密封胶，通常采用3种主要材料：油和树脂、聚丁烯、沥青。常用于密封小窗户的固定玻璃，其接缝移动变形量最大为＋5％或－5％，使用有效期一般为2年。

液态弹性体密封胶：这类密封胶包括经硫化可形成弹性状态的液态聚合物。它们具有承受重复的接缝变形能力。液态弹性体密封胶使用寿命一般为15～20年。这类密封胶具有较高的黏结力和剪切强度，室温下具有良好的柔软性。其缺点为价格高，通常情况下需要底胶，双组分密封胶现场混合不方便，硫化时对温度和湿度敏感等。

热熔密封胶：热熔密封胶又称为热施工型密封胶，是指以弹性体同热塑性树脂掺合物为基料的密封胶。热熔密封胶可配制成性能接近于液体弹性体密封胶，但它比液体弹性体密封胶优越的是不需要加入硫化剂。

液体密封胶：这类密封胶主要用于机械结合面的密封，以代替固体密封材料（纸片、石棉、软木和硫化橡胶），以防止机械内部流体从结合面泄漏，所以液体密封胶又称为液体垫圈。

建筑用密封胶的总体特征表现为以下方面：①体积收缩大；②硬化时间不固定，无强韧性，在有伸缩的部位不适用，非弹性（中等）密封胶不适于用在伸缩部位；③从表面开始硬化，便于施工；④固化速度因温度、湿度不同而异；⑤体积收缩不大，易发泡；⑥需要混合操作；⑦体积收缩率小；⑧固化较快；⑨施工温度影响固化速度。

常用的密封胶品种：硅酮密封胶、聚氨酯密封胶、聚硫密封胶、丙烯酸密封胶、厌氧密封胶、环氧密封胶、丁基密封胶、氯丁密封胶、PVC密封胶、沥青密封胶。

1. 硅酮密封胶

硅酮玻璃胶是一种类似软膏，一旦接触空气中的水分就会固化成一种坚韧的橡胶类固体的材料。硅酮玻璃胶的黏结力强，拉伸强度大，同时又具有耐候性、抗振性，以及防潮、抗臭气和适应冷热变化大的特点。加之其较广泛的适用性，能实现大多数建材产品之间的黏合，因此应用价值非常大。硅酮玻璃胶由于不会因自身的重量而流动，所以可以用于过顶或侧壁的接缝而不发生下陷、塌落或流走。它主要用于干洁的金属、玻璃，大多数不含油脂的木材、硅酮树脂、加硫硅橡胶、陶瓷、天然及合成纤维，以及许多油漆塑料表面的黏结。质量好的硅酮玻璃胶在零摄氏度以下使用不会发生挤压不出、物理特性改变等现象。

2. 聚氨酯密封胶

聚氨酯密封胶为高强度、高模量、黏结类聚氨酯多用途密封胶，单组分，室温湿气固化，高固含量，耐候性好，弹性好，固化过程中及固化后不会产生任何有害物质，对基材无污染。表面可漆性强，可在其表面涂覆多种漆和涂料。可用于活动板房的缝密封，以及钢材和铝材之间的黏结。

3. 聚硫密封胶

聚硫密封胶是以液态聚硫橡胶为主体材料，配合以增黏树脂、硫化剂、促进剂、补强剂等制成的密封胶。此类密封胶具有优良的耐燃油、液压油、水和各种化学药品性能以及耐热和耐大气老化性能。

聚硫密封胶适用于中空玻璃密封、金属、混凝土幕墙接缝、地下工程（如隧道、涵洞）、水库、蓄水池等构筑物的防水密封，以及公路路面、飞机跑道等伸缩缝的伸缩密封、建筑物裂缝的修补恢复密封。

4. 丙烯酸密封胶

丙烯酸密封胶含有甲基丙烯酸单体、丙烯酸酯共聚物、苯偶姻丙醚、α—甲基苯乙烯低聚物和活化剂等，在较宽的温度范围内有良好的流动性，固化时有良好的耐气候性。主要用于各类大型墙板、门窗及屋面板之间的密封防水工程。

5. 厌氧密封胶

厌氧密封胶的特点如下。①厌氧密封胶的特点是具有厌氧性，因此它的主要特点为"厌氧性固化"，即在空气中呈液态，一旦与空气隔绝，在室温下能自行聚合固化，形成硬性胶层，使组件牢固地胶接和密封。②使用厌氧密封胶不受时间限制，表面余胶清除方便，固化不必加热，固化速度快。尤其是它为单组分胶液，使用时不必称重调配，特别适用于流水生产线上。厌氧密封胶不含溶剂，固化后收缩率小，胶层耐振动和耐腐蚀性好。③厌氧密封胶在使用前呈胶水状液体，流动性好，能很好地渗入到机械零件细小缝隙中，因此它的浸润性好，在常温下化学稳定性好。

厌氧密封胶的用途如下。①用于管道螺纹接头、螺纹零件及较小的结合平面上作耐压密封、静密封，可省去密封圈、垫片、麻丝、铅油等；用于液压件或阀门的结合面，密封效果良好。特别是用在油压较高（5～32 MPa）的管接头上，更显出其优点。②用于振动、冲击条件下工作的机械中，它用做不经常拆卸的螺纹件紧固、防松、防漏材料，可以省去防松弹簧垫圈、制动螺母、开口销等零件,能达到既紧固又密封的作用。③用于各种键、轴承的固定,填充或堵塞部件的间隙和裂隙等。

此外,要注意厌氧密封胶不准用于高压氧和液态氧中,以免发生意外。也不适于黏结多孔材料(如泡沫塑料)。

6. 丁基密封胶

丁基密封胶是以异丁烯类聚合物为主体材料的密封胶,为世界上耗量最大的4种密封胶之一。这种胶具有优异的耐天候老化、耐热、耐酸碱性能及优良的气密性和电绝缘性,可分为硫化型、非硫化型和热熔型。其中非硫化型又可分为溶剂挥发型、预成型胶条和丁基密封膏(腻子)。溶剂挥发型是经混炼、剪碎、溶解而制成;预成型胶条则是经混炼、挤出而制成;丁基密封膏可用溶解法或三辊机研磨的方法制造。丁基密封胶广泛用于各种机械、管道、玻璃安装、电缆接头等密封及建筑物、水利工程等方面。

热熔丁基密封胶是一种以聚异丁烯橡胶为基料的单组分、无溶剂、不出雾、不硫化,具有永久塑性的中空玻璃第一道密封剂。热熔丁基密封胶可在较宽温度范围内保持其塑性和密封性,且表面不开裂、不变硬。它对玻璃、铝合金、镀锌钢、不锈钢等材料有良好的黏合性。由于其极低的水蒸气透过率,它可以与弹性密封剂一起构成一个优异的抗湿气系统。其特点是密封效果好、质量容易保证;无需固化期,省省占地面积;属环保产品,使用无浪费,环境清洁;节省时间、原材料、人工,降低生产成本。

7. 氯丁密封胶

氯丁密封胶是以氯丁橡胶和沥青为基料,加入溶剂等加工而成的单组分密封胶。这种胶具有干燥快、强度高、黏结性好、防水、防振、耐候性好、不易龟裂脱落、使用寿命长等特点。其主要用于门、窗框与墙的密封。

任务实施

请完成防水材料调研信息表,如表8-9所示。

表8-9 防水材料调研信息表

防水材料类型	防水材料品种	特　性	应　用

课后练习与作业

一、填空题

(1) 三元乙丙橡胶卷材适用于_____的防水工程。

(2) 对于屋面防水材料,主要要求其具有_____性质。

二、判断题

(1) 石油沥青的技术牌号越高,其综合性能越好。　　　　　　　　　　　(　　)

(2) 夏季高温时的抗剪强度不足和冬季低温时的抗变形能力过差,是引起沥青混合料铺筑的路面产生破坏的重要原因。　　　　　　　　　　　　　　　　　　(　　)

三、选择题

1. 三元乙丙橡胶防水卷材与传统沥青防水卷材相比,所具备的下列特点中(　　)是错误的?

A. 防水性能优异　　　　　　　　　　　　B. 耐老化性能好

C. 弹性和抗拉强度大　　　　　　　　　　D. 使用范围在−30~90 ℃,寿命达25年

2. 下列不宜用于屋面防水工程中的沥青是(　　)

A. 建筑石油沥青　　　　　　　　　　　　B. 煤沥青

C. SBS改性沥青　　　　　　　　　　　　D. APP改性沥青

四、实践应用

某商场地下室仓库,用涂料做防水层,采用外防内涂施工方法,选用的是水乳性丁苯橡胶改性沥青防水涂料。一年后发生局部渗漏,经检查发现,涂布厚度为1 mm,搭接缝有的大于100 mm,有的小于100 mm,试分析原因。

成绩评定单

成绩评定单如表8-10所示。

表8-10　成绩评定单

检查项目	分项总分	个人自评(20%)	组内互评(30%)	教师评定(50%)
学习态度	20			
知识掌握	15			
技能应用	15			
任务完成	25			
爱护公物	10			
团队合作	15			
合计	100			

9

绝热与吸声材料的应用

绝热和吸声材料都是功能性材料的重要品种。建筑节能的主要途径是采用保温绝热材料，有效地运用吸声材料可以保持室内良好的声环境和减少噪声污染。绝热材料和吸声材料的应用，对提高人民的生活质量有着非常重要的作用。

任务 1 绝热材料的应用

教学目标

知识目标

（1）了解绝热材料的主要类型。

（2）掌握绝热材料的性能特点及应用。

技能目标

能够正确应用绝热材料。

学习任务单

任务描述

某学校学术交流中心主体建设完毕后需要对其墙壁内外进行装修，要求外墙隔热，内墙保温。师傅要求小王对市场上的绝热保温材料进行考察，挑选出适合的产品，并指导工人正确使用，确保工程质量。你能帮助小王完成这些工作任务吗？

咨询清单

（1）材料的绝热机理。

（2）绝热材料的性能。

（3）常用绝热材料的种类及应用。

成果要求

根据绝热材料市场调查情况,整理一份产品信息清单,并推荐一种适合某学校学术交流中心内外墙保温要求的绝热材料。

完成时间

资讯学习 20 min,任务完成 20 min,评估 10 min。

资讯交底单

一、绝热材料的绝热机理

1. 热量传递方式

热量的传递有三种方式,即导热、对流、辐射。导热是指由于物体各部分直接接触的物质质点(分子、原子、自由电子)做热运动而引起的热能传递过程。对流是指较热的液体或气体因热膨胀而密度减小从而上升,冷的液体或气体由此补充过来,从而形成分子的循环流动,造成热量从高温地方移至低温地方。热辐射是一种靠电磁波来传递能量的过程。

2. 热量传递过程

在每一个实际传热过程中,往往都同时存在两种或三种传热方式。例如,通过实体结构本身的传热过程,主要是靠导热,但一般建筑材料内部都会存在孔隙,在孔隙内除了存在气体的导热外,同时还有对流和热辐射。

绝大多数建筑材料的导热率 λ 介于 $0.029 \sim 3.49$ W/(m·K)之间,热导率 λ 越小说明该材料越不易导热。建筑中一般把 λ 值小于 0.23 W/(m·K)的材料叫作绝热材料。应当指出,即使用同一种材料,其导热率也并不是常数,它与材料的湿度和温度等因素有关。

3. 绝热材料的绝热作用机理

按结构特点绝热材料一般分为三种类型:多孔型绝热材料、纤维型绝热材料和反射型绝热材料。三种结构特点的绝热材料其绝热作用机理不同。

图 9-1 多孔型绝热材料传热过程

1)多孔型绝热材料

多孔型绝热材料起绝热作用的机理可由图 9-1 说明,当热量 Q 从高温面向低温面传递时,在未碰到气孔之前,传递过程为固相中的导热,在碰到气孔后,传热线路可分为两条:一条路线仍是通过固相传递,但其传热方向发生变化,总的传热路线大大增加,从而使传递速率减缓;另一条路线是通过气孔内气体的传热,其中包括高温固体表面气体的辐射与对流传热、气体自身的对流传热、气体的导热、热气体对低温固体表面的辐射及对流传热、热固体表面和冷固体表面之间的辐射传热。由于在常温下对流和辐射传热在总的传热过程中所占比例很小,而气孔中气体的热导率仅为 0.029 W/(m·K),远远小于固体导热率,所以热量通过气孔传递的阻力较大,从而传热速率大大减缓。

2）纤维型绝热材料

纤维型绝热材料的绝热机理基本上和多孔型绝热材料的情况相似。传热方向和纤维方向垂直时,由于纤维可对空气的对流起有效的阻止作用,因此绝热性能比传热方向平行时好,如图9-2所示。

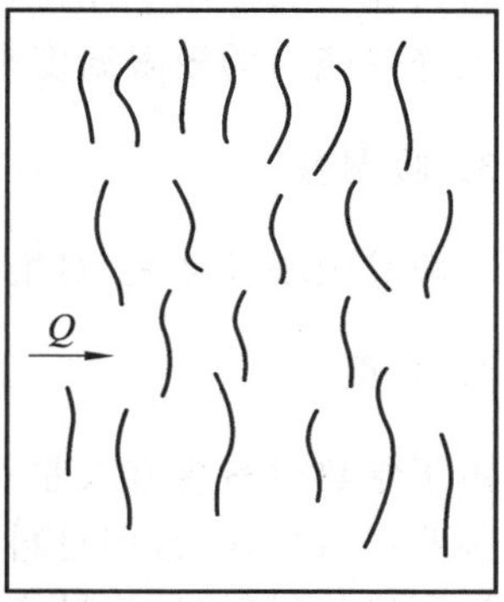

3）反射型绝热材料

当外来的热辐射能量 I_0 投射到物体上时,通常会将其中一部分能量 I_B 反射掉,另一部分 I_A 被吸收(一般建筑材料都不能穿透热射线,故透射部分忽略不计)。根据能量守恒原理,则

$$I_A + I_B = I_0$$

即

$$\frac{I_A}{I_0} + \frac{I_B}{I_0} = 1$$

图 9-2　纤维型绝热材料传热过程

式中:比值 $\frac{I_A}{I_0}$ 说明材料对热辐射的吸收性能,用吸热率"A"表示;比值 $\frac{I_B}{I_0}$ 说明材料的反射性能,用反射率"B"表示。

即

$$A + B = 1$$

由此可以看出,凡是反射能力强的材料,吸收热辐射的能力就小,反之,如果吸收能力强,则其反射率就小。故利用某些材料对热辐射的反射作用(如铝箔的反射率为0.95),在需要绝热的部位表面贴上这种材料,可以将绝大部分外来热辐射(如太阳光)反射掉,从而起到绝热作用。

二、绝热材料的性能

1. 热导率

材料的热导率大小与组成结构、孔隙率、孔隙特征、温度、湿度、热流方向有关。

材料的热导率受自身物质的化学组成和分子结构影响。化学组成和分子结构比较简单的物质比结构复杂的物质有较大的热导率。

由于固体物质的热导率比空气的热导率大得多,故一般来说,材料的孔隙率越大,其热导率越小。材料的热导率不仅与孔隙率有关,而且还与孔隙的大小、分布、形状及连通状况有关。当孔隙率相同时,含封闭孔多的材料热导率就要小于含开口多的材料。

温度升高时,材料固体分子的热运动增强,同时材料孔隙中空气的导热和孔壁间的辐射作用也有所增加,因此,材料的热导率是随温度的升高而增大的。

水的热导率为 $0.60\ W/(m \cdot K)$,冰的热导率为 $2.20\ W/(m \cdot K)$,都远远大于空气的热导率,因此,一旦材料受潮吸水,其热导率会增大,若吸收的水分结冰,其热导率增加更多,绝热性能急剧降低。

对于纤维状材料,热流方向与纤维排列方向垂直时的热导率要小于热流方向与纤维排列方向平行时的热导率。

2．温度稳定性

材料在受热作用下保持其原有性能不变的性质,称为绝热材料的温度稳定性。通常用其不致丧失绝热能力的极限温度来表示。

3．吸湿性

一般其吸湿性越大,对绝热效果越不利。

4．强度

由于绝热材料含有大量孔隙,故其强度一般都不大,因此不宜将绝热材料用于承重部位。对于某些纤维材料,常用材料达到某一变形时的承载能力作为其强度代表值。

选用绝热材料时,热导率不宜大于 0.23 W/(m·K),体积密度不宜大于 600 kg/m³。块状材料的抗压强度不低于 0.3 MPa。

三、常用绝热材料的种类及应用

常用绝热材料(如图 9-3 所示)的主要组成、特性和应用见表 9-1。

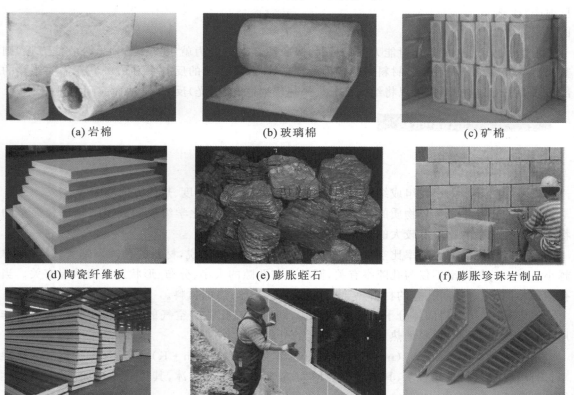

(a) 岩棉　　　　　　　　(b) 玻璃棉　　　　　　　(c) 矿棉

(d) 陶瓷纤维板　　　　　(e) 膨胀蛭石　　　　　　(f) 膨胀珍珠岩制品

(g) 聚苯乙烯泡沫塑料　　(h) 硬质聚氨酯泡沫塑料　(i) 塑料蜂窝板

图 9-3　常见的绝热材料

表 9-1　常用绝热材料的主要组成、特性和应用

品　种	主要组成材料	主　要　性　质	主　要　应　用
矿渣棉	熔融矿渣用离心法制成的纤维絮状物	体积密度为 110~130 kg/m³，导热系数小于 0.044 W/(m·K)，最高使用温度为 600 ℃	绝热保温填充材料
岩棉	熔融岩石用离心法制成的纤维絮状物	体积密度为 80~150 kg/m³，导热系数小于 0.044 W/(m·K)	绝热保温填充材料
沥青岩棉毡	以沥青黏结岩棉，经压制而成	体积密度为 130~160 kg/m³，导热系数为 0.049~0.052 W/(m·K)，最高使用温度为 250 ℃	墙体、屋面、冷藏库等
岩棉板/管壳/带	以酚醛树脂黏结岩棉，经压制而成	体积密度为 80~160 kg/m³，导热系数为 0.040~0.050 W/(m·K)，最高使用温度为 400 ℃~600 ℃	墙体、屋面、冷藏库、热力管道等
玻璃棉	熔融玻璃用离心法等制成的纤维絮状物	体积密度为 8~40 kg/m³，导热系数为0.040~0.050 W/(m·K)，最高使用温度为 400 ℃	绝热保温填充材料
玻璃棉毡/带/毯/管壳	玻璃棉、树脂胶等	体积密度为 8~120 kg/m³，导热系数为 0.040~0.058 W/(m·K)，最高使用温度为 350 ℃~400 ℃	墙体、屋面等
膨胀珍珠岩	珍珠岩等经焙烧、膨胀而得	堆积密度为 40~300 kg/m³，导热系数为 0.025~0.048 W/(m·K)，最高使用温度为 800 ℃	保温绝热填充材料
膨胀珍珠岩制品（块、板、管壳）	以水玻璃、水泥、沥青等胶结膨胀珍珠岩而成	体积密度为 200~500 kg/m³，导热系数为 0.055~0.116 W/(m·K)，抗压强度为 0.2~1.2 MPa，以水玻璃膨胀珍珠岩制品的性能最好	屋面、墙体、管道等，但沥青珍珠岩制品仅适合在常温或负温下使用
膨胀蛭石	蛭石经焙烧、膨胀而得	堆积密度为 80~200 kg/m³，导热系数为 0.046~0.070 W/(m·K)，最高使用温度为 1 000 ℃~1 100 ℃	保温绝热填充材料
膨胀蛭石制品（块、板、管壳等）	以水泥、水玻璃等胶结膨胀蛭石而成	体积密度为 300~400 kg/m³，导热系数为 0.076~0.105 W/(m·K)，抗压强度为 0.2~1.0 MPa	屋面、管道等

续表

品　种	主要组成材料	主　要　性　质	主　要　应　用
泡沫玻璃	碎玻璃、发泡剂等经熔化、发泡而得，气孔直径为 0.1～5 mm	体积密度为 150～600 kg/m³，导热系数为 0.054～0.128 W/(m·K)，抗压强度为 0.8～15 MPa，吸水率小于 0.2%，抗冻性高，最高使用温度为 500 ℃，为高效保温绝热材料	墙体或冷藏库等
聚苯乙烯泡沫塑料	聚苯乙烯树脂、发泡剂等经发泡而得	体积密度为 15～50 kg/m³，导热系数为 0.030～0.047 W/(m·K)，抗折强度为 0.15 MPa，吸水率小于 0.03 g/cm²，耐腐蚀性高，最高使用温度为 80 ℃，为高效保温绝热材料	墙体、屋面、冷藏库等
硬质聚氨酯泡沫塑料	异氰酸酯和聚醚或聚酯等经发泡而得	体积密度为 30～45 kg/m³，导热系数为 0.017～0.026 W/(m·K)，抗压强度为 0.25 MPa，耐腐蚀性高，体积吸水率小于 1%，使用温度为 −60 ℃～120 ℃，可现场浇注发泡，为高效保温绝热材料	墙体、屋面、冷藏库、热力管道等
塑料蜂窝板	蜂窝状芯材两面各粘贴一层薄板而成	导热系数为 0.046～0.058 W/(m·K)，抗压强度与抗折强度高，抗震性好	围护结构

　　绝热材料在选择应用时，应注意不同绝热材料的适用温度。绝热材料根据使用温度限度可以分为高温用绝热材料、中温用绝热材料和低温用绝热材料三类。

　　高温用绝热材料，使用温度可在 700 ℃以上。这类纤维质材料有硅酸铝纤维和硅纤维等；多孔质材料有硅藻土、蛭石加石棉和耐热黏合剂等制品。

　　中温用绝热材料，使用温度在 100～700 ℃之间。中温用纤维质材料有气凝胶毡、石棉、矿渣棉和玻璃纤维等；多孔质材料有硅酸钙、膨胀珍珠岩、蛭石和泡沫混凝土等。

　　低温用绝热材料，使用温度在 100 ℃以下的保冷工程中。

　　绝热材料在建筑中常见的应用类型及设计选用应符合 GB/T 17369—2014《建筑用绝热材料性能选定指南》的规定。选用时除应考虑材料的导热系数[导热系数不大于 0.175 W/(m·K)]外，还应考虑材料的吸水率、燃烧性能、强度等指标。2012 年，我国绝热材料行业的主营产品类型变化较大，泡沫塑料类绝热材料供需增长较快，矿物纤维类绝热材料所占份额基本保持稳定，硬质类绝热材料制品所占比例呈现逐年下降趋势。

任务实施

　　根据绝热材料市场调查情况，整理一份产品信息清单（见表 9-2），并推荐一种适合某学校学术交流中心内外墙保温要求的绝热材料。

表 9-2　绝热材料产品信息清单

材料名称	类　型	特　点	适 用 性	单　价	备　注

某学校学术交流中心内墙保温材料推荐选择：_____。

推荐理由：_____。

某学校学术交流中心外墙保温材料推荐选择：_____。

推荐理由：_____。

课后练习与作业

一、填空题

1. 热量的传递方式有_____、_____和_____。

2. _____称为导热性，用_____表示，单位是_____。

3. 对绝热材料的要求是：导热系数_____，表观密度≤_____，抗压强度≥_____。

二、单选题

1. 保温隔热材料的导热系数与下列因素的关系，以下哪个叙述不正确？（　　　）。

A. 表观密度较小的材料，其导热系数也较小

B. 材料吸湿受潮后，其导热系数将增大

C. 对于各向异性的材料，当热流平行于纤维的延伸方向时，其导热系数将减小。

D. 材料的温度升高以后，其导热系数将增大

2. 下列哪种材料不适合用于钢筋混凝土屋顶屋面上？（　　　）

A. 膨胀珍珠岩　　　　B. 岩棉　　　　C. 水泥膨胀蛭石　　　　D. 加气混凝土

成绩评定单

成绩评定单如表 9-3 所示

表 9-3　成绩评定单

检查项目	分项总分	个人自评(20％)	组内互评(30％)	教师评定(50％)
学习态度	20			
知识掌握	15			
技能应用	15			
任务完成	25			
爱护公物	10			
团队合作	15			
合计	100			

任务 2　吸声材料的应用

教学目标

知识目标
了解吸声材料的主要类型、性能特点及应用

技能目标
能够正确选用吸声材料。

学习任务单

任务描述
某学校会议室主体建设完毕后需要对其进行装修,要求内墙装有吸声材料。师傅要求小王对市场上的吸声材料进行考察,挑选出适合的产品,指导工人正确使用,确保工程质量。你能帮助小王完成这些工作任务吗?

咨询清单
(1) 吸声材料的作用原理。
(2) 吸声材料的类型、特点及应用。

成果要求
为学校会议室选择合适的吸声材料。

完成时间
资讯学习 20 min,任务完成 20 min,评估 10 min。

资讯交底单

一、吸声材料作用原理

声音起源于物体的振动,如说话时声带的振动(声带和鼓皮称为声源)。声源的振动迫使临近的空气跟着振动从而形成声波,并在空气介质中向四周传播。

声音在传播的过程中,一部分由于声能随着距离的增大而扩散,另一部分则因空气分子的吸收而减弱。当声波遇到材料表面时,被吸收声能(E)与入射声能(E_0)之比,称为吸声能系数 α,即

$$\alpha = \frac{E}{E_0} \times 100\%$$

假如入射声能的 55% 被吸收,其余 45% 被反射,则材料的吸声系数就等于 0.55。当入射声能 100% 被吸收,而无反射时,吸声系数等于 1。当门窗开启时,吸声系数相当于 1。只有悬挂的空间吸声体,由于有效吸声面积大于计算面积可出现吸声系数大于 1 的情况。

材料的收声系数与声波的方向、声波的频率及材料中的气孔有关。为了全面反映材料的吸声特性,通常取 125 Hz、250 Hz、500 Hz、1 000 Hz、2 000 Hz、4 000 Hz 六个频率的平均吸声系数表示材料的吸声性能。凡六个频率的平均吸声系数大于 0.2 的材料,可称为吸声材料。材料的吸声系数越高,吸声效果越好。在音乐厅、影剧院、大会堂、播音室等内部的墙面、地面、顶棚等部位适当采用吸声材料,能改善声波在室内传播的质量,保持良好的音响效果。

为达到较好的吸声效果,材料的气孔应是开放的,且应相互连通,气孔越多,吸声性能越好。大多数吸声材料强度较低,因此应设置在护壁台以上,以免撞坏。吸声材料易于吸湿,安装时应考虑到胀缩的影响。此外还应考虑防火、防腐、防蛀等问题。

吸声材料的应用非常广泛,大量应用于室内墙壁、顶棚上,如图 9-4 所示。

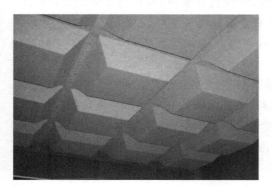 

图 9-4　吸声材料的应用

二、吸声材料的类型、特点及应用

1. 多孔吸声材料

多孔吸声材料按选材的物理特性和外观主要分为有机纤维材料、无机纤维材料、金属吸声材料和泡沫材料四大类。

1) 有机纤维材料

有机纤维材料早期使用的主要是植物纤维制品,如棉麻纤维、毛毡、甘蔗纤维板、木质纤维板、水泥木丝板以及稻草板等有机天然纤维材料。之后,使用的主要是有机合成纤维材料,主要是化学纤维,如腈纶棉、涤纶棉等。这些材料在中高频范围内具有良好的吸声性能,但防火、防腐、防潮性能较差,在超高频声波场中几乎没有吸声作用。

2) 无机纤维材料

无机纤维材料如玻璃棉、矿渣棉和岩棉等这类材料不仅具有良好的吸声性能,而且具有质轻、不腐、不易老化、价格低廉等特点,从而代替了天然纤维材料,在声学工程中广泛应用。但无机纤维材料也存在易断、受潮后吸声性能急剧下降、质地较软且需外加复杂的保护层等缺点。

3) 金属吸声材料

金属吸声材料是一种新型实用的工程材料,20世纪70年代后期出现于发达工业国家。如今,比较典型的金属吸声材料是铝纤维吸声板和变截面金属纤维材料。铝纤维吸声板超薄质轻,吸声性能优异;强度高,加工、安装方便;耐候、耐高温性能良好;不含有机黏结剂,可回收利用。因此,铝质纤维材料在国外使用普遍,较多使用在音乐厅、展览馆、教室、高速公路或冷却塔的声屏障,以及地铁、隧道等地下潮湿环境做吸声材料。

4) 泡沫材料

泡沫材料有开孔型和闭孔型之分。如吸声泡沫塑料、吸声泡沫玻璃、吸声陶瓷、吸声泡沫混凝土等都属于开孔型,具有较好的吸声效果;如聚苯乙烯泡沫、隔热泡沫玻璃、普通泡沫混凝土等都属于闭孔型,吸声性能很差,主要体现保温隔热功能。

泡沫材料依据物理和化学性质不同可分为泡沫金属、泡沫塑料、泡沫玻璃、聚合物基复合泡沫等吸声材料。

泡沫金属经过发泡处理在金属内部形成大量气泡,不仅具有吸声、减震的效果,而且继承了金属材料强度大、导热性好、耐高温等优点,同时还具有良好的电子屏蔽性和抗腐蚀性。

泡沫塑料拥有良好的韧性、延展性及耐热性,是一种理想的隔热吸声材料。例如聚氨酯泡沫塑料。

泡沫玻璃是以玻璃粉为原料,加入发泡剂及其他外掺剂经高温焙烧而成的轻质块状材料,空隙率达85%以上。开孔结构特征的多作为吸声材料,闭孔结构特征的多作为隔热保温材料。

复合泡沫吸声材料是通过化学发泡的方法使聚合物-无机物复合体系发泡,形成的一种新型的多孔型吸声材料,如PVC(聚氯乙烯)-无机物复合泡沫材料、PVC-岩棉复合泡沫材料,对于低频声音有较好的吸声性能,且宜加工成型。

2. 穿孔板共振吸声结构

多孔吸音材料普遍对低频声吸收性能较差,采用共振吸声结构,则可以改善低频吸声性能。

共振吸声结构是利用共振原理制成的,穿孔板共振吸声结构为其中的常见吸声结构之一(见图9-5)。共振吸声结构具有封闭的空腔和较小的开口,很像一个瓶子。当瓶腔内空气受到外力激荡,会按一定的频率振动,这就是共振吸声器。每个单独的共振器都有一个共振频率,在其共振频率附近,由于颈部空气分子在声波的作用下像活塞一样进行往复运动,因摩擦而消耗声能。若在口腔蒙一层细布或疏松的棉絮,可以加宽和提高共振率范围的吸声量。为了获得较宽频带的吸声性能,常采用组合共振吸声结构或穿孔板组合共振吸声结构。在薄板上打上小孔,在板后与刚性壁面之间留一定深度的空腔就组成了穿孔板共振吸声结构,按薄板上穿孔的数目分为单孔共振吸声结构和多孔共振吸声结构。制作这种吸声结构的材料有钢板、铝板、塑料板、石膏板等。可形成穿孔胶合板、穿孔纤维水泥板、穿孔纸面石膏板、穿孔金属板等一般吸收中频声波,与多孔材料结合吸收中高频声波,背后用大空腔还能吸收低频声波。

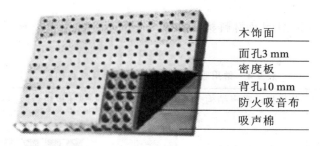

木饰面
面孔3 mm
密度板
背孔10 mm
防火吸音布
吸声棉

图 9-5 穿孔板共振吸声结构

3. 薄膜吸声结构

塑料薄膜、帆布、人造革等薄膜属中频吸声材料,薄膜与其后面的空腔构成薄膜吸声结构,可吸收低中频声波。

4. 薄板振动吸声结构

薄板振动吸声的特点是具有低频吸声特性,同时还有助于声波的扩散。建筑中常用的产品有胶合板、薄木板、硬质纤维板、石膏板、石棉水泥板或金属板等,把它们固定在墙或顶棚的龙骨上,并在背后留有空层,即成薄板振动吸声结构。

薄板振动吸声结构是在声波的作用下发生振动,板振动时由于板内部和龙骨间出现摩擦损耗,使声能转变为机械振动,而起吸声作用。由于低频声波比高频声波容易使薄板产生振动,所以具有低频吸声特性。建筑中常用的薄板振动吸声结构的共振频率在 $80\sim300$ Hz 之间,在此共振频率附近吸声系数最大,为 $0.2\sim0.5$,而在其他频率附近的吸声系数就较小。

5. 柔性吸声材料

柔性吸声材料是具有密闭气孔和一定弹性的材料,如聚氯乙烯泡沫塑料,虽多孔,但因具有密闭气孔,声波引起的空气振动不宜直接传递至材料内部,只能相应地产生振动,在振动过程中由于克服材料内部的摩擦而消耗了声能,引起声波衰减。这种材料的吸声性能是在一定的频率范围内出现一个或多个吸收频率。

6. 悬挂空间吸声体

将吸声材料做成各种形状的空间吸声体吊挂在空中,因其吸声面积比投影面积大得多,按投影面积计算,其吸声系数可大于 1。悬挂于空间的吸声体,由于声波与吸声材料的两个或两个以上的表面接触,增加了有效的吸声面积,产生边缘效应,加上声波的衍射作用,大大提高了实际的吸声效果。悬挂空间吸声体有平板形、球形、圆锥形、棱锥形等多种形式。实际使用时,可根据不同的使用地点和要求,设计合适的形式悬挂在顶棚下。

7. 帘幕吸声体

帘幕吸声体是用具有通气性能的纺织品安装在离墙面或窗洞一定距离处,背后设置空气层面构成的,具有中、高频吸声特性,其吸声效果与材料种类和褶皱有关。帘幕吸声体安装、拆卸方便,兼具装饰作用。

常用吸声结构的构造图例及材料构成如表 9-4 所示。常用吸声材料的吸声系数如表 9-5 所示。

表 9-4　常用吸声结构的构造图例及材料构成

类　别	多孔吸声材料	薄板振动吸声结构	共振吸声结构	穿孔板组合吸声结构	特殊吸声结构
构造图例					
举例	玻璃棉 矿棉 木丝板 半穿孔纤维板	胶合板 硬质纤维板 石棉水泥板 石膏板	共振吸声器	穿孔胶合板 穿孔铝板 微穿孔板	悬挂空间吸声体、帘幕吸声体

表 9-5　常用吸声材料的吸声系数

材　料	厚度/cm	各种频率下的吸声系数						装置情况
		125	250	500	1 000	2 000	4 000	
(1) 无机材料								
石膏板(有花纹)	—	0.03	0.05	0.06	0.09	0.04	0.06	贴实
水泥蛭石板	4.0	—	0.14	0.46	0.78	0.50	0.60	贴实
石膏砂浆(掺水泥、玻璃纤维)	2.2	0.24	0.12	0.09	0.30	0.32	0.83	墙面粉刷
水泥膨胀珍珠岩板	5	0.16	0.46	0.54	0.48	0.56	0.56	贴实
水泥砂浆	1.7	0.21	0.16	0.25	0.40	0.42	0.48	
砖(清水墙面)	—	0.02	0.03	0.04	0.04	0.05	0.05	
(2) 木质材料								
软木板	2.5	0.05	0.11	0.25	0.63	0.70	0.70	贴实
木丝板	3.0	0.10	0.36	0.62	0.53	0.71	0.90	定在桩骨上,后留 10 cm 空气层
三夹板	0.3	0.21	0.73	0.21	0.19	0.08	0.12	定在桩骨上,后留 5 cm 空气层
穿孔五夹板	0.5	0.01	0.25	0.55	0.30	0.16	0.19	定在桩骨上,后留 5 cm 空气层
木质纤维板	1.1	0.06	0.15	0.28	0.30	0.33	0.31	定在桩骨上,后留 5 cm 空气层

续表

材　料	厚度/cm	各种频率下的吸声系数						装　置　情　况
		125	250	500	1 000	2 000	4 000	
（3）泡沫材料								
泡沫玻璃	4.4	0.11	0.32	0.52	0.44	0.52	0.33	贴实
脲醛泡沫塑料	5.0	0.22	0.29	0.40	0.68	0.95	0.94	贴实
泡沫水泥（外面粉刷）	2.0	0.18	0.15	0.22	0.48	0.22	0.32	紧靠墙面
吸声蜂窝板	—	0.27	0.12	0.42	0.86	0.48	0.30	贴实
（4）纤维材料								
矿棉板	3.13	0.10	0.21	0.60	0.95	0.85	0.72	贴实
玻璃棉	5.0	0.06	0.08	0.18	0.44	0.72	0.82	贴实
酚醛玻璃纤维板	8.0	0.25	0.55	0.80	0.92	0.98	0.95	贴实
工业毛毡	3.0	0.10	0.28	0.55	0.60	0.60	0.56	紧靠墙面

任务实施

任务1　把学校中应用到的吸声材料进行归纳整理。

任务2　根据学校会议室的需要，选择吸声性能佳、耐久性好且性价比较高的两种材料，并阐述选择的理由。

拓展内容

隔 声 材 料

建筑上将主要起隔绝声音作用的材料称为隔声材料。隔声材料主要用于外墙、门窗、隔墙、隔断等。

隔绝的声音按其传播途径可分为空气声（由于空气的振动）和固体声（由于固体撞击或振动）两种。对空气声，墙或板传声的大小主要取决于其单位面积质量，质量越大越不易振动，则隔音效果越好。因此，应选择密实沉重的材料作为隔声材料，如混凝土、黏土砖、钢板等。如果采用轻质材料或薄壁材料，需辅以多孔吸声材料或采用夹层结构，如夹层玻璃就是一种很好的隔声材料。对固体声，最有效的措施是采用不连续的结构处理，即在墙壁和承重梁之间、房屋的框架和墙板之间加弹性衬垫，如毛毡、软木、橡皮等。

可见，隔声材料与吸声材料要求是不一样的，因此，不能简单地把吸声材料作为隔声材料来使用。

课后练习与作业

一、填空题

1. 评定材料吸声性能的指标，通常采用_____，它是指被材料吸收的_____与传递给材料表面的_____之比，是评定材料吸声性能好坏的主要指标。

2. 吸声材料有 _____ 品种。

二、单选题

1. 材料的吸声性能与（　　）无关。

A. 材料的安装位置　　　　　　　　B. 材料背后的空气层

C. 材料的厚度和表面特征　　　D. 材料的表观密度和构造

2. 关于吸声材料的特征，下列何种说法是正确的？（　　）

A. 材料厚度的增加可提高低频吸声效果　　B. 开口孔隙率大的材料，吸声系数小

C. 较为密实的材料吸收高频声波的能力强　　D. 材料背后有空气层，其吸声系数将降低

3. 下列关于材料的吸声性能说法正确的是（　　）。

A. 材料的吸声性与材料的表观密度、孔隙特征、设置位置及厚度有关。

B. 坚硬光滑、结构致密、质量大的材料吸声性能好，而具有互相贯穿内外微孔的多孔材料吸声性能差。

C. 吸声材料都具有粗糙多孔的特征。

D. 在音乐厅、电影院、大会堂、播音室及工厂等内部墙面、地面、顶棚部位，应选用适当的吸声材料。

成绩评定单

成绩评定单如表9-6所示

表 9-6　成绩评定单

检查项目	分项总分	个人自评（20%）	组内互评（30%）	教师评定（50%）
学习态度	20			
知识掌握	15			
技能应用	15			
任务完成	25			
爱护公物	10			
团队合作	15			
合计	100			

10

建筑装饰材料的应用

建筑装饰材料是指用于建筑物表面(如墙面、柱面、地面及顶棚)起装饰作用的材料。一般是在建筑主体工程(结构工程和管线安装)完成后,最后铺设、粘贴或涂刷在建筑物表面。

装饰材料的使用目的除了对建筑物起装饰美化作用,满足人们的美感需求外,通常还起着保护建筑物主体结构和改善建筑物使用功能的作用,是房屋建筑中不可缺少的一类材料。

本学习情境主要介绍装饰材料的基本特征及选用原则,简要介绍建筑石材、建筑木材、建筑陶瓷和建筑玻璃的品种、性能和应用。通过学习,主要掌握装饰材料的基本特征及选用原则,了解常用的各种装饰材料的性能和应用。

任务 1 建筑石材的应用

教学目标

知识目标

(1)了解岩石的种类和性质。

(2)掌握石材的技术性质及其应用。

(3)了解石材的日常维护技巧。

技能目标

能够根据工程实际情况选用建筑石材。

学习任务单

任务描述

某校需要对三号教学楼广场地面铺贴石材,由于广场人流量较大,而且使用频繁,对石材硬度和耐磨性,以及铺贴的平整度要求较高。张工接到任务后有些犯愁,毕竟以前没接触过类似工作,你能帮助他吗?

咨询清单
（1）天然石材的种类。
（2）天然石材的技术性质。
（3）建筑石材的常用规格。
（4）建筑石材的选用原则。

成果要求
（1）教学楼广场项目石材选型结果及原因说明。
（2）对石材使用不当引起的工程质量问题进行原因分析并提出改善措施。

完成时间
资讯学习 20 min，任务完成 20 min，评估 10 min。

资讯交底单

一、天然石材的种类

天然石材来自岩石，是将采来的岩石进行一定加工处理后所得到的材料。天然石材按地质形成条件分为岩浆岩、沉积岩和变质岩三大类。它具有强度高、耐磨性好的特点，在建筑装饰工程中应用广泛。

（一）岩浆岩

岩浆岩由地壳内部熔融岩浆上升冷却而成，又称火成岩。根据冷却条件的不同，岩浆岩可分为深成岩、浅成岩和火山岩三种。

1．深成岩

岩浆在地表深处缓慢冷却结晶而成的岩石称为深成岩，其结构致密，晶粒粗大，体积密度大，抗压强度高，吸水性小，耐久性高。建筑中常用的深成岩有花岗岩、正长岩、辉长岩、闪长岩等。

花岗岩属于深成岩，是岩浆岩中分布最广的岩石，其主要矿物组成为长石、石英和少量云母等。花岗岩为全晶质，有细粒、中粒、粗粒、斑状等多种结构，但以细粒构造性质为好，通常有灰、白、黄、粉红、红、纯黑等多种颜色，具有很强的装饰性。

图 10-1　花岗石板材

花岗岩的体积密度为 2 500～2 800 kg/m³，抗压强度为 120～300 MPa，孔隙率低，吸水率为 0.1%～0.7%，莫氏硬度为 6～7，耐磨性好、抗风化性及耐久性高、耐酸性好，但不耐火。使用年限为数十年至数百年，高质量的可达千年以上。花岗石板材如图 10-1 所示。

花岗岩主要用于基础、挡土墙、勒脚、踏步、地面、外墙饰面、雕塑等，属高档材料。破碎后可用于配置混凝土。此外，花岗岩还适用于耐酸工程。

正长岩、辉长岩、闪长岩由长石、辉石和角闪石等组成。三者的体积密度均较大,为 2 800～3 000 kg/m³,抗压强度为 100～280 MPa,耐久性及磨光性好,常呈深灰色、浅灰色、黑灰色、灰绿色、黑绿色并带有斑纹。除用于基础等石砌体外,还可用做名贵的装饰材料。

2. 喷出岩

喷出岩是岩浆喷出地表后,在压力骤减和迅速冷却的条件下形成的岩石(见图 10-2)。其特点是结晶不完全,多呈细小结晶或玻璃质结构,岩浆中所含气体在压力骤减时会在岩石中形成多孔构造。建筑中用到的喷出岩有玄武岩、辉绿岩、安山岩等。玄武岩和辉绿岩十分坚硬,难以加工,常用做耐酸和耐热材料,也是生产铸石和岩棉的原料。

3. 火山岩

火山岩是岩浆被喷到空气中,急速冷却而形成的岩石,又称火山碎屑(见图 10-3)。因由喷到空气中急速冷却而成,故内部含有大量的气孔,并多呈玻璃质,有较高的化学活性。常用的有火山灰、火山渣、浮石等,主要用做轻骨料混凝土的骨料、水泥的混合材料等。

图 10-2 喷出岩

图 10-3 火山岩

(二)沉积岩

沉积岩又称水成岩,是指地表的各种岩石在外力地质作用下经风化、搬运、沉积成岩作用(压固、胶结、重结晶等),在地表或地表不太深处形成的岩石(见图 10-4)。沉积岩的主要特征是呈层状构造,各层岩石的成分、构造、颜色、性能均不同,且各为异性。与深成岩相比,沉积岩的体积密度小,孔隙率和吸水率较大,强度和耐久性较低。

图 10-4 沉积岩

沉积岩根据其生成条件,可分为机械沉积岩、化学沉积岩和有机沉积岩三种。

1. 机械沉积岩

机械沉积岩是由自然风化逐渐破碎松散的岩石及砂等,经风、水流及冰川运动等的搬运,并经沉积等机械力的作用重新压实或胶结而成的岩石,常见的有砂岩和页岩等。

砂岩主要由石英等胶结而成。根据胶结物的不同分为以下几类。

（1）硅质砂岩：由氧化硅胶结而成。呈白色、淡灰色、淡黄色、淡红色，抗压强度可达300 MPa，耐磨性、耐久性、耐酸性高，性能接近于花岗岩。纯白色硅质砂岩又称白玉石。硅质砂岩可用于各种装饰及浮雕、踏步、地面及耐酸工程。

（2）钙质砂岩：由碳酸钙胶结而成，为砂岩中最常见和最常用的。呈白色、灰白色，抗压强度较大，但不耐酸，可用于大多数工程。

（3）铁质砂岩：由氧化铁胶结而成。常呈褐色，性能较差，密实者可用于一般工程。

（4）黏土质砂岩：由黏土胶结而成。易风化、耐水性差，甚至会因水作用而溃散。一般不可用于建筑工程。

此外还有长石砂岩、硬砂岩，两者的强度较高，可用于建筑工程。由于砂岩的性能相差较大，使用时需要加以区别。

2. 化学沉积岩

化学沉积岩是由溶解于水中的矿物质经聚集、沉积、重结晶和化学反应等过程而形成的岩石，常见的有石灰岩、石膏、白云石等。

石灰岩俗称青石，主要由方解石组成，常含有一定数量的白云石、菱镁矿（碳酸镁晶体）、石英黏土矿物等，分布极广。其分为密实、多孔和散粒构造，密实构造的即为普通石灰岩。石灰岩常呈灰、灰白、白、黄、浅红、黑、褐红等颜色。

密实石灰岩的体积密度为2 400～2 600 kg/m³，抗压强度为20～120 MPa，莫氏硬度为3～4。当含有黏土矿物超过4%时，抗冻性和耐水性显著降低；当含有较多的氧化硅时，强度、硬度和耐久性提高。除硅质和镁质石灰岩起泡不明显，其他石灰岩遇稀盐酸时会起泡且较强烈。

石灰岩可用于大多数基础、墙体、挡土墙等石砌体，破碎后可用于混凝土。石灰岩也是生产石灰和水泥等的原料。石灰岩不得用于酸性水或二氧化碳含量多的水中，因为方解石会被酸或碳酸溶蚀。

3. 有机沉积岩

有机沉积岩是由各种有机体的残骸沉积而成的岩石，如生物碎屑灰岩、贝壳岩、硅藻土等。

图10-5 变质岩

（三）变质岩

变质岩是岩石由于岩浆等的活动（主要为高温、高湿、压力等）发生再结晶，使它们的矿物成分、结构、构造以至化学组成都发生改变而形成的岩石（见图10-5）。常用的变质岩主要有以下几种。

1. 石英岩

石英岩由硅质砂岩变质而成。结构致密均匀，坚硬，加工困难，耐酸性好，抗压强度为250～400 MPa。主要用于纪念性建筑等的饰面以及耐酸工程，使用寿命可达千年以上。

2．大理石

大理石由石灰岩或白云岩变质而成,主要矿物成分为方解石、白云石,具有等粒、不等粒、斑状结构。常呈白、浅红、浅绿、黑、灰等颜色(斑纹),抛光后具有优良的装饰性,白色大理石又称汉白玉。

大理石体积密度为 $2\,500\sim2\,800\ kg/m^3$,抗压强度为 $100\sim300\ MPa$,莫氏硬度为 $3\sim4$,易于雕琢磨光。城市空气中的二氧化硫遇水后,对大理石中的方解石有腐蚀作用,即生成易溶的石膏,从而使表面变得粗糙多孔,失去光泽,故其不宜用于室外。大理石的吸水率小、杂质少、晶粒细小、纹理细密、质地坚硬,特别是白云岩或白云质石灰岩变质而成的某些大理石,也可用于室外,如汉白玉、艾叶青等。

大理石主要用于室内的装修,如墙面、柱面及磨损较小的地面、踏步等,如图10-6所示。

图10-6　大理石的应用

3．片麻岩

片麻岩由花岗岩变质而成,呈片状构造,各向异性,在冰冻作用下表层易剥落。体积密度为 $2\,600\sim2\,700\ kg/m^3$,抗压强度为 $120\sim250\ MPa$(垂直节理方向)。可用于一般建筑工程的基础、勒脚等石砌体,可做混凝土骨料。

二、天然石材的技术性质

由于天然石材形成条件的差异,所含有杂质和矿物成分也有所变化,所以表现出来的性质也可能有很大的差异。因此,在使用天然材料前,都必须进行检查和鉴定,以保证工程质量。天然石材的技术性质可分为物理性质、力学性质和工艺性质。

(一)物理性质

1．表观密度

石材按表观密度大小分为轻质石材(表观密度 $\leqslant1\,800\ kg/m^3$)、重质石材(表观密度 $>1\,800\ kg/m^3$)。岩石的表观密度由其矿物及致密程度决定,一般来说,石材的表观密度越大、孔隙率越小,其抗压强度越高、吸水率越小、耐久性越好。重质石材可用于建筑的基础、贴面、地面、不采暖房屋外墙、桥梁及水工建筑物等;轻质石材只能用于保暖房屋外墙。

2. 吸水性

石材吸水性的大小与其孔隙率及孔隙特征有关。岩浆深成岩以及许多变质岩的孔隙率很小,故而吸水率很小,例如花岗石的吸水率通常小于 0.5%,沉积岩由于形成条件、密实程度与胶结情况有所不同,因而孔隙率与孔隙特征的变化很大,导致石材吸水率的波动也很大,例如致密的石灰岩,它的吸水率可小于 1%,而多孔贝壳灰岩吸水率可高达 15%。

> **提示**
>
> 天然石材的吸水性对其强度与耐水性有很大影响。石材吸水后,会降低颗粒之间的黏结力从而使强度降低,抗冻性变差,导热性增加,耐水性和耐久性下降。

3. 耐水性

石材的耐水性以软化系数表示。软化系数大于 0.90 为高耐水性,软化系数在 0.75~0.90之间为中耐水性,软化系数在 0.60~0.75 之间为低耐水性,软化系数小于 0.80 的岩石,不允许用于重要建筑物中。

4. 抗冻性

石材的抗冻性用冻融循环次数来表示。它是指石材在水饱和状态下,保证强度降低值不超过 25%、质量损失不超过 5%、无贯通裂缝的条件下能经受的冻融循环次数。抗冻性是衡量石材耐久性的一个重要指标。石材的抗冻性与吸水性有着密切的关系,吸水性大的石材其抗冻性也差。根据经验,认为吸水率小于 0.5% 的石材是抗冻的,可不进行抗冻试验。

5. 耐热性

石材的耐热性与其化学成分及矿物组成有关。石材经高温后,由于热胀冷缩体积变化而产生内应力,或由于高温使岩石中矿物发生分解和变异等导致结构破坏。如含有石膏的石材,在100 ℃以上时结构就开始被破坏;含碳酸镁的石材,当温度高于 725 ℃ 时结构会发生破坏等。

6. 导热性

石材的导热性用导热率表示,主要与其致密程度有关。相同成分的石材,玻璃态比结晶态的导热率小。具有封闭孔隙的石材,导热性差。

(二)力学性质

1. 抗压强度

石材的强度等级是以边长为 70 mm 的立方体的抗压强度值来表示的,抗压强度值取三个试件破坏强度的平均值。《砌体结构设计规范》(GB 50003—2011)规定,天然石材强度等级分为 MU100、MU80、MU60、MU50、MU40、MU30 和 MU20 七个等级。试件也可采用表 10-1所列各种边长尺寸的立方体,但对其试验结果应乘以相应的换算系数后方可作为石材的强度等级。

表 10-1　石材强度等级的换算系数

立方体边长/mm	200	150	100	70	50
换算系数	1.43	1.28	1.14	1	0.86

2. 冲击韧性

石材的冲击韧性取决于矿物组成与构造。石英和硅质砂岩脆性很大,含暗色矿物较多的辉长岩、辉绿岩等具有较大的韧性。晶体结构的岩石较非晶体结构的岩石又具有较大的韧性。

3. 硬度

石材的硬度反映其加工的难易性和耐磨性。天然岩石的硬度以莫氏硬度表示。由致密、坚硬矿物组成的石材,其硬度较高;结晶质结构硬度高于玻璃质结构硬度。岩石的硬度与抗压强度相关性很大,一般抗压强度低的硬度也小。

（三）工艺性质

天然石材的工艺性质是指其开采及加工过程的难易程度及可能性,包括加工性、磨光性和抗钻性。

1. 加工性

石材的加工性是指对岩石进行开采、劈解、切割、凿琢、研磨、抛光等加工工艺的难易程度。强度、硬度、韧性较高的石材不宜加工;质脆而粗糙,有颗粒交错,含有层状或片粒结构以及已风化的岩石,都难以满足加工要求。

2. 磨光性

石材的磨光性是指石材能否磨成平整光滑表面的性质。致密、均匀、细粒的岩石一般都有良好的磨光性,可以磨成光滑亮洁的表面。疏松多孔、有鳞片状构造的岩石,磨光性差。

3. 抗钻性

石材的抗钻性是指岩石钻孔的难易程度。影响抗钻性的因素很复杂,一般与岩石的强度、硬度等性质有关。当石材的强度越高、硬度越大时,越不易钻孔。

三、建筑石材的常用规格

建筑石材是指主要用于建筑工程中的砌筑或装饰的天然石材。砌筑用石材可分为毛石和料石,装饰用石材主要指天然石质板材。

（一）毛石

毛石(又称片石或块石)是由爆破直接获得的石块。依据其平整程度,又分为乱毛石和平毛石两类。

1. 乱毛石

乱毛石形状不规则,一般在一个方向的尺寸达 44~300 mm,质量为 20~30 kg,其中部厚度一般不小于 150 mm。乱毛石主要用来砌筑基础、勒脚、墙身、堤坝、挡土墙壁等,也可做毛石混凝土的骨料。

2. 平毛石

平毛石由乱毛石略经加工而成,形状较乱毛石整齐,其形状基本上有六个面,但表面粗糙,中部厚度不小于 200 mm。常用于砌筑基础、墙身、勒脚、桥墩、涵洞等。

（二）料石

料石(又称条石)是由人工或机械开采出的较规则的六面体石块,略经加工凿琢而成。按其加工后的外形规则程度,分为毛料石、粗料石、半细料石和细料石四种。

1. 毛料石

毛料石外形大致方正,一般不加工或稍加修整,高度不应小于 200 mm,叠砌面凹入深度不大于 25 mm。

2. 粗料石

粗料石截面的宽度、高度应不小于 200 mm,且不小于长度的 1/4,叠砌面凹入深度不大于 20 mm。

3. 半细料石

半细料石的规格尺寸同粗料石,但叠砌面凹入深度不应大于 15 mm。

4. 细料石

细料石通过细加工,外形规则,规格尺寸同粗料石,叠砌面凹入深度不大于 10 mm。

上述料石常由砂岩、花岗岩等质地比较均匀的岩石开采琢制,至少应有一个面较整齐以便互相合缝,主要用于砌筑墙身、踏步、地坪、拱和纪念碑;形状复杂的料石制品,用于柱头、柱脚、楼梯踏步、窗台板、栏杆和其他装饰面。

（三）石材饰面板

天然大理石、花岗石板材采用"平方米(m²)"计量,出厂板材均应注明品种代号标记、商标、生产厂名。配套工程用材料应在每块板材侧面表明其图纸编号。包装时应将光面相对,并按板材品种规格、等级分别包装。运输搬运过程中严禁滚摔碰撞。板材直立码放时,倾斜角不大于15°;平放时地面必须平整,垛高不超过 1.2 m。

1. 天然花岗石板材

天然花岗岩经加工后的板材简称花岗石板材。花岗石板材以石英、长石和少量云母为主要矿物组分,随着矿物成分的变化,可以形成多种不同色彩和颗粒结晶的装饰材料。花岗石板材结构致密,强度高,空隙率和吸水率小,耐化学侵蚀、耐磨、耐冻、抗风蚀性能优良,经加工后色彩多样且具有光泽,是理想的天然装饰材料,常用于高、中级公共建筑(如宾馆、酒楼、剧场、商场、写字楼、展览馆、公寓别墅等)内外墙饰面和地面铺贴,也常用于纪念碑(雕像)等面饰,具有庄重、高贵、华丽的装饰效果。

花岗石板可按下列类别进行分类。

(1) 按形状分为毛光板(MG)、普型板(PX)、圆弧板(HM)、异形板(YX)。

(2) 按表面加工程度分为镜面板(JM)、细面板(YG)、粗面板(CM)。

(3) 按用途分为一般用途花岗石板(用于一般性装饰用途)和功能用途花岗石板(用于结构性承载用途或特殊功能要求)。

花岗石可按加工质量和外观质量可分为如下等级。

(1) 毛光板按厚度偏差、平面度公差、外观质量等将板材分为优等品(A)、一等品(B)、合格品(C)三个等级。

(2) 普型板按规格尺寸偏差、平面度公差、角度公差、外观质量等将板材分为优等品(A)、一等品(B)、合格品(C)三个等级。

(3) 圆弧板按规格尺寸偏差、直线度公差、线轮廓度公差、外观质量等将板材分为优等品(A)、一等品(B)、合格品(C)三个等级。

2. 天然大理石板材

天然大理石板材简称大理石板材,是建筑装饰中应用较广泛的天然石饰面材料。由于大理岩属碳酸岩,是石灰岩、白云岩经变质而成的结晶产物。矿物组成主要是石灰石、方解石和白云石。结构致密,密度 2.7 g/cm^3 左右,强度较高,吸水率低,但表面硬度较低,不耐磨,耐化学侵蚀和抗风蚀性能较差。长期暴露于室外受阳光雨水侵蚀易褪色失去光泽,一多半用于中高端建筑物的内墙、柱的镶贴,可以获得理想的装饰效果。大理石板材按形状可分为普型板(PX)、圆弧板(HM)。普型板是指正方形和长方形的板材;圆弧板是指饰面轮廓线的曲率半径处处相同的装饰板材。常用普通板材的厚度,不管其宽度和长度如何变化,一般为 20 mm。

普型板按规格尺寸偏差、平面度公差、角度公差及外观质量等标准,将板材分为优等品(A)、一等品(B)、合格品(C)三个等级。圆弧板按规格尺寸偏差、直线度公差、线轮廓公差及外观质量,将板材分为优等品(A)、一等品(B)、合格品(C)三个等级。

3. 青石装饰板材

青石装饰板材简称青石板,属于沉积岩类(砂岩),主要成分为石灰石、白云石。随着岩石埋深条件的不同和其他杂质(如铜、铁、锰、镍等金属氧化物)的混入而形成多种色彩。青石板质地密实,强度中等,易于加工,可采用简单工艺凿割成薄板或条形材,是理想的建筑装饰材料。用于建筑物墙裙、地坪铺贴以及庭院栏杆(板)、台阶等处,具有古建筑的独特风格。

常用青石板的色泽为豆青色和深豆青色以及青色带灰白结晶颗粒等多种,还可根据建筑意图加工成光面(磨光)板。青石板的主要产地有浙江台州、江苏苏州等。

青石板以"立方米(m³)"计量,包装、运输、储存条件类似于花岗石板材。

大理石板材与花岗岩板材的性能对比见表10-2。

表 10-2 大理石板材与花岗岩板材的性能对比

性能＼品种	大理石板材	花岗岩板材
矿物组成	方解石、白云石	长石、石英、云母
花纹特点	云状、片状、枝条形花纹	繁星状、斑点状花纹
体积密度	2 600～2 700 kg/m³	2 600～2 800 kg/m³
装饰特点	磨光后质感细腻、平滑,雕刻后具有阴柔之美	磨光板材色泽质地大方,非磨光板材材质感厚重、庄严,雕刻后具有阳刚之气
抗压强度	70～140 MPa	120～250 MPa
莫式硬度	硬度较小,莫氏硬度 3～4	硬度大
耐磨性能	耐磨性差,故磨光容易	耐磨性好,故加工不易
耐火性能	耐火性好	耐火性差
化学性能	耐酸性差,耐碱性较好	化学稳定性好,有较强的耐酸性
耐风化性	差	好
使用年限	较花岗岩短	寿命可达 200 年以上
放射物性质	与具体组成有关	与具体组成有关,放射性物质多于大理石

四、建筑石材的选用原则

在建筑工程设计和施工中,石材的选用应遵循以下原则。

(1)经济性。天然石材和加工的石料,运输不便、运费高,应综合考虑地方资源,尽可能做到就地取材。难以开采和加工的石料,将使材料成本提高,选材时应多加注意。

(2)适用性。要按使用要求分别衡量各种石材在建筑中是否适用。

(3)安全性。由于天然石材是构成地壳的基本物质,因此可能含有放射性物质。放射性物质在衰变中会产生对人体有害的物质。因此,在选用天然石材时,应有放射性检验合格证明或检测鉴定。

任务实施

任务 1 教学楼广场项目石材选型结果及原因说明。

任务 2 分析广场地面铺设的石材出现掉渣现象的原因,并提出改进措施。

课后练习与作业

一、填空题

1. 天然石材按地质形成条件分为_____、_____和_____三大类。

2. 根据冷却条件的不同,岩浆岩可分为_____、_____和_____三种。

3. 沉积岩根据其生成的条件,可分为_____、_____和_____三种。

4. 天然石材的技术性质,可分为_____、_____和_____。

5. 天然石材的工艺性质是指其开采及加工过程的难易程度及可能性,包括_____、_____和_____。

6. 砌筑用石材可分为_____和_____。装饰用石材主要指_____。

7. 花岗石板按形状分为_____、_____、_____、_____。

8. 大理石板按形状可分为_____、_____。

二、选择题

1. 花岗岩属于( )。

A. 深成岩   B. 喷出岩   C. 火山岩   D. 正长岩

2. 建筑中用到的喷出岩有( )。

A. 辉长岩   B. 玄武岩   C. 辉绿岩   D. 安山岩

3. 砂岩主要由( )胶结而成。

A. 氧化硅   B. 碳酸钙   C. 氧化铁   D. 黏土

4. 下列不属于化学沉积岩的是( )。

A. 石灰岩   B. 石膏   C. 贝壳岩   D. 白云岩

5. 下列属于变质岩的是( )。

A. 石英岩   B. 闪长岩   C. 大理石   D. 片麻岩

6. 下列石材不属于轻质石材的是( )。

A. 表观密度为 1 750 kg/m³ 的石材   B. 表观密度为 1 950 kg/m³ 的石材

C. 表观密度为 2 000 kg/m³ 的石材   D. 表观密度为 2 050 kg/m³ 的石材

7. 软化系数大于( )的石材为高耐水性石材。

A. 0.60   B. 0.70   C. 0.80   D. 0.90

8. 含有石膏的石材,在( )℃以上时就开始破坏。

A. 80   B. 90   C. 100   D. 110

9. 石材的抗压强度是以边长为( )mm 的立方体的抗压强度值来表示的。

A. 50   B. 60   C. 70   D. 80

10. 建筑石材的选用原则有( )。

A. 经济性   B. 适用性   C. 安全性   D. 美观性

三、实践应用

选用石材需要考虑的技术性质条件有哪些?

成绩评定单

成绩评定单如表 10-3 所示

表 10-3　成绩评定单

检查项目	分项总分	个人自评（20%）	组内互评（30%）	教师评定（50%）
学习态度	20			
知识掌握	15			
技能应用	15			
任务完成	25			
爱护公物	10			
团队合作	15			
合计	100			

任务 2　建筑木材的应用

教学目标

知识目标

（1）了解木材的物理力学性质。

（2）掌握木材甲醛的放量与选用。

（3）掌握建筑工程中木材的选用。

（4）掌握木材的腐蚀原因与防治措施。

技能目标

（1）会对不同含水率测定的木材强度与木材标准强度进行换算。

（2）能识别木材防腐处理技术。

（3）能根据工程需要合理选用木材。

学习任务单

任务描述

某校三号教学楼教工会议室地面需要铺贴木地板，对木材硬度、耐磨性和耐久性要求较高。师傅将木地板的数量和质量对小王交底后，直接让其去建材市场考察，并初步确定选用哪种木地板，你能帮他完成此项任务吗？

咨询清单

（1）木材的分类与构造。

（2）木材的主要性质。

（3）木材的应用与防护。

成果要求

（1）为学校会议室选择两种合适的木地板，并阐述理由。

（2）对木材保护不当引起的工程质量问题进行分析，并提出改善措施。

完成时间

资讯学习 20 min，任务完成 20 min，评估 10 min。

资讯交底单

一、木材的分类与构造

1. 树木的分类

木材由树木加工而成。树木按树种不同，可分为针叶树和阔叶树两大类。

1）针叶树

针叶树树叶细长如针，多为常绿树，树干通直和高大，易得大材，纹理平顺，材质均匀，木质较软而易于加工，故又称为"软木材"。针叶树强度较高，表观密度和胀缩变形较小，常含有较多的树脂，耐腐蚀性较强。其树材主要用作承重构件、装修和装饰部件，是主要的建筑用材。常用树种有红松、落叶松、云杉、冷杉、柏木。

2）阔叶树

阔叶树树叶宽大，叶脉成网状，绝大部分为落叶树，树干通直部分一般比较短，不易得大材，大部分树种的表观密度大，材质较硬，不易加工，故称为"硬木材"。阔叶树材一般比较重，强度高，胀缩和翘曲变形大，易开裂。在建筑中常用作尺寸较小的装修和装饰等构件，特别适用于作室内家具及胶合板、拼花地板。常用的阔叶树的树种有榉木、柞木、檀树、水曲柳、桦树、榆木以及质地较软的椴木、椵木等。

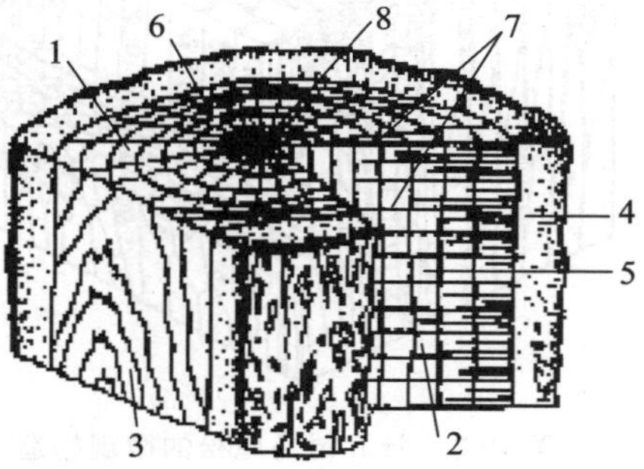

图 10-7 木材的三个切面构成

1—横切面；2—径切面；3—弦切面；4—树皮；
5—木质部；6—年轮；7—木射线；8—髓心

2. 木材的构造

研究木材的构造是掌握木材性能的重要手段。木材构造分宏观构造和微观构造。

1）木材的宏观构造

宏观构造是指用肉眼和放大镜能观察到的组织，通常从树干的横切面（垂直于树轴的面）、径切面（通过树轴的纵切面）和弦切面（平行于树轴的纵切面）三个切面上来进行剖析。如图 10-7 所示。

由图 10-7 可见，树木由树皮、木质部和髓心等部分组成。在木质部的构造中，许多树种的木质部接近树干中心的部分呈深色，称心材；靠近外围的部分色较浅，称边材。一般来说，心材比边材的利用价值大些。

从横切面上看到的深浅相间的呈同心圆环分布的是年轮,在同一年轮内,春天生长的木质,色较浅,质地软,称为春材(早材);夏秋两季生长的木质,色较深,质坚硬,称为夏材(晚才)。相同树种,年轮越密且均匀,材质越好,木材强度越高。树干的中心称为髓心,其质松软,强度低,易腐朽。

从髓心向外的辐射线,称为髓线,它与周围连接差,干燥时易开裂。年轮和髓线组成了木材美丽的天然纹理。

2)木材的微观构造

微观构造是在显微镜下才能观察到的木材组织,它由无数管状细胞结合而成,它们大部分纵向排列,少数横向排列(如髓线)。每个细胞分细胞壁和细胞腔两部分,细胞壁由纤维组成,其纵向连接较横向牢固。细纤维间具有极小的空隙,能吸附和渗透水分。木材的细胞壁越厚,腔越小,木材越密实,表观密度越大,强度也越高,但胀缩大。春材细胞壁薄腔大,夏材则壁厚腔小。

针叶树与阔叶树的微观构造有较大差别,如图 10-8 和图 10-9 所示。阔叶树材微观构造较复杂,其细胞主要有木纤维、导管和髓线,最大特点是髓线很发达,粗大而明显,这是鉴别阔叶树材的显著特征。

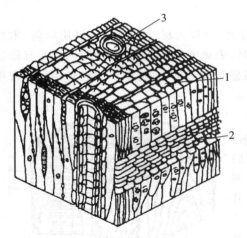

图 10-8　针叶树马尾松的微观构造
1—管胞;2—木射线;3—树脂道

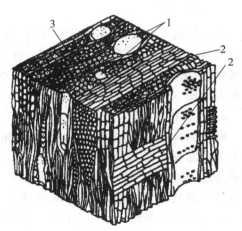

图 10-9　阔叶树柞木的微观构造
1—管孔;2—木射线;3—木纤维

二、木材的主要性质

1. 密度

(1)木材的密度

由于木材的分子构造基本相同,因而木材的密度基本相等,平均约为 $1.55\ \mathrm{g/cm^3}$。

(2)木材的表观密度

木材的表观密度是指木材单位体积的质量。木材细胞组织中的细胞腔及细胞壁中存在大量微小的空隙,所以木材的表观密度较小,一般只有 $300\sim800\ \mathrm{kg/m^3}$。木材的孔隙率很大,达 $50\%\sim80\%$,因此密度与表观密度相差较大。

木材的气干密度大,其强度就高,湿胀干缩也大。

2. 含水量与热胀干缩

1）木材中的水分

木材含水量用含水率表示,指木材中水分质量与干燥木材质量的百分比。木材中的水分为化合水、自由水和吸附水三种。化合水是木材化学成分中的结合水,总含量通常不超过 2%,在常温下不变化,故其对木材的性质无影响;自由水是存在于木材细胞腔内和细胞间隙中的水,它影响木材的表观密度、抗腐蚀性、燃烧性和干燥性;吸附水是被吸附在细胞壁内的水分,吸附水的变化则影响木材强度和木材膨胀变形性能。

影响木材物理学性质和应用的最主要含水率指标是纤维饱和点和平衡含水率。

2）木材的纤维饱和点

当木材中仅细胞壁内吸附水达到饱和,而细胞腔和细胞间隙中无自由水时的含水率称为木材的纤维饱和点。木材的纤维饱和点随树种而异,通常其平均值约为 35%。木材的纤维饱和点是含水率影响强度和胀缩性能的临界点。

3）木材的平衡含水率

当环境的温度和湿度改变时,木材中所含的水分会发生较大变化,当木材长时间处于一定温度和湿度的环境中时,木材中的含水量最后会与周围环境达到吸收与挥发的动态平衡,处于相对恒定的含水率,这时木材的含水率称为平衡含水率。

木材的平衡含水率是木材进行干燥时的重要指标,木材的平衡含水率随其所在地区不同而异,如我国吉林省为 12.5%,青海省为 15.5%,江苏省为 14.8%,海南省为 16.4%。新伐木材含水 35% 以上,长期处于水中的木材含水率更高,风干木材含水率为 15%～25%,室内干燥的木材含水率通常为 8%～15%。平衡含水率是木材和木制品使用时避免变形或开裂而应控制的含水率指标。

4）木材的湿胀与干缩变形

木材具有很显著的湿胀干缩性,但只在木材含水率低于纤维饱和点时才会发生,主要是由于细胞壁内所含的吸附水增减而引起的。

当木材的含水率在纤维饱和点以下时,随着含水率的增大,木材体积产生膨胀;随着含水率减少,木材体积收缩,这分别称为木材的湿胀和干缩。此时的含水率变化主要是吸附水的变化。当木材含水率在纤维饱和点以上,只是自由水增减变化时,木材的体积不发生变化,只有吸附水发生变化时才会引起木材的变形。木材含水率与其胀缩变形的关系如图 10-10 所示,从图中可以看出,纤维饱和点是木材发生湿胀干缩变形的转折点。

由于木材为非匀质构造,木材的胀缩变形率各不相同。其中,以弦向最大,为 6%～12%;径向次之,为 3%～6%;纵向（即顺纤维方向）最小,为 0.1%～0.35%。木材之所以出现弦向膨胀变大,是因为管胞横向排列的髓线与周围连接较差所引起的。湿材干燥后,

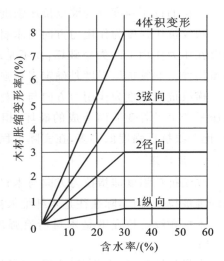

图 10-10　木材含水率对其胀缩变形的影响

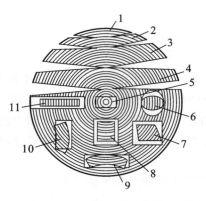

图 10-11　木材干燥后横截面上各部位形状的改变

1—弓形成橄榄核状；2,3,4—成反翘曲；

5—通过髓心径锯板两头缩小成纺锤形；

6—圆形成椭圆形；7—与年轮成对角线的正方形变菱形；

8—两边与年轮平行的正方形变长方形；

9,10—长方形板的翘曲；11—边材径向锯板较均匀

其截面尺寸和形状会发生明显的变化。木材在加工或使用前应预先进行干燥,使其接近于与环境湿度相适应的平衡含水率。

木材的湿胀干缩变形还随树种不同而异,一般来说,表观密度大的、夏材含量多的木材,膨胀变形就较大。湿胀与干缩变形会使木材产生翘曲、裂缝,使木结构结合处产生松弛、开裂、拼缝不严;湿胀则造成凸起变形,强度降低。为避免这些不良现象,应对木材进行干燥或化学处理,预先使其达到使用条件下的平衡含水率,使木材的含水率与其工作环境相适应。

图 10-11 所示为木材干燥后横截面上各部位形状的改变情况。由图可见,板材距髓心越远,由于其横向更接近典型的弦向,因而干燥时收缩越大,致使板材产生背向髓心的反翘变形。

三、木材强度

1. 木材的强度

木材是非匀性的各向异性材料,不同的作用力方向其强度差异很大。

木材结构常用的强度有抗压强度、抗拉强度、抗剪强度和抗弯强度。其中抗压强度、抗拉强度、抗剪强度又有顺纹和横纹之分。顺纹为作用力方向与木材纤维方向平行,横纹为作用力方向与木材纤维方向垂直。木材强度的检验是用无斑点的木材制成标准试件,按《木材物理力学试验方法总则》(GB/T 1928—2009)进行测定。

1) 抗压强度

木材的抗压强度分为顺纹抗压强度和横纹抗压强度。

顺纹抗压强度为作用力方向与木材纤维方向平行时的抗压强度。这种破坏主要是木材细胞壁在压力作用下的失稳破坏,而不是纤维的断裂。在建筑工程中常用于柱、桩、斜撑及桁架等承重构件。顺纹抗压强度是确定木材强度等级的依据。

横纹抗压强度为作用力方向与木材纤维方向垂直时的抗压强度。这种破坏是木材横向受力压紧产生显著变形而造成的破坏,相当于将细长的管状细胞压扁。木材的横纹抗压强度不高,比顺纹抗压强度低得多,在实际工程中也很少有横纹受压的构件。

2) 抗拉强度

顺纹抗拉强度即指拉力方向与木材纤维方向一致时的抗拉强度。这种受拉破坏理论上是木纤维被拉断,但实际往往是木纤维未被拉断,而纤维间先被撕裂。

木材顺纹抗拉强度是木材所有强度中最大的,为顺纹抗压强度的 3~4 倍,可达到 50~200 MPa。

木材的缺陷(如木节、斜纹等)对顺纹抗拉强度影响极为显著。这也使顺纹抗拉强度难以在

工程中被充分利用。

横纹抗拉强度是指拉力方向与木纤维垂直时的抗拉强度。由于木材细胞横向连接很弱,横纹抗拉强度最小,为顺纹抗拉强度的 1/20～1/40,工程中应避免受到横纹拉力作用。

3)抗弯强度

木材受弯曲时内部应力比较复杂,在梁的上部是受到顺纹抗压,下部为顺纹抗拉,而在水平面中则有剪切力,木材受弯破坏时,受压区首先达到强度极限,开始形成微小的不明显的皱纹,但并不立即破坏,随着外力增大,皱纹慢慢地在受压区扩展,产生大量塑性变形,以后当受拉区域内许多纤维达到强度极限时,最后因纤维本身及纤维间连接的断裂而破坏。

木材的抗弯强度很高,通常为顺纹抗拉强度的 1.5～2 倍。在建筑工程中常用于地板、梁、桁架等结构中。用于抗弯的木构件应尽量避免在受弯区有斜纹和木节等缺陷。

4)抗剪强度

木材的抗剪强度是指木材受剪切作用时的强度。木材的剪切分为顺纹剪切、横纹剪切和横纹切断三种,如图 10-12 所示。

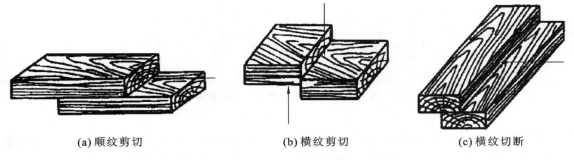

| (a) 顺纹剪切 | (b) 横纹剪切 | (c) 横纹切断 |

图 10-12 木材的剪切

木材因各向异性,故各种切断差异很大。当以顺纹抗压强度为 1 时,木材各种强度之间的比例关系见表 10-3。

表 10-3 木材各项强度值的关系

抗压		抗拉		抗弯	抗剪		
顺纹	横纹	顺纹	横纹		顺纹	横纹	切断
1	1/10～1/3	2～3	1/20～1/3	3/2～2	1/7～1/3	1/10～1/5	1/2～3/2

2. 木材强度的影响因素

1)木材纤维组织

木材受力时,主要靠细胞壁承受外力,厚壁细胞数量越多,细胞壁越厚,强度就越高,则所含夏材的百分率越高,木材的强度也越高。

2)含水率

木材的含水率在纤维饱和点以下时,随着含水率降低,木材强度增大;当含水率在纤维饱和点以上变化时,基本上不影响木材的强度。

这是因为含水率在纤维饱和点以下时,含水量减少,吸附水减少,细胞壁趋于紧密,故强度增高,含水量增加使细胞壁中的木纤维之间的联结力减弱,细胞壁软化,故强度降低;含水率超过纤维饱和点时,主要是自由水的变化,对木材的强度无影响。

含水率的变化对各强度的影响是不一样的。对顺纹抗压强度和抗弯强度的影响较大,对顺纹抗拉强度和顺纹抗剪强度影响较小。如图 10-13 所示。

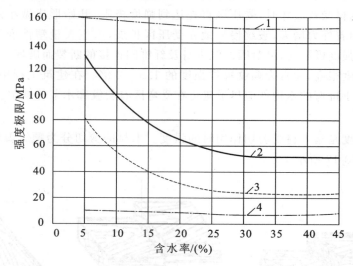

图 10-13 含水率对木材强度的影响
1—顺纹抗拉;2—抗弯;3—顺纹抗压;4—顺纹抗剪

我国规定,以木材含水率为 12%(称木材的标准含水率)时的强度作为标准强度,其他含水率时的强度值,可按下述公式换算(当含水率为 8%～23% 范围时该公式误差最小):

$$\sigma_{12} = \sigma_\omega [1 + \alpha(\omega - 12)]$$

式中:σ_{12}——含水率为 12% 时的木材强度,MPa;

σ_ω——含水率为 ω% 时的木材强度,MPa;

ω——试验时的木材含水率,%;

α——木材含水率校正系数。

校正系数按作用力和树种不同取值具体如下:

顺纹抗压:红松、落叶松、杉、榆、桦为 0.05,其余树种为 0.04;

顺纹抗拉:阔叶树为 0.015,针叶树为 0;

抗弯:所有树种均为 0.04;

顺纹抗剪:所有树种均为 0.03。

3)负荷时间的影响

木材在长期荷载作用下,即使外力值不变,随着时间延长木材将发生较大的蠕变,最后达到较大的变形而破坏。这种木材在长期荷载作用下不致引起破坏的最大强度,称为持久强度。木材的持久强度比其极限强度小很多,一般为极限强度的 50%～60%。

木材的长期承载能力远低于暂时承载能力。这是因为在长期承载情况下,木材会发生纤维等速蠕滑,累积后产生较大的变形而降低了承载能力的结果。实际木结构中的构件均处于某种负荷的长期作用下,故在设计木结构时,应考虑负荷时间对木材强度的影响。

4）温度的影响

随着环境温度升高,木材中的细胞壁成分会逐渐软化,强度也随之降低。一般气候下的温度升高不会引起化学成分的改变,温度回复时会恢复原来的强度。

当温度由 25 ℃升到 50 ℃时,针叶树抗拉强度降低 10%～15%,抗压强度降低 20%～24%。当木材长期处于 60～100 ℃温度下时,会引起水分和所含挥发物的蒸发,而呈暗褐色,强度下降,变形增大。温度超过 140 ℃时,木材中的纤维素发生热裂解,色渐变黑,强度明显下降。当温度降至 0 ℃以下时,木材中水分结冰,强度将增大,但木质变脆。因此,长期处于高温的建筑物,不宜采用木结构。

5）木材的疵病

木材在生长、采伐及保存过程中,会产生内部和外部的缺陷,这些缺陷统称为疵病(见图 10-14)。木材的疵病主要有木节、斜纹、裂纹、腐朽及虫害等,这些疵病将影响木材的力学性质,但同一疵病对木材不同强度的影响不尽相同。

木节分为活节、死节、松软节、腐朽节等几种,活节影响较小。木节使木材顺纹抗拉强度显著降低,对顺纹抗压强度影响较小。裂纹、腐朽、虫害等疵病,会造成木材构造的不连续性或破坏其组织,因此严重影响木材的力学性质,有时甚至能使木材完全失去使用价值。

图 10-14　木材的疵病

三、木材的防护与应用

（一）木材的防护

木材最大的缺点是易腐朽、虫蛀和易燃,应采取必要的措施以提高木材的耐久性,如图 10-15 所示。

图 10-15　木材的防护

1. 木材的干燥

干燥的目的是防止木材腐朽、虫蛀、翘曲与开裂,保持尺寸及形状的稳定性,便于进一步的防腐与防火处理。干燥方法有自然干燥与人工干燥两种方法。为防止造成木门窗等细木制品在使用中开裂、变形,应将木材采用窑干法进行干燥,含水率应不大于12%。当条件受限时(除东北落叶松、云南松、马尾松、桦木等易变形的树种外),可采用气干木材,其制作时含水率应不大于当地的平衡含水率。

2. 木材的防腐

木材腐朽主要由真菌侵害所致,引起木材变质的真菌有霉菌、变色菌和腐朽菌,其中腐朽菌的侵害所引起的腐朽较多。霉菌只寄生在木材表面,通常叫发霉,对木材不起破坏作用。变色菌以细胞腔内含物(如淀粉、糖类等)为养料,不破坏细胞壁,所以对木材的破坏作用很小。

真菌在木材中生存和繁殖,必须同时具备三个条件:适当的水分、空气和温度。当木材的含水率在35%~50%,温度在20~30℃,木材中又存在一定量空气时,最适宜腐朽菌的繁殖,因而木材最易腐朽。如果破坏其中一个条件,就能防止木材腐朽。另外,木材还会收到白蚁、昆虫的蛀蚀。

根据木材腐朽的原因,通常防止木材腐朽的措施有以下两种。

1)破坏真菌生存的条件

破坏真菌生存条件最常用的方法是:使木结构、木制品和储存的木材处于经常保持通风干燥的状态,使其含水率低于20%,可采用防水防潮的措施。再对木结构和木制品表面进行油漆处理,油漆涂层既使木材隔绝了空气,又隔绝了水分。由此可知,木材油漆首先是防腐,其次才是美观。

2)把木材变成有毒的物质

将化学防腐剂注入木材中,使真菌无法寄生,木材防护剂类很多,一般分三类:水溶性防腐剂如氟化钠、氯化锌、氟硅酸钠、硼酸合剂等;油脂防腐剂如杂酚油、蒽油、煤焦油等;油溶性防腐剂如五氯酚等。

3. 木材的防火

木材的防火就是将木材经过具有阻燃性质的化学物质处理后,变成难燃的材料,以达到遇小火能自熄,遇大火能延缓或阻滞燃烧蔓延,从而赢得扑救的时间。木材的防火措施有以下几种。

(1)使木材的温度低于木材着火危险温度。木材是易燃物质。在热作用下,木材会分解出可燃气体,并放出热量:当温度达到260℃时,即使在无热源的情况下,木材也会发焰,因而在木结构设计中将260℃称为木材着火危险温度。

(2)采用化学药剂。

防火剂一般有两类:浸注剂(磷-氮系列及硼化物质系列防火剂等);防火涂料(如A60-501膨胀防火涂料、A60-1型改性氨基膨胀防火涂料、AE60-1膨胀型透明防火涂料等)。其防火原理是化学药剂遇火源时产生隔热层阻止木材着火燃烧。

4. 木材的环境污染控制

各种人造板材中由于使用了胶黏剂,含有甲醛。甲醛是一种无色易溶的刺激性气体,经呼吸道吸收,对人体有危害。凡是大量使用胶黏剂的木材,都会含有甲醛释放,根据《民用建筑工程室内环境污染控制规范》(GB 50325—2010)规定,应严格加以控制。

民用建筑工程室内用人造模板及饰面木板,应根据测定的游离甲醛释放量限量划分为 E1 类和 E2 类。

(二) 木材的综合利用

1. 木材的种类和规格

1) 按承重结构的受力情况和缺陷分级

根据《木结构设计规范》(GB 50005—2003),按承重结构的受力情况和缺陷,对承重结构木构件材质等级分成三级,见表 10-4。设计时应根据构件受力种类合理应用。

表 10-4　承重结构木构件材质等级(GB 50005—2003)

项　次	主　要　用　途	材　质　等　级
1	受拉或拉弯构件	I_a
2	受弯或压弯构件	II_a
3	受压构件及次要受弯构件(如吊顶小龙骨)	III_a

2) 按加工程度分级

建筑用木材通常以原木、板材、枋材三种型材供应。各种商品材均按国家材质标准,根据缺陷情况划分等级,通常分为一、二、三、四等。

2. 木制品的特征与应用

林木生长缓慢,在建筑工程中,一定要经济合理地使用木材,对木材进行综合利用。

1) 人造板材

将碎块、废屑等下脚料进行加工处理,或将原木旋切成薄片进行胶合,可制成板材。

(1) 胶合板。

胶合板是用原木沿年轮切成大张薄片,再用胶黏剂按奇数层,以各纤维互相垂直的方向,黏合热压而成的人造板材。一般 3~13 层,所用胶料有动植物胶和耐水性好的酚醛、尿醛等合成树脂胶,分为普遍融合板与特种胶合板两类。

(2) 纤维板。

纤维板是将木材加工下来的板皮、刨花、树枝等废料,经破碎浸泡、研磨成木浆,再加入一定的胶料,经热压成型、干燥处理而成的人造板材,分为硬质纤维板、半硬质纤维板、软质纤维板三种。

纤维板的特点是材质构造均匀,各项强度一致,抗弯强度高,可达 55 MPa,耐磨,绝热性好,不易胀缩和翘曲变形,不腐朽,无木节、虫眼等缺陷。通常在板表面施以仿木纹油漆处理,可达到以假乱真的效果。生产纤维板可使木材的利用率达 90%以上。

(3) 细木工板。

细木工板属特种胶合板,其芯板用木板拼接而成,上下两个表面为胶黏木质单板的实心板材。细木工板按结构不同,可分为芯板条不胶拼的和芯板条胶拼的两种;按表面加工状况可分为一面砂光、两面砂光和不砂光三种；按所使用的胶合剂不同，可分为Ⅰ类胶细木工板、Ⅱ类胶细木工板两种；按面板的材质和加工工艺质量不同，可分为一、二、三等三个等级。细木工板具有质坚、吸声、绝热等特点，适用于家具、车厢和建筑物内装修等。

(4)刨花板、木丝板、木屑板。

刨花板、木丝板和木屑板是利用刨花碎片、短小废料加工刨制的木丝、木屑等，经过干燥、拌以胶料、热压而成的板材。

这些板材所用的胶结材料可有多种，如动物胶、合成树脂、水泥、氯镁氧水泥等。这类板材一般表观密度较小，强度低，主要用作吸音和绝热材料，但热压树脂刨花板和木屑板，表面粘贴塑料贴面或胶合板作饰面层后，可用作吊顶、隔墙、家具等材料。

(5)热固性树脂装饰压层板(标记 ZC)。

热固性树脂装饰压层板以专用纸浸渍氨基树脂、酚醛树脂为原料，经热压而成，用于室内装饰。

2) 木质地板

木地板是由软木树材(如松、杉等)和硬木树材(如水曲柳、榆木、柚木、橡木、枫木、樱桃木、柞木等)经加工处理的木板拼铺而成，分为以下几种。

(1)条木地板。条木地板是使用最普遍的木质地板，地板面层有单、双之分。单层硬木地板在木搁栅上直接钉企口板，称普通实木企口地板；双层硬木地板在木搁栅上先钉一层毛板，再钉一层实木长条企口地板。木搁栅有空铺与实铺两种形式，但多用实铺法。

条木地板自重轻，弹性好，脚感舒适，其导热性小，冬暖夏凉，且易于清洁。适用于办公室、会议室、会客厅、休息室、旅馆客房、住宅起居室、幼儿园及实验室等场所。

(2)拼花木地板。拼花木地板是较普通的室内地面装修材料，安装分双层和单层两种。双层拼花木地板是将面层用暗钉钉在毛板上，单层拼花木地板是采用黏结材料，将木地板面层直接粘贴于找平后的混凝土基层上。有平头接缝地板和企口拼接地板两种。

拼花木地板适用于高级楼宇、宾馆、别墅、会议室、展览室、体育馆和住宅的地面装饰。

(3)漆木地板。漆木地板是国际上最新流行的高级装饰材料。这种地板的基板选用珍贵树种，如北美洲的橡木、枫木等。漆木地板特别适合高档的住宅装修。厚度上，家庭选用 15 mm 较适宜，公共场所选用 18 mm 以上为宜。

(4)复合地板。复合地板分为两类：实木复合地板和耐磨塑料贴面复合地板。

实木复合地板表层 4～7 mm，选用珍贵树种如榉木、橡木、枫木、樱桃木、水曲柳等的锯切板；中间层 7～12 mm，选用一般木材如松木、杉木、杨木等；底层(防潮层)2～4 mm，选用各种木材旋切单板。也有以多层胶合板为基层的多层实木复合板。板厚通常为 12 mm、15 mm、18 mm 三种。有三层、五层的和多层的，不管多少层，其基本特征是各层板材的纤维纵横交错。

任务实施

任务 1　为学校会议室选择两种合适的木地板，并阐述理由。

任务 2　查阅木材的防护管理规定，并为教工会议室木地板的日常维护提出三条建议。

任务 3　分析地面铺设木板出现翘起现象的原因，并提出改进措施。

课后练习与作业

一、填空题

1. 存在于木材_____中的水称为吸附水,存在于_____和_____的水称为自由水。

2. 木材的缩胀变形是各向异性,其中_____方向膨胀最小,_____方向膨胀最大。

3. _____是木材的最大缺点。

4. 木材中_____水发生变化时,木材的物理学性质也随之变化。

5. 木材的构造分为_____和_____。

6. 木材按树种分为_____和_____两大类。

7. _____和_____组成了木材的天然纹理。

8. _____是木材物理学性质发生变化的转折点。

9. 木材在长期荷载作用下不致引起破坏的最大强度称为_____。

10. 木材随环境温度的升高其强度会_____。

二、单项选择题

1. 木材的缩胀变形沿( )最小。

A. 纵向　　　　　　　B. 弦向　　　　　　　C. 径向　　　　　　　D. 无法确定

2. ( )含量为零,吸附水饱和时,木材的含水率称为纤维饱和点。

A. 自由水　　　　　　B. 吸附水　　　　　　C. 化合水　　　　　　D. 游离水

3. 木节降低木材的强度,其中对( )强度影响最大。

A. 抗弯　　　　　　　B. 抗拉　　　　　　　C. 抗剪　　　　　　　D. 抗压

4. 导致木材物理学性质发生改变的临界含水率是( )。

A. 最大含水率　　　　B. 平衡含水率　　　　C. 纤维饱和点　　　　D. 最小含水率

5. 木材干燥时,首先失去的水分是( )。

A. 自由水　　　　　　B. 吸附水　　　　　　C. 化合水　　　　　　D. 结晶水

6. 干燥的木材吸水后,其先失去的水分是( )。

A. 纵向　　　　　　　B. 径向　　　　　　　C. 弦向　　　　　　　D. 斜向

7. 含水率对木材强度影响最大的是( )。

A. 顺纹抗压　　　　　B. 横纹抗压　　　　　C. 顺纹抗拉　　　　　D. 横纹抗剪

8. 木材加工使用前应预先将木材干燥至( )。

A. 纤维饱和点　　　　B. 标准含水率　　　　C. 平衡含水率　　　　D. 饱和含水率

9. 木材的含水率在( )以下,木材中的腐朽菌就停止繁殖和生存。

A. 20%　　　　　　　B. 25%　　　　　　　C. 30%　　　　　　　D. 35%

10. 木材的强度具有以下规律( )。

A. 顺纹抗压强度>顺纹抗拉强度　　　　　B. 顺纹抗拉强度>横纹抗拉强度

C. 顺纹抗剪强度>横纹抗剪强度　　　　　D. 横纹抗拉强度>横纹切断强度

三、多项选择题

1. 木材含水率变化对以下哪两种强度影响较大?( )

A. 顺纹抗压强度　　　B. 顺纹抗拉强度　　　C. 抗弯强度　　　　　D. 顺纹抗剪强度

2. 木材的疵病主要有（　　　）。

A. 木节　　　　　　　B. 腐朽　　　　　　　C. 斜纹　　　　　　　D. 虫害

3. 下列选项为影响木材强度的因素的有（　　　）。

A. 纤维饱和点以下含水率变化　　　　　　B. 纤维饱和点以上含水率变化

C. 负荷时间　　　　　　　　　　　　　　D. 疵病

4. 木材防腐、防虫的主要方法有（　　　）。

A. 通风干燥　　　　　B. 隔水隔气　　　　　C. 表面涂漆　　　　　D. 化学处理

5. 低于纤维饱和点时，木材含水量的降低会导致（　　　）。

A. 强度增大　　　　　B. 强度减小　　　　　C. 体积增大　　　　　D. 体积减小

四、判断题

1. 水曲柳属针叶树树材。（　　　）

2. 木材使用前需干燥，窑干木材含水率应不小于其纤维饱和点。（　　　）

3. 木材的横纹抗拉强度高于其顺纹抗拉强度。（　　　）

4. 锯材可分为板材和枋材，凡宽度为厚度三倍或三倍以上的，称为板材。（　　　）

5. 胶合板可消除各向异性及木节缺陷的影响。（　　　）

6. 木材的含水率增大时，体积一定膨胀；含水率减少时，体积一定收缩。（　　　）

7. 当夏材率高时，木材的强度高，表观密度也大。（　　　）

8. 真菌在木材中生存和繁殖，必须具备适当的水分、空气和温度等条件。（　　　）

9. 针叶树材强度极高，表观密度和膨胀变形较小。（　　　）

10. 纤维饱和点是木材强度和体积随含水率发生变化的转折点。（　　　）

成绩评定单

成绩评定单如表 10-5 所示

表 10-5　成绩评定单

检查项目	分项总分	个人自评(20%)	组内互评(30%)	教师评定(50%)
学习态度	20			
知识掌握	15			
技能应用	15			
任务完成	25			
爱护公物	10			
团队合作	15			
合计	100			

任务 3 建筑陶瓷的应用

陶瓷自古以来就是建筑物的重要材料。建筑装饰陶瓷坚固耐用、装饰性好、功能性强。建筑装饰陶瓷的发展非常迅猛,新产品不断涌现。随着人们生活水平的不断提高,建筑陶瓷具有的良好特性逐渐被人们共识,建筑陶瓷在建筑工程及建筑装饰工程中的应用将更广泛。

教学目标

知识目标

(1)了解陶瓷的分类;

(2)掌握陶瓷的选用原则。

技能目标

会根据工程需要选用陶瓷产品。

学习任务单

任务描述

某校三号教学楼主体建成之后,需要立即对各教室和办公室铺贴地面砖,由于教学楼人流量较大,对地面砖要求陶瓷硬度和耐磨性较高。中标装修公司将新来的大学生小王派上用场,要他对市场上的陶瓷进行考察,挑选出合适的产品;将挑选的产品交给工人铺贴,并确保工程质量。小王该怎样完成这些任务?

咨询清单

(1)陶瓷的概念与分类。

(2)常用陶瓷制品的特点及应用。

成果要求

任务描述中的陶瓷选型结果及原因分析。

完成时间

资讯学习 20 min,任务完成 20 min,评估 10 min。

资讯交底单

一、建筑装饰陶瓷种类

陶瓷通常是指以黏土为主要材料,经原料处理、配料、制坯、干燥和焙烧而制成的无机非金属材料。建筑装饰陶瓷是指用于建筑物饰面或作为建筑构件的陶瓷制品。建筑陶瓷具有强度高、性能稳定、耐腐蚀性好、耐磨、防水、防火、易清洗和装饰性好等特点。

陶瓷制品的品种繁多,它们之间的化学成分、矿物组织、物理性质以及制造方法各不相同。

1. 按坯体的物理性质和特征分类

(1)陶瓷:以陶土、河沙等为主要原料,经低温烧制而成。通常具有一定的气孔率和吸水率,断面粗糙无光,不透明,敲之声音粗哑,可施釉或无釉,根据原材料中杂质的多少可分为粗陶和精陶。建筑上常用的砖瓦及陶管等属于粗陶,而地砖、卫生洁具、外墙砖和釉面砖等属于精陶。

(2)瓷器:以高岭石或磨细的岩石粉,如瓷土粉、长石粉、石英粉为原料,经过精细加工成型后,在 1 250～1 450 ℃的温度下烧制而成,瓷器的坯体致密、基本不吸水、色泽好、强度高、耐磨性好,具有半透明性。表面通常施釉。根据原料中杂质的多少可分为粗瓷和精瓷。

(3)炻器:以耐火黏土为主要原料制成,在 1 200～1 300 ℃的温度下烧成后呈浅黄色或白色。它是介于陶器和瓷器之间的一类产品,统称为炻器,也称半瓷,按其坯体是不是细密、均匀及粗糙程度分为粗炻器和细炻器两大类。建筑装饰用的外墙砖、地砖以及耐酸化工陶瓷、水缸等均属于粗炻器,日用炻器及陈设品,如我国著名的宜兴紫砂陶即是一种无釉细陶。

2. 按功能分类

(1)卫生陶瓷:洁具、便器、容器。
(2)釉面砖:白色或装饰釉面砖、陶瓷画、瓷砖。
(3)墙地砖:地砖、陶瓷锦砖(马赛克)。
(4)园林陶瓷:盆景、花瓶。
(5)古建筑陶瓷:琉璃瓦、琉璃装饰、琉璃制品。

二、常用陶瓷制品特点及应用

1. 釉面内墙砖

1)釉面内墙砖的概念

釉面内墙砖也称瓷砖、瓷片,简称"釉面砖",釉面砖是以难溶黏土为主要原料,加入一定的助溶剂,经研磨、烘干成为含有一定水分的坯料之后,再经烘干、铸模、施釉和烧结等工序制成。这种瓷砖由胚体和釉面两部分构成。釉面色彩丰富,颜色稳定,经久不变。

2)釉面内墙砖的性能特点

釉面内墙砖强度高,耐磨性好,耐蚀性,抗冻性好,抗急冷急热,耐污,易清洗。表面细腻,色彩和图案丰富,极富装饰性。在选用釉面内墙砖时,应注意其表面质量和装饰效果,还应重视其抗折、抗冲击性能,只有较好的力学性能,在使用过程中砖面的抗裂性才有保证,以便与基体粘贴。

3)釉面内墙砖的应用

釉面内墙砖被广泛地用于厨房、浴室、卫生间、实验室、精密仪器车间及医院等室内墙面。

但釉面内墙砖不宜用于室外,因釉面内墙砖是多孔的精陶坯体,在长期与空气接触过程中,特别是在潮湿的环境中使用,会吸收大量水分而产生吸湿膨胀现象。由于釉的吸湿膨胀非常小,当坯体吸湿膨胀的程度增长到使釉面处于张应力状态,应力超过釉的抗张强度时,釉面会发生开裂。如果用于室外,经长期冻融,更容易出现剥落掉皮现象。

施工时用水泥浆,不仅可改善灰浆的和易性,延缓水泥凝结时间,以保证铺贴时有足够的时间对所贴砖进行接缝调整,也有利于提高铺贴质量,还可以提高施工效率。

2. 陶瓷墙地砖

陶瓷墙地砖为陶瓷外墙面砖和室内外陶瓷铺地砖的统称。陶瓷墙地砖强度高,质地密实,吸水率小,热稳定性、耐磨性及抗冻性均较好。墙地砖包括炻质砖和细炻砖,有施釉和不施釉两种,墙地砖背面有凹凸的沟槽,并有一定的吸水性,用以和基层墙面黏结。

外墙砖由于受风吹日晒、冷热冻融等自然因素的作用较严重,因而要求其不仅具有装饰性能,更要满足一定的抗冻性、抗风化能力和耐污染性能。墙地砖要求具有较强的抗冲击性和耐磨性。墙地砖的表面质感多种多样,通过配料和改变制作工艺,可制成平面、麻面、毛面、磨光面、抛光面、纹点面、仿花岗石面、压花浮雕表面、无光釉面、有光釉面、金属光泽面、防滑面和耐磨面等不同制品。

3. 陶瓷马赛克

陶瓷马赛克又称为陶瓷锦砖,是一种将边长不大于 50 mm 的片状瓷片铺贴在牛皮纸上形成色彩丰富、图案多样的装饰砖,所以又称为“纸皮砖”,如图 10-16 所示。这种产品出厂时,已将带有花色图案的锦砖根据设计要求反贴在牛皮纸上,称作一联,联的边长有 284 mm、295 mm、305 mm、325 mm 4 种,其中最常见的是 305 mm。

陶瓷锦砖采用优质瓷土烧制而成,具有质地坚硬、耐磨、吸水率极小(小于 0.2%)、耐酸碱、耐火、不渗水、易清洗、抗急冷急热、防滑性好、颜色丰富、图案多样等特点。陶瓷锦砖适用范围很广,不仅适用于清洁车间、门厅、餐厅、卫生间、化验室等处的地面和墙面饰面,还可用于室内外游泳区,海洋馆的池底、池边沿及地面的铺设。而当其用作内外墙饰面时,又可镶拼成各种壁画,形成别具风格的锦砖壁画艺术。

4. 琉璃制品

琉璃制品是以难溶优质黏土作为原料,经配料、成型、干燥、素烧、施色釉,再经烧制而成的制品。琉璃制品的特点是质地细腻坚实、耐久性强、不易褪色、耐污性好、色泽丰富多彩、造型古朴。

建筑琉璃制品分为瓦类、脊类和饰件类。主要用于宫殿式建筑和纪念性建筑上,也常用于园林建筑中,还有陈设用的各种工艺品,如琉璃桌、绣墩、花盆、花瓶等。琉璃瓦是我国古建筑中一种高级的屋面材料(见图 10-17),用琉璃制品装饰的建筑物富丽堂皇、雄伟壮观,富有我国传统的民族特色。

图 10-16　陶瓷马赛克

图 10-17　琉璃瓦

5.建筑卫生陶瓷

卫生陶瓷是用作卫生设施的有釉陶瓷制品的总称,是以磨细的石英粉、长石粉及黏土等为主要原料,经细加工注浆成型,一次烧制而成的表面有釉的陶瓷制品。卫生陶瓷具有结构致密、吸水率小、强度较高、便于清洗、耐化学侵蚀、热稳定性好等特点。

卫生洁具是现代建筑中室内配套不可缺少的组成部分,主要有洗脸盆、浴缸、便器等。建筑卫生陶瓷朝着功能化、高档化和艺术化方向发展。

任务实施

任务描述中的陶瓷选型结果及原因分析。分析过程可将考察到的瓷砖类型和价位用多媒体形式归纳整理后展示出来,展示过程最好做到图文并茂。

课后练习与作业

一、实践应用

地面瓷砖铺贴后不久,瓷砖表面出现裂纹现象,请分析原因并提出解决措施。

成绩评定单

成绩评定单如表 10-6 所示

表 10-6　成绩评定单

检查项目	分项总分	个人自评(20%)	组内互评(30%)	教师评定(50%)
学习态度	20			
知识掌握	15			
技能应用	15			
任务完成	25			
爱护公物	10			
团队合作	15			
合计	100			

任务 4 建筑玻璃的应用

建筑玻璃是以石英砂、纯碱、石灰石、长石为主要原料，经 1 550～1 600 ℃高温熔融、成型、冷却并裁割而得到的有透光性的固体材料。它是无规则的非晶态固体，没有固定的熔点，在物理和力学性能上表现为均值的各向同性。其主要成分为：72％左右的 SiO_2、15％左右的 Na_2O、9％左右的 CaO，另外，还有少量的 Al_2O_3 和 MgO 等，这些氧化物在玻璃中起着非常重要的作用，对玻璃的各种基本性能影响较大。

教学目标

知识目标

（1）了解玻璃的主要性质；

（2）掌握玻璃的主要品种及其应用。

技能目标

会根据工程需要选用玻璃。

学习任务单

任务描述

某校需要对新建的三号教学楼安装教室、过道和走廊的玻璃，要求位于低处的玻璃具有足够的强度。小王受公司派遣，立即到现场测量窗口尺寸，但他对市场并不熟悉，公司让他到当地市场对所有玻璃进行考察，挑选出合适的产品交给工人使用，并确保工程质量。小王该怎样完成这些任务？

咨询清单

（1）玻璃的主要性质。

（2）玻璃的品种。

（3）玻璃的选用。

成果要求

（1）将建筑工程常用的玻璃进行归类，总结它们的性质，并了解它们的一般价位。

（2）根据教学楼的需求，选择两种性价比较高的玻璃。

完成时间

资讯学习 20 min，任务完成 20 min，评估 10 min。

资讯交底单

一、建筑玻璃的主要性质

1. 密度

玻璃属于致密材料,内部几乎没有孔隙,其密度与化学组成密切相关。不同的玻璃密度相差较大,普通玻璃的密度为 $2.5\sim2.6$ g/cm³。

2. 光学性能

光学性质是玻璃最重要的物理性质,因此玻璃被广泛用于建筑采光和装饰,也用于光学仪器和日用器皿等。

光线入射玻璃时,有反射、吸收和透射 3 种形式。许多具有特殊功能的新型玻璃(如吸热玻璃、热反射玻璃等),都是利用玻璃的这些特定光学性质而研制出来的。由于玻璃光学性能的差异,必须在建筑中选用不同性能的玻璃以满足实际需求。用于遮光和隔热的热反射玻璃,要求反射率高。而用于隔热、防眩作用的吸热玻璃,要求既能吸收大量的红外线辐射能,同时又能保持良好的透光性。

3. 玻璃的热工性质

玻璃的热工性质主要指其导热性和热稳定性等主要指标。

1) 导热性

玻璃是热的不良导体,常温时大体上与陶瓷制品相当,而远远低于各种金属材料,但随着温度的升高,玻璃的导热性增大。玻璃的性能除与温度有关外,还与玻璃的化学组成、密度和颜色等有关。

2) 热稳定性

玻璃经受剧烈的温度变化而不破坏的性能称为玻璃的热稳定性。玻璃的热稳定性用热膨胀系数来表示。热膨胀系数越小,玻璃的热稳定性越高。玻璃的热稳定性与玻璃的化学组成、体积及玻璃的表面缺陷等因素有关。

4. 玻璃的力学性质

玻璃的力学性质包括抗压强度、抗拉强度、抗弯强度、弹性模量和硬度等。玻璃的力学性质与其化学组成、制品形状、表面性质和加工方法等有关。除此之外,如果玻璃中含有未熔杂物、结石或具有细微裂纹,这些缺陷都会造成玻璃应力集中现象,从而使其强度降低。

在建筑工程中,玻璃的力学性质的主要指标为抗拉强度和脆性指标。玻璃的抗拉强度较小,为 $30\sim60$ MPa。在冲击力的作用下,玻璃极易破碎,是典型的脆性材料。普通玻璃的脆性指标为 1 300~1 500,脆性指标越大,说明脆性越大。

另外,常温下玻璃具有较好的弹性,普通玻璃的弹性模量为 $(6\sim7.5)\times104$ MPa,约为钢材的 1/3,但随着温度的升高,其弹性模量下降,直至出现塑性变形。玻璃具有较高的硬度,一般玻璃的莫氏硬度在 $4\sim7$ 之间,接近长石的硬度。

5．化学稳定性

建筑玻璃具有较好的化学稳定性,通常情况下,能对酸、碱、盐以及化学试剂或气体等有很好的抵抗能力,能抵抗除氢氟酸以外的各种酸类的侵蚀。

二、建筑玻璃的品种

按化学组成、用途、功能特性、制造方法的不同,玻璃有不同的种类。其中平板玻璃是建筑工程中应用量较大的建筑材料之一。

1．平板玻璃

平板玻璃是指未经其他加工的平板状玻璃制品,也称为白片玻璃或净片玻璃。它是玻璃中生产量最大、使用最多的一种,也是玻璃深加工的基础材料。平板玻璃属钠玻璃类,具有一定的强度,但质地较脆,主要用于装配门窗,起采光(透光率为85%~90%)、围护保温和隔声等作用。

平板玻璃按生产方法不同,可分为普通平板玻璃和浮法玻璃。其中,浮法玻璃工艺是现代最先进的平板玻璃生产方法,它具有产量高、质量好、品种多、生产效率高和经济效益好等诸多优点,其技术发展得非常迅速。我国大型玻璃生产线几乎全部采用浮法工艺。

1)平板玻璃的分类和规格

按照《平板玻璃》(GB 11614—2009)中规定的技术质量标准。平板玻璃按颜色属性分为无色透明平板玻璃和本体着色平板玻璃。按外观质量分为合格品、一等品和优等品。按公称厚度分为:2 mm、3 mm、4 mm、5 mm、6 mm、8 mm、10 mm、12 mm、15 mm、19 mm、22 mm、25 mm。

2)平板玻璃的尺寸偏差

按照《平板玻璃》(GB 11614—2009)中规定,平板玻璃应裁切成矩形,其长度和宽度的尺寸偏差应不超过表10-7的规定。

表 10-7　平板玻璃的尺寸偏差

公称厚度/mm	尺寸允许偏差/mm	
	尺寸≤3 000	尺寸>3 000
2~6	±2	±3
8~10	+2,-3	+3,-4
12~15	±3	±4
19~25	±5	±5

3)平板玻璃的外观质量

按照《平板玻璃》(GB 11614—2009)中的规定,平板玻璃合格品外观质量标准应符合表10-8的规定。

表 10-8　平板玻璃的尺寸偏差外观质量要求

缺 陷 种 类	质 量 要 求		
点状缺陷[a]	尺寸(L)/mm	允许个数限度	
	0.5≤L≤1.0	2×S	
	1.0<L≤2.0	1×S	
	2.0<L≤3.0	0.5×S	
	L>3.0	0	
点状缺陷密集度	尺寸≥0.5 mm 的点状缺陷最小间距不小于 300 mm;直径 100 mm 圆内尺寸≥0.3 mm 的点状缺陷不超过 3 个		
线道	不允许		
裂纹	不允许		
划伤	允许范围	允许条数限度	
	宽≤0.5 mm,长≤60 mm	3×S	
光学变形	公称厚度	无色透明平板玻璃	本体着色平板玻璃
	2 mm	≥40°	≥40°
	3 mm	≥45°	≥40°
	≥4 mm	≥50°	≥45°
断面缺陷	公称厚度不超过 8 mm 时,不超过玻璃板的厚度;8 mm 以上时,不超过 8 mm		

注:S 是以平方米为单位的玻璃板面积数值,按 GB/T 8170 修约,保留小数点后两位。点状缺陷的允许个数限度及划伤的允许条数限度为各系数与 S 相乘所得的数值,按 GB/T 8170 修约至整数。

[a] 光畸变点视为 0.5～1.0 mm 的点状缺陷

4) 平板玻璃的光学特征

透光率是衡量玻璃的透光能力的重要指标,在光线透过玻璃时,玻璃表面发生光线的折射,玻璃内部会吸收部分光线,从而使透过光线的强度降低。平板玻璃透光度高、易切割。它可作为钢化玻璃、夹层玻璃、镀膜玻璃、中空玻璃等深加工玻璃的原片。

2. 装饰玻璃

1) 彩色玻璃

彩色玻璃又称有色玻璃,按透明程度可分为透明彩色玻璃、半透明彩色玻璃和不透明彩色玻璃 3 种。

透明彩色玻璃即本体着色平板玻璃,它是在玻璃原料中加入一定的起着色作用的金属氧化物。

半透明彩色玻璃又称乳浊玻璃,在玻璃原料中加入乳浊剂,可以制成饰面砖和饰面板。

不透明彩色玻璃又称饰面玻璃,比较常见的主要是釉面玻璃,它是将已切割裁好的一定尺寸的玻璃表面涂敷一层彩色易熔性色釉,再经焙烧、退火或者钢化等热处理工序,使色釉与玻璃表面牢固的黏结在一起,制成玻璃,具有美丽的图案。

2）花纹玻璃

花纹玻璃是将玻璃按一定的图案和花纹,对其表面进行雕刻、印刻或部分喷砂而制成的一种装饰玻璃。依照加工方法的不同,花纹玻璃一般可分为压花玻璃、喷花玻璃和刻花玻璃等几种。

3）磨砂玻璃

磨砂玻璃又称毛玻璃,采用硅砂、金刚砂和刚玉粉等作为研磨材料,加水研磨玻璃表面制成的,而喷砂玻璃是压缩空气把细沙喷到玻璃表面制成的,如图 10-18所示。

图 10-18　磨砂玻璃

磨砂玻璃的特点是表面粗糙、透光而不透视,可使透过它的光线产生漫反射,使室内光线柔和。磨砂玻璃广泛用于办公室、住宅、会议室等的门、窗以及卫生间、浴室等部位,还可用作黑板。

4）镜面玻璃

镜面玻璃又名涂层玻璃或镀膜玻璃。它是在玻璃表面镀一层金属及金属氧化物或有机物薄膜,用来控制玻璃的透光率,提高玻璃对光线的控制能力。镜面玻璃的涂层色彩丰富,在镀镜之前还可对玻璃基材进行雕刻、磨砂和彩绘等,以提高玻璃的装饰性。

镜面玻璃的特点是反射能力强,且反射的物象不失真,并可调节室内的明亮程度,使光线柔和舒适,同时还具有一定的节能效果。

常用的镜面玻璃一般分为明镜、墨镜、彩绘和雕刻镜。

5）玻璃马赛克

玻璃马赛克又称玻璃锦砖或玻璃纸皮砖,是一种小规格的彩色饰面玻璃,如图 10-19 所示。它是以玻璃为基础材料并含有未熔化的微小晶体(主要是石英砂)的乳浊制品,其内部含有大量的玻璃相、少量的结晶相和部分气泡的非均匀质结构。每一单小块玻璃马赛克的规格一般为 20～60 mm 见方、厚度 4～6 mm,四周侧面呈斜面,正面光滑,一面光滑,另一面带有槽纹,以利于铺贴和砂浆的黏结。

玻璃马赛克具有样式多、美观;性能稳定,耐久性好;施工方便、价格合理等性能特点。玻璃马赛克主要用于建筑物外墙饰面的保护和装饰,还可以利用其小巧、颜色丰富的特点镶嵌出各种文化艺术图案和壁画等,也可在浴室、厨房等部位作装饰用。

图 10-19　玻璃马赛克

6）空心玻璃砖

空心玻璃砖是由两个凹型玻璃砖坯(如同玻璃烟灰缸)熔接而成的玻璃制品。周边密封,空腔内有干燥空气并存在微负压,玻璃壁一般厚 8～10 mm,在玻璃砖的内侧压有花纹,所以其采光性能独特,另外它还具有比较好的隔热隔音性能和控制光线性能,可防结露现象和减少灰尘透过,是一种高贵典雅的建筑装饰材料,如图 10-20 所示。

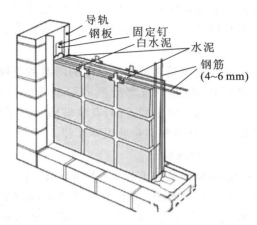

图 10-20　空心玻璃砖

空心玻璃砖可分为单腔和双腔两种。空心玻璃砖的透光率与中空玻璃相近,用其作为墙体材料也可达到透光不透视的效果,使室内光线柔和。另外,空心玻璃砖的防火性能和抗压强度也较普通玻璃优越得多。主要用于非承重墙有透光要求的墙体,如体育馆、医院的一些墙体等,另外还可用作办公楼、写字楼、住宅等内部非承重墙的隔断、柱子等。

3. 安全玻璃

安全玻璃与普通玻璃相比,力学强度高、抗冲击性好,击碎时的碎片不会伤人,有些还具有防火防盗等功能。比较常见的安全玻璃包括钢化玻璃、夹丝玻璃、夹层玻璃和钛化玻璃等。

1) 钢化玻璃

钢化玻璃又名强化玻璃,是安全玻璃中最具有代表性的一种,它是普通平板玻璃通过物理钢化(淬火)和化学钢化来增加玻璃强度的,如图 10-21 所示。

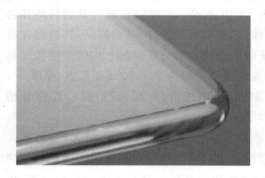

图 10-21　钢化玻璃

钢化玻璃具有机械强度高、弹性好、热稳定性好的特点。钢化玻璃的抗折强度约为普通玻璃的 4 倍,可达 125 MPa 以上。普通平板玻璃弯曲变形只能有几毫米,而同规格的钢化玻璃的弹性则大得多,一块 1 200 mm×350 mm×6 mm 的钢化玻璃,受力后可发生达 100 mm 的弯曲挠度,当外力撤销后,仍能恢复原状。钢化玻璃的最大安全温度约为 288 ℃,可承受 204 ℃ 的温差变化。其热稳定性高于普通玻璃,在极冷极热作用时,玻璃不易发生爆炸。钢化玻璃内应力很高,若偶然因素作用打破了内应力的平衡状态,会产生瞬间失衡而自动破坏,这一现象称为钢化玻璃的自爆。

钢化玻璃制品具有优良的机械性能和耐热性能。钢化玻璃制品种类多样,有平面钢化玻璃、曲面钢化玻璃、半钢化玻璃、吸热钢化玻璃等。平面钢化玻璃主要用于建筑物的门窗、幕墙、橱窗、家具、桌面等;曲面钢化玻璃主要用于汽车车窗;半钢化玻璃主要用于暖房、温室玻璃窗。

2) 夹丝玻璃

夹丝玻璃又名钢丝玻璃,即在玻璃加热到红热软化状态时,把经过预热处理过的钢丝(网)压入到玻璃中间再经退火、切割而制成。夹丝玻璃品种主要有压花夹丝玻璃、磨光夹丝玻璃,有彩色的和无色透明的两种,如图 10-22 所示。

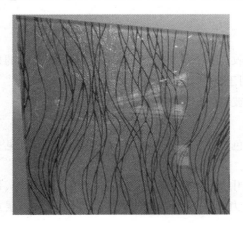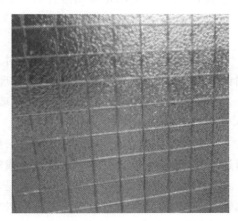

图 10-22　夹丝玻璃

夹丝玻璃具有良好的耐冲击性和耐热性。钢丝网起到骨架的作用,如遇到外力冲击或温度骤变,即使玻璃无法抵抗而开裂,但由于钢丝网与玻璃黏结成一体,碎片仍附着在钢丝网上,不致四处飞溅伤人,因此夹丝玻璃属于安全玻璃。夹丝玻璃可以切割,主要用于建筑物的天窗、采光屋顶、仓库门窗、防火门窗及其他有防盗、防火功能要求的建筑部位;还可用于室内隔断、居室门窗等。

3) 夹层玻璃

夹层玻璃是在两片或多片平板玻璃之间嵌夹透明塑料薄片,经加热、加压黏合而成的平面或曲面复合玻璃制品。生产夹层玻璃的原片可以采用普通平板玻璃、钢化玻璃,也可以采用吸热玻璃或热反射玻璃,其中嵌夹的中间层薄片常用的是 PVB(聚乙烯醇缩丁醛),EVA(乙烯-醋酸乙烯共聚物)等材料。夹层玻璃的层数有 2 层、3 层、5 层、7 层、9 层,建筑上常用两层夹层玻璃,原来的厚度通常为:2 mm+3 mm、3 mm+3 mm、3 mm+5 mm 等组合。夹层玻璃的构造如图 10-23 所示。

夹层玻璃具有抗冲击能力强、安全性高、耐用和使用范围广等特点;但夹层玻璃一般不可切割。

夹层玻璃的抗冲击能力比同等规格的普通平板玻

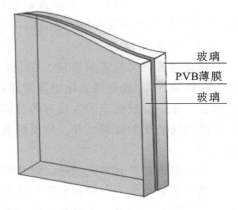

玻璃
PVB薄膜
玻璃

图 10-23　夹层玻璃的构造

璃高出几倍,其安全性好。夹层玻璃还具有良好的透明度,若使用不同的塑料夹层还可制成颜色多样的色彩夹层玻璃,另外由于塑料夹层的作用,夹层玻璃还具有隔声和保温等辅助功能。

夹层玻璃主要用于商店、银行橱窗、隔断及下水工程,或者其他有防弹、防盗等特殊安全要求的建筑门窗、天窗、楼梯栏杆等处,除此之外,还可作为汽车、飞机的挡风玻璃。

4)钛化玻璃

钛化玻璃是将钛金薄膜紧贴在任意一种玻璃基材之上形成的新型玻璃。钛化玻璃的强度是一般玻璃的四倍,阳光透过率可达97%,防紫外线能力可达99%,不会自爆,也没有碎片伤害性且加工方便,因此钛化玻璃是公认的最安全的玻璃。

4. 节能玻璃

节能玻璃不仅色彩多样,而且具有对光和热的吸收、透射和反射能力,当其用于建筑物的外墙窗玻璃幕墙时,可显著降低建筑能耗,现已广泛应用于各种建筑物中。

建筑上常用的节能装饰玻璃有吸热玻璃、热反射玻璃、低辐射镀膜玻璃和中空玻璃等。

1)吸热玻璃

吸热玻璃因其通常带有一定的颜色,所以又名着色玻璃。它是一种既能保持较高的可见光透过率,又能显著吸收阳光中大量红外线辐射的玻璃。

生产吸热玻璃的方法有两种:一种是在普通玻璃中加入着色氧化物,如氧化铁、氧化镍、氧化钴等,使玻璃具有强烈吸收阳光中红外线辐射的能力;另一种是在平板玻璃表面喷涂一层或多层具有吸热和着色能力的氧化锡、氧化锑薄膜而制成。

吸热玻璃按颜色分为灰色、茶色、绿色、古铜色、金色、棕色或蓝色等,其中蓝色、茶色最为常见。

吸热玻璃具有吸收太阳辐射热、吸收太阳可见光、具有一定的透明度、色泽经久不变等性能特点。

凡既需要采光又需隔热之处均可采用吸热玻璃。吸热玻璃装饰效果优良,若使用不同颜色的吸热玻璃还能合理利用太阳光,调节室内温度,节省空调能耗,还可以将吸热玻璃进行加工制成夹层玻璃、中空玻璃等。目前普通吸热玻璃已广泛应用于高档建筑物的门窗或玻璃幕墙以及车、船等的挡风玻璃等部位。

2)热反射玻璃

热反射玻璃又名镀膜玻璃。它是在无色透明的平板玻璃上,镀上一层金属(如金、银、铜、铝、镍、铬和铁等)或金属氧化物薄膜或有机物薄膜,使其具有较高的热反应性,又保持良好的透光性能。生产镀膜玻璃的方法有热分解法、喷涂法、浸涂法、金属离子迁移法、真空镀膜法、真空磁控溅射法和化学浸渍法等。热反射玻璃常见的颜色有灰色、青铜色、茶色、金色、浅蓝色和古铜色等。

热反射玻璃具有对光线的反射和遮蔽作用、单向透视性、镜面效应等特点。

热反射玻璃作为一种新型建筑玻璃,具有装饰和节能的作用,主要用于玻璃幕墙、内外门窗及室内装饰等。为进一步提高节能效果,人们还常把热反射玻璃加工成高性能的中空玻璃。热反射玻璃自20世纪80年代在我国出现后发展迅速,现阶段很多城市的写字楼、办公楼都是用热反射玻璃作为围护材料。

3) 低辐射镀膜玻璃

低辐射镀膜玻璃又名低辐射玻璃、"Low－E"玻璃,是镀膜玻璃的一种,它对波长范围在 $4.5 \sim 25 \ \mu m$ 的远红外线有较高的反射比,其表面辐射率低,可见光透过率适中,有利于自然采光,可节省照明费用。这种玻璃的镀膜具有很低的热辐射性,室内被阳光加热的物体所辐射的远红外光很难通过这种玻璃辐射出去,可以保持 90％的室内热量,因而具有良好的保温效果。此外,低辐射玻璃还具有较强的阻止紫外线透射的功能,可有效地防止室内陈设物品、家具等受紫外线照射产生老化和褪色等现象。

低辐射玻璃的主要规格有 1 500 mm×900 mm、1 500 mm×1 200 mm、1 800 mm×750 mm、1 800 mm×1 600 mm 和 2 200 mm×1 250 mm。

低辐射玻璃一般不单独使用,常与普通平板玻璃、浮法玻璃、钢化玻璃等配合,制成高性能的中空玻璃。

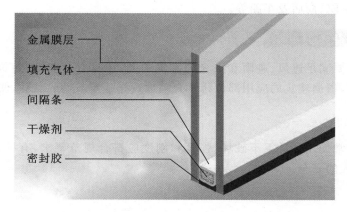

金属膜层
填充气体
间隔条
干燥剂
密封胶

图 10-24　中空玻璃构造

4) 中空玻璃

中空玻璃(见图 10-24)是由两层或多层片状玻璃用边框支撑并均匀隔开,中间充以干燥的空气或惰性气体,四周边缘部分用胶黏结密封而达到保温隔热效果的节能玻璃制品。中空玻璃按玻璃层数,有双层和多层之分,一般多为双层结构。

中空玻璃的"空"是指在两层片状玻璃之间充有的空气(或惰性气体),空气层厚度通常有 6 mm、9～10 mm、12～20 mm 等尺寸。正是由于这"空"的存在,才让中空玻璃有了绝佳的保温隔热性能。高性能中空玻璃的外侧玻璃原片应为低辐射玻璃。

(1) 中空玻璃的节能原理。中空玻璃腹腔内的空气是等压密封的,不产生对流传热。热量在中空层的传递通过热传导辐射进行。由于平板玻璃之间的长波辐射、热辐射比一层玻璃要低,而且气体层阻断了热传导和对流的通道,从而使传热系数降低,达到节能的目的。

(2) 中空玻璃的性能特点。

① 光学性能。中空玻璃的光学性能主要取决于所选用玻璃原片的种类,不同的玻璃原片制成的中空玻璃,其可见光透过率、太阳反射率、吸收率及色彩变化范围相差很大。中空玻璃的可见透视范围为 10％～80％,光反射率为 25％～80％,总透过率为 25％～50％。

② 隔声性能。中空玻璃具有良好的隔声性能,一般可以降低噪声 30～40 dB。

③ 中空玻璃隔热性能良好。厚度为 3～12 mm 的无色透明玻璃,其传热系数为 6.5～

5.9 W/(m²×K)。而以 6 mm 厚玻璃为原片,比例间隔为 6 mm 和 9 mm 的普通中空玻璃,其传热系数分别为 3.4 W/(m²×K) 和 3.1 W/(m²×K),大体相当于 100 mm 厚普通混凝土的保温效果。由双层热反射玻璃或低辐射玻璃制成的高性能中空玻璃,隔热保温性能更好。尤其适用于严寒和寒冷的地区;当夏热冬冷地区和炎热地区采用中空玻璃时,必须对其进行进一步的节能改造。

④露点。在室内一定的温度环境下。物体表面温度降到一定温度时,湿空气使其表面结露,只有结霜(表面温度在 0 ℃以下)结露时的温度叫作露点。玻璃窗在结露之后严重影响玻璃的光学性能,一般普通的单面玻璃窗容易产生结露现象。中空玻璃的抗结露能力比较强。

⑤装饰性能好。由于可以使用不同种类的原片玻璃制造,所以中空玻璃品种较多,装饰效果多样。

⑥中空玻璃的应用。中空玻璃主要用于采暖、空调、隔声、抵抗结露等建筑物上,如住宅、宾馆、办公楼、学校、医院、商店及车船等。

三、建筑玻璃的选用

建筑玻璃除了要满足遮风、避雨和采光的基本功能,还具有节能性、装饰性、安全性。在保证安全性的前提下,根据建筑的应用部位科学合理地选择建筑玻璃的品种,使其充分发挥作用。

1. 安全性

建筑玻璃在正常使用条件下不破坏,强度和刚度应符合规范要求,有些建筑部位必须使用安全玻璃,以保证人的安全。

2. 功能性

建筑玻璃具有隔热性、隔声性、防火性等功能。如防火玻璃能有效地限制玻璃表面的热传递,在受热后变成不透明,并且具有一定的抗热冲击强度。

3. 经济性

在保证安全性和功能性的前提下,应尽量降低造价,科学合理地选择玻璃的品种。如在严寒和寒冷地区选择中空玻璃,不但隔热性能好,而且可以减少制冷和采暖能耗。

任务实施

1. 将玻璃的技术性质归纳总结,并提出几种常用在公共场所的玻璃品种及价位,比如商场、学校、医院和写字楼。

2. 为学校走廊、过道和教室选择两种合适的玻璃,并提出设计方案。

课后练习与作业

一、填空题

1. 安全玻璃主要有＿＿＿＿＿＿＿＿＿、＿＿＿＿＿＿＿＿＿、＿＿＿＿＿＿＿＿＿和＿＿＿＿＿＿＿＿＿。

2. 热反射玻璃具有_____和_____功能。

3. 玻璃的主要性质包括_____、_____、_____

和_____。

二、实践应用

1. 玻璃在建筑上有哪些用途,普通玻璃有哪些特征?

2. 安全玻璃主要包括哪几种?各自特点是什么?

成绩评定单

成绩评定单如表10-9所示

表 10-9　成绩评定单

检查项目	分项总分	个人自评(20%)	组内互评(30%)	教师评定(50%)
学习态度	20			
知识掌握	15			
技能应用	15			
任务完成	25			
爱护公物	10			
团队合作	15			
合计	100			

11

高分子材料的应用

　　高分子材料作为高新技术的产物,在建筑中的重要性越来越凸显,甚至已经成为现代建筑的重要材料之一。环顾周围,越来越多的传统材料正在被性能更加优越的高分子材料代替,高分子材料的应用将人类的生活带入到一个全新的阶段,对人类社会的发展起到了十分重要的推动作用。

　　高分子建材是新型建材的主导品种,现已成为除水泥、玻璃、陶瓷之外的第四大类建材。高分子建材生产能耗低、自重轻、施工方便且环保,并能提高建筑功能与质量,改善居住条件,也使人类的物质生活得以改善,是"节约型"建材,因此世界各个国家都把它放在优先发展的位置。

　　高分子材料按来源分为天然高分子材料和合成高分子材料。天然高分子材料是存在于动物、植物及生物体内的高分子物质,可分为天然纤维、天然树脂、天然橡胶、动物胶等。合成高分子材料主要是指塑料、合成橡胶和合成纤维三大合成材料,此外还包括胶黏剂、涂料以及各种功能性高分子材料。合成高分子材料具有天然高分子材料所没有的或较为优越的性能——较小的密度、较高的力学性能、耐磨性、耐腐蚀性、电绝缘性等。

任务 1 建筑塑料的应用

教学目标

知识目标

(1)了解塑料的组成;

(2)熟悉建筑塑料的性质、分类和品种;

(3)掌握常用建筑塑料的特性及用途。

技能目标

能够根据不同的建筑工程选用合适的建筑塑料。

学习任务单

任务描述

某工程需要选购塑料管道用于给排水安装。小王受公司派遣,需要在考察塑料给排水管后采购质量好、价格合理的产品。小王该怎样完成这项任务?

咨询清单

(1) 建筑塑料的特点。

(2) 建筑塑料品种及应用。

成果要求

提供当前应用最多的塑料给排水管的类型、品牌、性能和市场价格。

完成时间

资讯学习 20 min,任务完成 20 min,评估 10 min。

资讯交底单

塑料是以合成树脂为主要成分,加入各种填充料和添加剂,如稳定剂、增塑剂、增强剂、填料、着色剂等,在一定的温度、压力条件下塑制而成的材料。建筑塑料在一定的温度和压力下具有较大的塑性,容易制作成各种形状尺寸的制品,成型后,在常温下又能保持既得的形状和必需的强度。一般习惯将用于建筑及装饰工程中的塑料及制品称为建筑装饰塑料。

合成树脂 + 添加剂 = 塑料

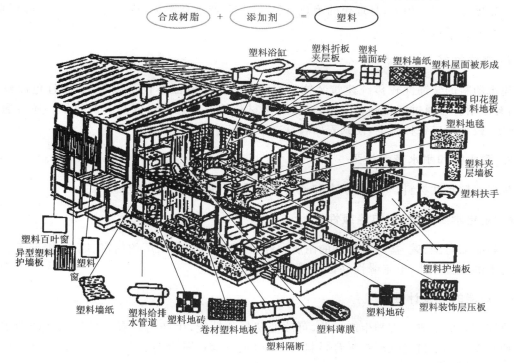

图 11-1 建筑塑料产品在房屋建造中的应用

目前,塑料成为继金属材料、木材等之后的重要建筑装饰材料,广泛应用于建筑与装饰工程中,有着非常广阔的发展前景。如图 11-1 所示。塑料可用作装修装饰材料,制成塑料门窗、塑料装饰板、塑料地板等;可制成塑料管道、卫生设备以及绝热、隔音材料,如聚苯乙烯泡沫塑料等;可制成涂料,如过氯乙烯溶液涂料、增强涂料等;也可作为防水材料,如塑料防潮膜、嵌缝材料和止水带等;还可制成黏合剂、绝缘材料等用于建筑中。

一、建筑塑料的特点

建筑装饰塑料与传统的建筑装饰材料相比,具有以下一些优良的特性。

1. 优良的加工性能

塑料可采用比较简单的方法制成各种形状的产品,如薄板、薄膜、管材、异形材料等,并可采用机械化的大规模生产。

2. 质量轻,比强度高

塑料的密度为 $0.8 \sim 2.2$ g/cm³,是钢材的 1/5,混凝土的 1/3,铝的 1/2,与木材相近。塑料的比强度(强度与表观密度的比值)较高,已接近或超过钢材,为混凝土的 $5 \sim 15$ 倍,是一种优良的轻质高强材料。因此,塑料及其制品不仅应用于建筑装饰工程中,而且也广泛应用于航空、航天等许多军事工程中。

3. 绝热性好,吸声、隔音性好

塑料制品的热导率小,其导热能力为金属的 $1/500 \sim 1/600$,混凝土的 1/40,砖的 1/20,泡沫塑料的热导率与空气相当,是理想的绝热材料。塑料(特别是泡沫塑料)可减小振动,降低噪音,是良好的吸声材料。

4. 装饰性好

建筑塑料的装饰性较传统建筑装饰材料要好。塑料制品不仅可以着色,而且色泽鲜艳持久,图案清晰。可通过照相制版印刷,模仿天然材料的纹理达到以假乱真的效果。还可通过电镀、热压、烫金制成各种图案,使其表面具有立体感和金属的质感。

5. 耐水性和耐水蒸气性强

塑料属憎水性材料,一般吸水率和透气性很低,可用于防水、防潮工程。

6. 耐化学腐蚀性好,电绝缘性好

塑料制品对酸、碱、盐等有较好的耐腐蚀性,特别适合作化工厂的门窗、地面、墙壁等。塑料一般是电的不良导体,电绝缘性好,可与陶瓷、橡胶媲美。

7. 功能的可设计性强

改变塑料的组成配方与生产工艺,可改变塑料的性能,生产出具有多种特殊性能的工程材料。如强度超过钢材的碳纤维复合材料;具有承重、保温、隔声的复合板材;柔软而富有弹性的密封、防水材料等。

8. 经济性好

塑料制品是消耗能源低、使用价值高的材料。生产塑料的能耗低于传统材料,其范围为 $63\sim188$ kJ/m³,而钢材为 316 kJ/m³,铝材为 617 kJ/m³。塑料制品在安装使用过程中,施工和维修保养费用低,有些塑料产品还具有节能效果。如塑料窗保温隔热性好,可节省空调费用;塑料管内壁光滑,输水能力比铁管高 30%,节省能源十分可观。因此,广泛使用塑料及其制品有明显的经济效益和社会效益。

建筑装饰塑料虽然具有以上许多优点,但也存在一些缺点,有待进一步改进。建筑装饰塑料的缺点主要有以下几点。

1. 耐热性差

塑料一般受热后都会产生变形,甚至分解。一般的热塑性塑料的热变形温度仅为 $80\sim120$ ℃,热固性塑料的耐热性较好,但一般也不超过 150 ℃。在施工、使用和保养时,应注意这一特性。

2. 易燃烧

塑料材料是碳、氢、氧元素组成的高分子物质,遇火时很容易燃烧。塑料的燃烧可产生以下三种灾难性的后果。

(1) 燃烧迅速,放热剧烈。这种作用可使塑料或其他可燃材料猛烈燃烧,导致火焰迅速蔓延,使火势难以控制。

(2) 发烟量大,浓烟弥漫。浓烟会使人产生恐惧感,加重人们的恐慌心理。同时,浓烟使人难以辨明方向,阻碍自身逃逸,也妨碍被人救援。

(3) 生成毒气,使人窒息。塑料燃烧时放出的有毒气体使受害人在几秒或几十秒内,被毒害而丧失意识,甚至窒息死亡。近年来发生的重大火灾伤亡事故,无一不是由于毒害作用而致人死亡。

因此,塑料易燃烧的这一特性应引起人们足够的重视,在设计和工程中,应选用有阻燃性能的塑料,或采取必要的消防和防范措施。

3. 刚度小、易变形

塑料的弹性模量低,只有钢材的 $1/10\sim1/20$,且在荷载的长期作用下易产生蠕变,因此,塑料用作承重材料时应慎重。但在塑料中加入纤维增强材料,可大大提高其强度,甚至可超过钢材,在航天、航空结构中广泛应用。

4. 易老化

塑料制品在阳光、大气、热及周围环境中的酸、碱、盐等的作用下,各种性能将发生劣化,甚至发生脆断、破坏等现象。这是高分子材料的一般通病,但也不是不能克服。经改进后的建筑塑料制品,其使用寿命可大大延长,如德国的塑料门窗已应用 40 年以上,仍完好无损;经改进的聚氯乙烯塑料管道,使用寿命比铸铁管还长。

近年来,随着改性添加剂和加工工艺的不断发展,塑料制品的这些缺点也得到了很大改善,如在塑料中加入阻燃剂可使它成为具有自熄性和难燃性的产品等。总之,塑料制品的优点大于缺点,并且缺点是可以改进的,它必将成为今后建筑及装饰材料发展的重要品种之一。

二、建筑塑料的组成

1. 合成树脂

塑料的主要成分是合成树脂,占塑料总体重量的 $40\%\sim100\%$。所以塑料的基本性能取决于树脂的本性,但有时添加剂能有效地改进制品的性能。因此,塑料的组成可分为简单组分和复杂组分两类。简单组分的塑料,基本上由合成树脂组成。其中仅加入少量辅助材料,这一类塑料主要有聚乙烯、聚甲基丙烯酸甲酯等;也有的塑料除树脂外不加任何添加剂,如聚四氟乙烯。复杂组分的塑料,则由多种组分所组成,除树脂外,还加入填料、增塑剂、色料、稳定剂、润滑剂、促进剂等,这一类塑料主要有聚氯乙烯、酚醛塑料等。

用于塑料的热塑性树脂主要有聚乙烯、聚氯乙烯、聚甲基丙烯酸甲酯、聚苯乙烯、聚四氟乙烯等加聚高聚物;用于塑料的热固性树脂主要有酚醛树脂、脲醛树脂、不饱和树脂、不饱和聚酯树脂、环氧树脂、有机硅树脂等缩聚高聚物。

2. 增塑剂

增塑剂的主要作用是提高塑料加工时的可塑性和流动性,使其在较低的温度和压力下成型,提高塑料的弹性和韧性,改善其低温脆性,但会降低塑料制品的物理力学性能和耐热性。对增塑剂的要求是不易挥发,与合成树脂的相溶性好,稳定性好,其性能的变化不得影响塑料的性质。增塑剂一般采用不易挥发、高沸点的液体有机化合物,或者是低熔点的固体,常用的增塑剂有邻苯二甲酸二丁酯、邻苯二甲酸二辛酯、磷酸三甲酚酯、樟脑等。

3. 稳定剂

塑料在成型和加工使用过程中,因受热、光或氧的作用,随时间的增长会出现降解、氧化断链、交联等现象,造成塑料性能降低。加入稳定剂能使塑料长期保持工程性质,防止塑料的老化,延长塑料制品的使用寿命。如在聚丙烯塑料的加工成型中,加入炭黑作为紫外线吸收剂,能显著改变该塑料制品的耐候性。常用的稳定剂有抗老化剂、热稳定剂等,如硬脂酸盐、铅化物及环氧树脂等。包装食品用的塑料制品,必须选用无毒性的稳定剂。

4. 固化剂

固化剂也称硬化剂或熟化剂。它的主要作用是使线性高聚物交联成体型高聚物,使树脂具有热固性,形成稳定而坚硬的塑料制品。

酚醛树脂中常用的固化剂为乌洛托品(六亚甲基四胺),环氧树脂中常用的则为胺类(乙二胺、间苯二胺)、酸酐类(邻苯二甲酸酐、顺丁烯二酸酐)及高分子类(聚酰胺树脂)。

5. 填充料

填充料又称填料、填充剂,主要是一些化学性质不太活泼的粉状、块状或纤维状的无机化合物。填充料是塑料中不可缺少的原料,通常占塑料组成材料的 $40\%\sim70\%$。填充料的主要作用是提高塑料的强度、硬度、耐热性等性能,同时节约树脂,降低塑料的成本。如加入玻璃纤维填充料可提高塑料的强度,加入石棉填充料可增加塑料的耐热性,加入云母填充料可增加塑料的电绝缘性,加入石墨可增加塑料的耐磨性等。

常用的填充料有玻璃纤维、云母、石棉、木粉、滑石粉、石墨粉、石灰石粉、碳酸钙、陶土等。

6. 润滑剂

润滑剂可分为外润滑剂和内润滑剂。外润滑剂的作用是改善聚合物熔体与加工设备的热金属表面的摩擦。它与聚合物相容性较差,易从熔体内往外迁移,能在塑料熔体与金属的交界面形成润滑的薄层。内润滑剂与聚合物有良好的相容性,它在聚合物内部起到降低聚合物分子间内聚力的作用,从而改善塑料熔体的内摩擦生热和熔体的流动性。

常用的润滑剂有硬脂酸、硬脂酸丁酯、油酰胺、乙撑双硬脂酰胺等。

7. 着色剂

加入着色剂的目的是使塑料制品具有特定的颜色和光泽。对着色剂的要求是:光稳定性好,在阳光作用下不易褪色;热稳定性好,分解温度要高于塑料的加工和使用温度;在树脂中易分散,不易被油、水抽提;色泽鲜艳,着色力强;没有毒性,不污染产品;不影响塑料制品的物理和力学性能。

此外,为使塑料制品获得某种特殊性能,还可加入其他添加剂,如阻燃剂、润滑剂、发泡剂、防霉剂等。

三、常用的建筑塑料的特性及应用

1. 常用的建筑塑料

塑料按照受热时性能变化的不同,分为热塑性塑料和热固性塑料。热塑性塑料经加热成型,冷却硬化后,再经加热还具有可塑性;热固性塑料经初次加热成型并冷却固化后,再经加热也不会软化和产生塑性。常用的热塑性塑料有聚氯乙烯(PVC)、聚乙烯(PE)、聚丙烯(PP)、聚苯乙烯(PS)、有机玻璃(PMMA)等;常用的热固性塑料有酚醛树脂(PF)、不饱和聚酯树脂(UP)、环氧树脂(EP)、有机硅树脂(SI)、玻璃纤维增强塑料(GRP)等。

常用建筑装饰塑料的特性与用途见表 11-1。

表 11-1　常用建筑装饰塑料的特性与用途

名　　称	特　　性	用　　途
聚氯乙烯 (PVC)	耐化学腐蚀性和电绝缘性优良,力学性能较好,难燃,但耐热性差	有硬质、软质、轻质发泡制品,可制作地板、壁纸、管道、门窗、装饰板、防水材料、保温材料等,是建筑工程中应用最广泛的一种塑料
聚乙烯(PE)	柔韧性好,耐化学腐蚀性好,成型工艺好,但刚性差,易燃烧	主要用于防水材料、给排水管道、绝缘材料等
聚丙烯(PP)	耐化学腐蚀性好,力学性能和刚性超过聚乙烯,但收缩率大,低温脆性大	主要用于制作管道、容器、卫生洁具、耐腐蚀衬板等
聚苯乙烯 (PS)	透明度高,机械强度高,电绝缘性好,但脆性大,耐冲击性和耐热性差	主要用来制作泡沫隔热材料,也可用来制造灯具平顶板等

名　称	特　性	用　途
改性聚苯乙烯（ABS）	具有韧、硬、刚相均衡的力学性能,电绝缘性和耐化学腐蚀性好,尺寸稳定,但耐热性、耐候性较差	主要用于生产建筑五金和各种管材、模板、异形板等
有机玻璃（PMMA）	有较好的弹性、韧性、耐老化性,耐低温性好,透明度高,易燃	主要用作采光材料,可代替玻璃但性能优于玻璃
酚醛树脂（PF）	绝缘性和力学性能良好,耐水性、耐酸性好,坚固耐用,尺寸稳定,不易变形	生产各种层压板、玻璃钢制品、涂料和胶黏剂
不饱和聚酯树脂（UP）	可在低温下固化成型,耐化学腐蚀性和电绝缘性好,但固化收缩率较大	主要用于生产玻璃钢、涂料和聚酯装饰板等
环氧树脂（EP）	黏结性和力学性能优良,电绝缘性好,固化收缩率低,可在室温下固化成型	主要用于生产玻璃钢、涂料和胶黏剂等产品
有机硅树脂（SI）	耐高温、低温,耐腐蚀,稳定性好,绝缘性好	用于高级绝缘材料或防水材料
玻璃纤维增强塑料（又名玻璃钢,GRP）	强度特别高,质轻,成型工艺简单,除刚度不如钢材外,各种性能均很好	主要用于汽车制造用材及部件、火车车窗等

2. 常用的建筑塑料制品

建筑工程中塑料制品主要用作装饰材料、水暖工程材料、防水工程材料、结构材料及其他用途材料等。建筑中常用建筑塑料制品见表11-2。

表 11-2　建筑中常用塑料制品

分　类	主要塑料制品	
装饰材料	塑料地面材料	塑料地砖和塑料卷材地板
		塑料涂布地板
		塑料地毯
	塑料内墙面材料	塑料壁纸
		三聚氰胺装饰层压板、塑铝板等
		塑料墙面砖
	建筑涂料	内外墙有机高分子溶剂型涂料
		内外墙有机高分子乳液型涂料
		内墙有机高分子水溶性涂料
		有机复合涂料

续表

分　类	主要塑料制品	
装饰材料	塑料门窗	塑料门(框板门,镶板门)
		塑料窗、塑钢窗
		百叶窗、窗帘
	装修线材:踢脚线、画镜线、扶手、踏步	
	塑料建筑小五金,灯具	
	塑料平顶(吊平顶,发光平顶)	
	塑料隔断板	
水暖工程材料	给排水管材、管件、水落管	
	煤气管	
	卫生洁具:玻璃钢浴缸、水箱、洗脚池等	
防水工程材料	防水卷材、防水涂料、密封件、嵌缝材料、止水带	
隔热材料	泡沫塑料	
混凝土工程材料	塑料模板	
墙面及屋面材料	护墙板	异型板材、扣板、折板
		复合护墙板
	屋面板(屋面天窗、透明压花塑料顶棚)	
	屋面有机复合材料(聚四氟乙烯涂覆玻璃布)	
塑料建筑	充气建筑、塑料建筑物、盒子卫生间、厨房	

1)塑料装饰板

塑料装饰板是以树脂材料为基材或为浸渍材料,采用一定的生产工艺制成的具有装饰功能的板材。塑料装饰板具有质量轻、装饰性好、生产工艺简单、施工方便、易于保养、便于和其他材料复合等特点,在装饰工程中的用途越来越广泛。塑料装饰板按原材料的不同可分为硬质 PVC 装饰板、塑料贴面装饰板、有机玻璃装饰板、玻璃钢装饰板、塑料复合夹层板等类型;按结构和断面形式可分为平板、波形板、异形板、格子板等类型。

2)塑料壁纸

塑料壁纸是以纸或其他材料为基材,以聚氯乙烯为面层,经压延、涂布以及印刷、压花、发泡等多种工艺制成的一种墙面装饰材料。由于目前塑料壁纸所用的树脂均为聚氯乙烯,所以也称聚氯乙烯壁纸。塑料壁纸具有以下特点。

(1)装饰效果好。

由于塑料壁纸表面可进行印花、压花及发泡处理,能仿制天然石材、木纹、锦缎等,达到以假乱真的地步。还可按设计要求,印制适合各种环境的花纹图案,色彩也可任意调配,做到自然流畅、清淡高雅。

（2）性能优越。

塑料壁纸具有一定的伸缩性和耐裂强度，允许底层结构（如墙面、顶棚面等）有一定的裂缝。另外，塑料壁纸还可根据需要加工成难燃、吸声、防霉、防菌等特性的产品，且不易结露，不怕水洗，不易受机械损伤。

（3）粘贴方便。

纸基的塑料壁纸，可用普通的 107 胶或白乳胶粘贴，施工简单，且透气性好，陈旧后易于更换。塑料壁纸的湿纸状态强度仍然较好，可在尚未完全干燥的墙面上粘贴，而不致造成起鼓、剥落。

（4）易维修保养，使用寿命长。

塑料壁纸表面可清洗，对酸、碱有较强的抵抗能力。

综上所述，壁纸与其他材料相比，其艺术性、经济性和功能性综合指标最佳，是一种品种丰富、功能齐全的墙面装饰材料。选用时应以图案和色彩为主要指标，综合考虑价格和其他技术性能。

3）塑料地板

一般将用于地面装饰的各种塑料块板和铺地卷材统称为塑料地板，目前常用的塑料地板主要是聚氯乙烯（PVC）塑料地板。PVC 塑料地板具有较好的耐燃性和自熄性，色彩丰富，装饰效果好，脚感舒适，弹性好，耐磨，易清洁，尺寸稳定，施工方便，价格较低，是发展最早、最快的建筑装饰塑料制品，广泛应用于各类建筑的地面装饰。

4）塑钢门窗

塑钢门窗是 20 世纪 50 年代末由德国开发研制的新型建材产品，问世以来经过不断的研究和开发，解决了原料配方、窗型设计、设备、组装工艺及五金配件等一系列技术问题，在各类建筑中得到成功应用。塑钢门窗具有许多优良的性能，成为继木、钢、铝合金之后崛起的新一代建筑门窗。塑钢门窗具有以下特点。

（1）密封性能好。

塑钢门窗的气密性、水密性、隔声性均好。经气密性测试，塑钢门窗在 10 Pa 的压力下，单位缝长渗透小于 0.5 m³/(mh)；水密性的最高压力为 100 Pa，未发生渗漏；塑钢门窗的隔音量可达 32 dB。

（2）保温隔热性好。

由于塑料型材为多腔式结构，其传热系数特小，仅为钢材的 1/357，铝材的 1/1 250，且有可靠的嵌缝材料密封，故其保温隔热性远比其他类型门窗好得多。

（3）耐候性、耐腐蚀性好。

塑料型材采用特殊配方，塑钢门窗可长期使用于温差较大的环境中，烈日暴晒、潮湿都不会使塑钢门窗出现老化、脆化、变质等现象，使用寿命可达 30 年以上。另外，塑钢门窗具有耐水、耐腐蚀的特性，可使用于多雨湿热和有腐蚀性气体的工业性建筑中。

（4）防火性好。

塑钢门窗不自燃、不助燃、能自熄且安全可靠，这一性能更扩大了塑钢门窗的使用范围。

（5）强度高，刚度好，坚固耐用。

由于在塑钢门窗的型材空腔内添加钢衬，增加了型材的强度和刚度，故塑钢门窗能承受较大荷载，且不易变形，尺寸稳定，坚固耐用。

（6）装饰性好。

由于塑钢门窗尺寸工整、缝线规则、色彩艳丽丰富，同时经久不褪色，且耐污染，因而具有较好的装饰效果。

（7）使用维修方便。

塑钢门窗不锈蚀，不褪色，表面不需要涂漆，同时玻璃安装不用油灰腻子，不必考虑腻子干裂问题，所以塑钢门窗在使用过程中基本上不需要维修。

5）塑料管材

塑料材料除用来生产以上塑料制品外，还被大量地用来生产各种塑料管道及配件，在建筑电气安装、水暖安装工程中广泛使用。塑料管材具有以下特点。

（1）优点。

塑料管道与传统的铸铁管、石棉水泥管和钢管相比，具有以下一些优点。

① 质量轻。塑料管的质量轻，密度只有钢、铸铁的 1/7，铝的 1/2，故施工时可大大减轻劳动强度。

② 耐腐蚀性好。塑料管道不锈蚀，耐腐蚀性好，可用来输送各种腐蚀性液体，如在硝酸吸收塔中用硬质 PVC 管已使用 20 年无损坏迹象。

③ 液体的阻力小。塑料管内壁光滑，不易结垢和生苔。在相同压力下，塑料管的流量比铸铁管高 30％，且不易阻塞。

④ 安装方便。塑料管的连接方法简单，如用溶剂黏接、承插连接、焊接等，安装简便迅速。

⑤ 装饰效果好。塑料管可以任意着色，且外表光滑，不易黏污，装饰效果好。

⑥ 维修费用低

（2）缺点。

① 塑料管道所用的塑料大部分为热塑性塑料，耐热性较差，因此不能用作热水供水管道，否则会造成管道变形、泄漏等问题。

② 有些塑料管道，如硬质 PVC 管道的抗冲击性能等机械性能不及铸铁管，因此在安装使用中应尽量避免敲击或搭挂重物。

③ 塑料管的冷热变形比较大，在管道系统的设计中要充分考虑这一点。

塑料管道及配件可在电气安装工程中用于各种电线的敷设套管、各种电器配件（如开关、线盒、插座等）及各种电线的绝缘套等。在水暖安装工程中，上、下水管道的安装主要以硬质管材为主，其配件也为塑料制品；供暖管道的安装主要以新型复合铝塑管为主，多配以专用的金属配件（如不锈钢、铜等）进行安装。

6）玻璃钢

玻璃钢（简称 GRP）是以合成树脂为基体，以玻璃纤维或其制品为增强材料，经成型、固化而成的固体材料。目前，玻璃钢装饰材料采用的合成树脂多为不饱和聚酯，因为它工艺性能好，可制成透光制品，并可在室温常压下固化。玻璃纤维是熔融的玻璃液拉成的细丝，是一种光滑柔软的高强无机纤维，与合成树脂能良好结合而成为增强材料。在玻璃钢中常应用玻璃纤维制品，如玻璃纤维织物或玻璃纤维毡。

玻璃钢装饰制品具有良好的透光性和装饰性，可制成色彩鲜艳的透光或不透光构件，其透光性与 PVC 接近，但具有散光性能，故用作屋面采光板时，室内光线柔和均匀；与硬质 PVC 板材相比，其抗冲击性、抗弯强度、刚性都较好；其强度高（可超过普通碳素钢），质量轻（仅为钢的 1/5～

1/4,铝的 2/3),是典型的轻质高强材料;耐热性、耐老化性、耐化学腐蚀性、电绝缘性均较好,热伸缩较小;其成型工艺简单灵活,可制作造型复杂的构件。玻璃钢制品的最大缺点是表面不够光滑。

玻璃钢因为可以在室温下固化成型,不需加压,所以很容易加工成较大的装饰板材,作为墙面装饰。常用的玻璃钢装饰板材有波形板、格子板和折板等。波形板的抗冲击韧性好、质量轻,被广泛用作屋面板,尤其是采光屋面板;格子板常用作工业厂房屋面的采光天窗;玻璃钢折板是由不同角度的玻璃钢板构成的构件,它本身具有支撑能力,不需要框架和屋架。折板结构是由许多折板构件拼装而成,屋面和墙面连成一片,使建筑物显得新颖别致,可用来建造小型建筑,如候车室、报刊亭、休息室等。

玻璃钢除制作成装饰板外,还可用来制作玻璃钢波形瓦、玻璃钢采光罩、玻璃钢卫生洁具、玻璃钢盒子卫生间等。

常见的塑料制品如图 11-2 所示。

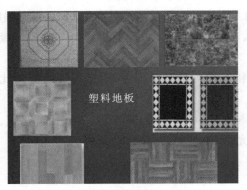

(a) 塑料地板

(b) 塑钢门窗

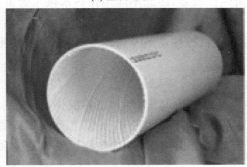

(c) 塑料管材

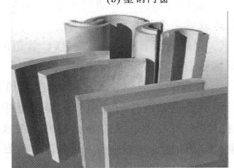

(d) 泡沫塑料板

图 11-2　常见的塑料制品

拓展内容

智能塑料

想象一下爆米花是如何膨大变形的,你就可以理解塑料是如何膨胀变形为各式家具的。具有这种神奇功能的塑料被称为"智能塑料",它能在通电后膨胀成任何形状的家具。

比利时设计师卡尔·德斯梅特发明了一种自组装家具,被称为"智能塑料"。该塑料只要接通电源加热,它就能像爆米花一样,膨胀成任何你想要的形状。如果你对最终出现的椅子或者是桌子的设计不满意,只要通过软件就能重新给它塑形。

德斯梅特称,该技术有望在未来 10 年内进行大规模生产。这种"智能塑料"由形状记忆聚氨酯制成,通过 70 ℃ 高温加热,它能从体积不足最终体积的 5% 膨胀到最终大小。如果最终产品出现破损,可以重新熔化,并在几分钟内形成新物件,破损也将自动愈合。

最理想、最简便的用途无疑是制作家具。如果每个人都去宜家,并购买一套平装家具,最为关键的部分是你需要把它组装到一起。这种智能塑料就是完成这项工作的关键,最终它将会自动组装。把卷在一起的家具买回家,在接通电源后,它就会变成一把椅子。如果不喜欢这种设计,可以重新给它塑形。在搬家时,可以通过加热让这种家具缩回到原有大小。

任务实施

任务 1　调查学校内建筑物的给排水管道的使用情况,并将调查结果填入下列表格。

建筑物名称	塑料名称	应用部位	特性	适用性

任务 2　提供当前应用最多的塑料给排水管的类型、品牌、性能和市场价格,填入下表中。

名称	特性	品牌	单价

课后练习与作业

一、填空题

1. 高分子材料按来源分为(　　　　)和(　　　　)。

2. 建筑塑料具有(　　)、(　　)、(　　)等特点,是工程中应用最广泛的化学建材之一。

3. 塑料一般由(　　)和根据需要加入的各种(　　)组成。

4. 塑料按照受热时性能变化的不同,分为(　　　　)和(　　　　)。

二、选择题

1. 塑料的主要性质取决于(　　)的性质。

A. 填充料　　　　　B. 增塑剂　　　　　C. 合成树脂　　　　　D. 固化剂

2. 热塑性塑料的常用品种有(　　)。

A. 聚乙烯塑料　　　　　B. 聚氯乙烯塑料　　　　　C. 聚苯乙烯塑料　　　　　D. 聚丙烯塑料

三、实践应用

1. 何谓建筑塑料?四大建筑材料包括哪些?

2. 塑料的主要组成及作用如何?

3. 塑料的基本性能有哪些?

4. 试述几种常用建筑塑料的性能及主要用途。

成绩评定单

成绩评定单如表 11-3 所示

表 11-3　成绩评定单

检查项目	分项总分	个人自评(20%)	组内互评(30%)	教师评定(50%)
学习态度	20			
知识掌握	15			
技能应用	15			
任务完成	25			
爱护公物	10			
团队合作	15			
合计	100			

任务 2　建筑涂料的应用

教学目标

知识目标

(1) 掌握建筑涂料的功能及分类。

(2) 了解涂料的组成。

(3) 掌握常用建筑涂料的特性及应用。

能够根据不同工程选用合适的建筑涂料。

学习任务单

任务描述
某公司从开发商处购得一整层高档写字楼,工程总建筑面积约 5 000 m²。该写字楼内墙装修需要选择涂料,但业主缺乏对涂料方面的知识了解,对如何选择涂料左右为难,不知如何下手。你能帮助业主完成这项工作任务么?

咨询清单
(1) 建筑涂料的分类。
(2) 各种不同种类涂料的性能。
(3) 各种不同种类涂料的应用。

成果要求
对建筑市场上的建筑涂料进行调查,将调查结果汇总列表。

完成时间
资讯学习 20 min,任务完成 20 min,评估 10 min。

资讯交底单

建筑涂料简称涂料,是指涂饰于物体表面,能与基体材料很好黏结并形成完整而坚韧保护膜的物料。涂料的作用可以概括为三个方面:保护作用、装饰作用、特殊功能作用。建筑涂料能以其丰富的色彩和质感装饰美化建筑物,并能以其某些特殊功能改善建筑物的使用条件,延长建筑物的使用寿命。同时,建筑涂料具有涂饰作业方法简单、施工效率高、自重小、便于维护更新、造价低等优点。因而建筑涂料已成为应用十分广泛的装饰材料。

一、建筑涂料的功能及分类

1. 建筑涂料的功能

建筑涂料具有装饰功能、保护功能和居住性改进功能。各种功能所占的比重因使用目的不同而不尽相同。

装饰功能是通过建筑物的美化来提高它的外观价值的功能。主要包括平面色彩、图案及光泽方面的构思设计及立体花纹的构思设计。但要与建筑物本身的造型和基材本身的大小和形状相配合,才能充分发挥其装饰功能。

保护功能是指保护建筑物不受环境的影响和破坏的功能。不同种类的被保护体对保护功能要求的内容也各不相同。如室内与室外涂装所要求达到的指标差别就很大。有的建筑物对防霉、防火、保温隔热、耐腐蚀等有特殊要求。

居住性改进功能主要是对室内涂装而言,就是有助于改进居住环境的功能,如隔音性、防结露性等。

2．建筑涂料的分类

建筑涂料种类繁多，其分类方法主要有以下几种。

1）按涂料的形态分类

按涂料的形态分为固态涂料，即粉末涂料；液态涂料：溶剂型涂料、水溶性涂料、水乳型涂料。

2）按涂料的光泽分类

按涂料的光泽分为高光型或有光型涂料、丝光型或半定型涂料、无光型或亚光型涂料。

3）按涂刷部位分类

按涂刷部位分为内墙涂料、外墙涂料、地坪涂料、屋顶涂料、顶棚涂料等。

4）按涂料涂层状态分类

按涂料涂层状态分为平涂涂料、砂壁状涂料、含石英砂的装饰涂料、仿石涂料等。

5）按涂料的特殊性能分类

按涂料的特殊性能分为防腐涂料、汽车涂料、防露涂料、防锈涂料、防水涂料、保湿涂料、弹性涂料等。

二、涂料的组成

涂料中各种不同的物质经混合、溶解、分散而组成涂料。按所起的作用可将组分分为：主要成膜物质、次要成膜物质、辅助成膜物质（溶剂和助剂）。

1．主要成膜物质

涂料所用的主要成膜物质有树脂和油料两类。树脂有天然树脂（虫胶、松香、大漆等）、人造树脂（甘油酯、硝化纤维等）和合成树脂（醇酸树脂、聚丙烯酸酯及其共聚物等）。油料有桐油、亚麻子油等植物油和鱼油等动物油。为满足涂料的各种性能要求，可以在一种涂料中采用多种树脂配合，或与油料配合，共同作为主要成膜物质。

2．次要成膜物质

次要成膜物质是各种颜料，包括着色颜料、体质颜料和防锈颜料三类，它是构成涂膜的组分之一。其主要作用是使涂膜着色并赋予涂膜遮盖力，增加涂膜质感，改善涂膜性能，增加涂料品种，降低涂料成本等。

3．辅助成膜物质

辅助成膜物质主要指各种溶剂（稀释剂）和各种助剂。涂料所用溶剂有两大类：一类是有机溶剂，如松香水、酒精、汽油、苯、二甲苯、丙酮等；另一类是水。助剂是为了改善涂料性能，提高涂膜的质量而加入的辅助材料，如催干剂、增塑剂、固化剂、流变剂、分散剂、增稠剂、消泡剂、防冻剂、紫外线吸收剂、抗氧化剂、防老化剂、防霉剂、阻燃剂。

三、常用建筑涂料

1．外墙涂料

外墙涂料是用于涂刷建筑外立墙面的，所以最重要的一项指标就是抗紫外线照射能力，要求达到长时间照射不变色。

1）性能要求

外墙装饰直接暴露在大自然中，经受风、雨、日晒的侵袭，故要求涂料有耐水、保色、耐污染、耐老化以及良好的附着力，同时还具有抗冻融性好、成膜温度低的特点。

（1）装饰性好：要求外墙涂料色彩丰富且保色性优良，能较长时间保持原有的装饰性能。

（2）耐候性好：外墙涂料，因涂层暴露于大气中，要经受风吹、日晒、盐雾腐蚀、雨淋、冷热变化等作用，在这些外界自然环境的长期反复作用下，涂层易发生开裂、粉化、剥落、变色等现象，使涂层失去原有的装饰保护功能。因此，要求外墙在规定的使用年限内，涂层应不发生上述破坏现象。

（3）耐沾污性好：由于我国不同地区环境条件差异较大，对于一些重工业、矿业发达的城市，由于大气中灰尘及其他悬浮物质较多，易沾污涂层使其失去原有的装饰效果，从而影响建筑物外貌。因此，外墙涂料应具有较好的耐沾污性，使涂层不易被污染或污染后容易清洗掉。

（4）耐水性好：外墙涂料饰面暴露在大气中，会经常受到雨水的冲刷。因此，外墙涂料涂层应具有较好的耐水性。

（5）耐霉变性好：外墙涂料饰面在潮湿环境中易长霉。因此，要求涂膜抑制霉菌和藻类繁殖生长。

（6）弹性要求高：裸露在外的涂料，受气候、地质等因素影响严重。外墙乳胶漆是一种专为外墙设计的涂料，能更好长久地保持墙面平整光滑。

另外，根据设计功能要求不同，对外墙涂料也提出了更高要求：如在各种外墙外保温系统涂层的应用，要求外墙涂层具有较好的弹性延伸率，以更好地适应由于基层的变形而出现面层开裂，对基层的细小裂缝具有遮盖作用；对于防铝塑板装饰效果的外墙涂料还应具有更好的金属质感、超长的户外耐久性等。

2）分类

外墙涂料按照装饰质感分为以下四类。

（1）薄质外墙涂料。

质感细腻、用料较省，也可用于内墙装饰，包括平面涂料及沙壁状、云母状涂料。大部分彩色丙烯酸有光乳胶漆，均系薄质涂料。它是以有机高分子材料为主要成膜物质，加上不同的颜料、填料和骨料而制成的薄涂料。其具有耐水、耐酸、耐碱、抗冻融等特点。

使用注意事项：施工后 4~8 h 避免雨淋，预计有雨则停止施工；风力在 4 级以上时不宜施工；气温在 5 ℃以上方可施工；施工器具不能黏上水泥、石灰等。

（2）复层花纹涂料。

花纹呈凹凸状，富有立体感。复层花纹外墙涂料，是以丙烯酸酯乳液和高分子材料为主要成膜物质的有骨料的新型建筑涂料。分为底釉涂料、骨架涂料、面釉涂料三种。

底釉涂料，起对底材表面进行封闭的作用，同时增加骨料和基材之间的结合力。

骨架材料，是涂料特有的一层成型层，是主要构成部分，它增加了喷塑涂层的耐久性、耐水性及强度。

面釉材料，是喷塑涂层的表面层，其内加入各种耐晒彩色颜料，使其面层带柔和的色彩。按不同的需要，深层分为有光和平光两种。面釉材料起美化喷塑深层和增加耐久性的作用。

其耐候能力好；对墙面有很好的渗透作用，结合牢固；使用不受温度限制，零度以下也可施工；施工方便，可采用多种喷涂工艺；可以按照要求配置成各种颜色。

（3）彩砂涂料。

彩砂涂料以染色石英砂、瓷粒云母粉为主要原料，色彩新颖，晶莹绚丽。彩砂涂料是以丙烯酸共聚乳液为胶黏剂，由高温燃结的彩色陶瓷粒或以天然带色的石屑作为骨料，外加添加剂等多种助剂配置而成。

该涂料无毒，无溶剂污染，快干，不燃，耐强光，不褪色，耐污染性能好。利用骨料的不同组配可以使深层色彩形成不同层次，取得类似天然石材的丰富色彩的质感。彩砂涂料的品种有单色和复色两种。

彩砂涂料主要用于各种板材及水泥砂浆抹面的外墙面装饰。

（4）厚质涂料。

厚质涂料可喷、可涂、可滚、可拉毛，也能做出不同质感花纹。厚质外墙涂料是以有机高分子材料——苯乙烯、丙烯酸、乳胶液为主要成膜物质，加上不同的颜料、填料和骨料而制成的厚涂料。

其特点是耐水性好、耐碱性、耐污染、耐候性好，施工维修容易。

2. 内墙涂料

内墙涂料就是一般装修用的乳胶漆。乳胶漆即乳液性涂料，按照基材的不同，分为聚醋酸乙烯乳液和丙烯酸乳液两大类。乳胶漆以水为稀释剂，是一种施工方便、安全、耐水洗、透气性好的涂料，它可根据不同的配色方案调配出不同的色泽。

1）分类

（1）低档水溶性涂料。

低档水溶性涂料，是聚乙烯醇溶解在水中，再在其中加入颜料等其他助剂而成。为改进其性能和降低成本采取了多种途径，牌号很多，最常见的是 106、803 涂料。该类涂料具有价格便宜、无毒、无臭、施工方便等优点。由于其成膜物是水溶性的，所以用湿布擦洗后总要留下些痕迹，耐久性也不好，易泛黄变色，但其价格便宜，施工也十分方便，目前消耗量仍最大，多为中低档居室或临时居室室内墙装饰选用。

（2）乳胶漆。

乳胶漆，它是一种以水为介质，以丙烯酸酯类、苯乙烯-丙烯酸酯共聚物、醋酸乙烯酯类聚合物的水溶液为成膜物质，加入多种辅助成分制成，其成膜物是不溶于水的，涂膜的耐水性和耐候性比低档水溶性涂料大大提高，湿擦洗后不留痕迹，并有平光、高光等不同装饰类型。

（3）新型的粉末涂料。

新型的粉末涂料，包括硅藻泥、海藻泥、活性炭墙材等，是目前比较环保的涂料。粉末涂料可直接兑水，工艺配合专用模具施工，深受消费者和设计师喜爱。

（4）水性仿瓷涂料。

水性仿瓷涂料，其装饰效果细腻、光洁、淡雅，价格不高，但施工工艺繁杂，耐湿擦性差。水性仿瓷涂料（环保配方）包含方解石粉、锌白粉、轻质碳酸钙、双飞粉、灰钙粉，其特征在于它采用水溶性甲基纤维素和乙基纤维素的混合胶体溶液来作为混合粉料的溶剂；该仿瓷材料中各组成物的主要配比为：方解石粉料 20～25 份，锌白粉 5～15 份，轻质碳酸钙 15～25 份，双飞粉 20～35 份，灰钙粉 15～25 份，蒸馏水 70 份，甲基纤维素 0.6 份，乙基纤维素 0.4 份。水性仿瓷涂料在配方中可掺入适量钛白粉。水性仿瓷涂料在调配和施工中不存在刺激性气味和其他有害物质。

仿瓷涂料不但在家装和墙艺中运用,而且在工艺品中也可以达到很好的效果,用这种涂料喷涂的产品,其仿瓷效果可以达到逼真的程度。

(5)多彩涂料。

多彩涂料十分风行,该涂料的成膜物质是硝基纤维素,以水包油形式分散在水相中,一次喷涂可以形成多种颜色花纹。

(6)液体墙纸。

液体墙纸又称液体壁纸,是流行趋势较大的内墙装饰涂料,效果多样,色彩任意调制,而且可以任意订制效果,相比于其他有超强的耐摩擦、抗污性能,而且工艺配合专用模具施工方便。

2)特点

(1)合成树脂乳液内墙涂料。

这种涂料的特点是可涂刷、喷涂,施工方便;流平性好、干燥快、无味、无着火危险,并且具有良好的保色性和耐擦洗性。还可以在微湿的基础墙体表面上施工,有利于加快施工进度。因此它适用于较高级的住宅内墙装修。

(2)聚乙烯醇水玻璃内墙涂料。

这种涂料具有无毒、无味、涂层干燥快、表面光洁平滑等特点,能形成一层类似无光漆的平光涂膜,具有一定的装饰效果;并能在稍湿的墙面上施工,与墙面有一定的黏结力。但它耐水性差,易起粉脱落,所以属于低档内墙涂料。

(3)卫生灭害虫涂料。

这类涂料是以合成高分子化合物为基料,配以多种高效、低毒的杀虫药剂,再添加多种助剂按特定的合成工艺加工而成。它具有色泽鲜艳、遮盖力强、耐湿擦性能好等优点,同时对蚊、蝇、白蚁、蟑螂等害虫有很好的触杀作用,而对人体无害。除可作为居室内墙装修外,特别适于厨房、食品贮藏室等处的涂饰。

(4)芳香内墙涂料。

这类涂料是以聚乙烯醇为基础原料,经过一系列化学反应制成基料,添加特种合成香料、颜料及其他助剂加工而成的。它具有色泽鲜艳、气味芬芳、清香持久、浓郁无毒、清新空气、驱虫灭菌的特点。香型有茉莉、玫瑰、松针等。

(5)隔声防火涂料。

这类涂料是以合成树脂和无机黏结剂的共聚物为成膜物,配以高效、隔声和阻燃材料及化学助剂复合成的水溶性涂料。它具有隔声、防火、耐老化、耐腐蚀、耐磨、耐水、装饰效果好的特点。

(6)木结构防火涂料。

木结构防火涂料对于室内装修的木结构材料及电线等有火灾隐患的表面进行防火涂料处理是较理想的方法。常用的防火涂料有很多种类。下面仅介绍其中的几种。

① 有机、无机复合发泡型防火涂料。

这类涂料是以无机高分子材料和有机高分子材料复合物为基料配制而成。它具有质轻、防火、隔热、坚韧不脆、装饰性好、施工方便等特点。

② 有机聚合物膨胀防火涂料。

这类涂料是以有机聚合物为成膜基料,加入防火添加剂和化学助剂,在一定的工艺条件下合成为一种单组分水基膨胀型防火涂料。它具有无毒、阻燃性好、耐潮湿、耐老化、保色性好、黏结强度高等特点。特别是它的膨胀发泡倍数高,具有较好的防火效果。

③ 丙烯酸乳胶膨胀防火涂料。

这类涂料是以丙烯酸乳液为黏合剂,与多种防火添加剂配合,以水为介质加上颜料和助剂配制而成的。它具有不燃、不爆、无毒、施工干燥快、阻火阻燃性能突出、颜色多样、可以罩光、耐水、耐油、耐老化等特点。

④ 无机高分子防火涂料。

这类涂料是以改性无机高分子黏结剂为基料,加入防火剂和化学助剂配制而成的水性涂料。它具有防火、无毒、施工方便、成膜性好、附着力强、涂膜硬度高、装饰性能好等特点。

(7) 防霉涂料。

这类涂料是以高分子共聚乳液或钾水玻璃为主要成膜物,加入颜料、填料、低毒高效防霉剂等原料,经加工配制而成。

它具有无毒、无味、不燃、耐水、耐酸碱、涂膜致密、耐擦洗、装饰效果好、施工方便的特点,特别是它对黄曲霉菌等十种霉菌有十分显著的防治效果。所以非常适用于潮湿易产生霉变的环境中的内墙装修。

(8) 瓷釉涂料。

这类涂料是以多种高分子化合物为基料,配以各种助剂、颜料、填料经加工而成的有光涂料。它具有耐磨、耐沸水、耐老化及硬度高等特点。涂膜光亮平整、表面沾污后,可用刷子等工具使用肥皂、洗衣粉、去污粉等擦除。由于它有瓷釉的特点,所以可以涂在卫生间、厨房的内墙上替代瓷砖。还可以涂在水泥制成的卫生洁具(如水泥浴缸)上,使其表面如搪瓷般的光滑。

拓展内容

纳米涂料

纳米技术是当今世界最重要的科学技术之一,并成功运用到航空、航天、医学、化工等各个领域。纳米技术在涂料行业也得到应用和发展,促使涂料更新换代,为涂料成为真正的绿色环保产品开创了突破性的新纪元。纳米涂料已被认定为北京奥运村建筑工程的专用产品,显示出它在建筑领域里的应用价值。纳米涂料必须满足两个条件:

第一,至少有一相尺寸在 1~100 nm;

第二,因为纳米相的存在而使涂料的性能有明显提高或具有新的功能。

其实,纳米涂料应称为纳米复合涂料(nanocomposite coating),因为涂料本身就是复合材料的一种,之所以叫纳米涂料,正如纳米塑料、纳米陶瓷等一样,只是一个习惯叫法而已,纳米技术也能够广泛用于建筑方面,这就是市场上新出的纳米建筑涂料。

传统涂料由于生产工艺的问题,始终难以摆脱混杂污染物的困扰。只有从科技水平上有所突破,改进涂料的生产工艺,才能从源头上杜绝涂料污染。纳米涂料的优点如下。

(1) 产生负离子空气,对人体有保健作用。

(2) 分解和吸收空气中的有害物质,净化空气。

(3) 独特的防霉杀菌功能,更健康。

(4) 超强自洁,轻松去污。

(5) 超强的耐洗刷性。纳米外墙墙面漆的耐洗刷性为 30 000 次以上,而国家合格品的耐洗刷性为 500 次,超过国家标准的 40 倍以上。

（6）超强的耐人工老化性。纳米墙面漆耐人工老化时间超过 1 000 h,而国家外墙漆一等品标准为 400 h 左右。

（7）辐射红外线,具有超强的隔热功能。

任务实施

对建筑市场上的建筑涂料进行调查,将调查结果填入下列表格。

名　　　称	生产厂家、规格	价　　格	特　　　性	用　　　途

课后练习与作业

一、填空题

1. 各种涂料的组成基本上由（　　　　）、（　　　　）、（　　　　）等组成。

2. 涂料按主要的组成成分和使用功能分为（　　　　）和（　　　　）两大类。

3. 建筑涂料按主要成膜物质的化学成分分为（　　　　）、（　　　　）及（　　　　）三类。

4. 建筑涂料对建筑物的功能主要有（　　　　）、（　　　　）和其他特殊功能。

二、选择题

1. 建筑塑料涂覆于建筑物的表面形成涂膜后,使结构材料和环境中的介质隔开,可减缓介质的破坏作用,延长建筑物的使用寿命,属于建筑涂料的（　　　）。

A. 保护功能　　　　　B. 装饰功能　　　　　C. 防水防火功能　　　　　D. 防辐射功能

2. 建筑工程中,适合用作内墙、顶棚涂料的是（　　　）。

A. 水性乙-丙乳胶漆　　　　　　　　B. 乳液型仿瓷涂料

C. 聚合物水泥系涂料　　　　　　　　D. 苯-丙乳胶漆

三、实践应用

1. 何谓建筑涂料?

2. 建筑涂料有哪些功能?

3. 列举几种常用的建筑涂料,说明其特性及用途。

4. 优良的涂料应该具有哪些特点?

5. 涂料的发展方向有哪些?

成绩评定单

成绩评定单如表 11-4 所示

表 11-4　成绩评定单

检查项目	分项总分	个人自评(20%)	组内互评(30%)	教师评定(50%)
学习态度	20			
知识掌握	15			
技能应用	15			
任务完成	25			
爱护公物	10			
团队合作	15			
合计	100			

任务 3　建筑胶黏剂的应用

教学目标

知识目标

（1）了解建筑胶黏剂的概念及分类。

（2）熟悉建筑胶黏剂的基本组成材料。

（3）掌握常用建筑胶黏剂的特性及应用。

技能目标

能够根据不同的建筑工程选用合适的建筑胶黏剂。

学习任务单

任务描述

某学校综合教学楼项目需要用到胶黏剂,师傅要求小王首先对市场上的胶黏剂进行考察,了解各种不同胶黏剂的特点,挑选出合适的材料,确保工程质量。你能帮助小王完成这些工作任务么?

咨询清单

（1）建筑胶黏剂的分类。

（2）各种不同种类胶黏剂的性能。

（3）各种不同种类胶黏剂的应用。

成果要求

将市场上考察的胶黏剂产品信息进行汇总列表。

完成时间

资讯学习40 min,任务完成40 min,评估20 min。

资讯交底单

　　胶接(黏合、黏接、胶结、胶黏)是指同质或异质物体表面用胶黏剂连接在一起的技术,具有应力分布连续、质量轻、可密封、多数工艺温度低等特点。胶接特别适用于不同材质、不同厚度、超薄规格和复杂构件的连接。胶接近代发展最快,应用行业极广,并对高新技术进步和人民日常生活改善有重大影响。因此,研发、开发和生产各类胶黏剂十分重要。

一、组成

1. 黏结物质

　　黏结物质也称黏料,它是胶黏剂中的基本组分,起黏结作用。其性质决定了胶黏剂的性能、用途和使用条件。一般多用各种树脂、橡胶类及天然高分子化合物作为黏结物质。

2. 固化剂

　　固化剂是促使黏结物质通过化学反应加快固化的组分。有的胶黏剂中的树脂(如环氧树脂)若不加固化剂,其本身不能变成坚硬的固体。固化剂也是胶黏剂的主要组分,其性质和用量对胶黏剂的性能起着重要的作用。

3. 增韧剂

　　增韧剂是为了改善黏结层的韧性、提高其抗冲击强度的组分。常用的增韧剂有邻苯二甲酸二丁酯和邻苯二甲酸二辛酯等。

4. 稀释剂

　　稀释剂又称溶剂,主要起降低胶黏剂黏度的作用,以便于操作、提高胶黏剂的湿润性和流动性。常用的稀释剂有机溶剂有丙酮、苯和甲苯等。

5. 填料

　　填料一般在胶黏剂中不发生化学反应,它能使胶黏剂的稠度增加、热膨胀系数降低、收缩性减少、抗冲击强度和机械强度提高。常用的填料有滑石粉、石棉粉和铝粉等。

6. 改性剂

　　改性剂是为了改善胶黏剂的某一方面性能,以满足特殊要求而加入的一些组分,如为增加胶接强度,可加入偶联剂,还可以加入防腐剂、防霉剂、阻燃剂和稳定剂等。

二、胶黏剂的分类

胶黏剂的种类繁多,按不同的标准对胶黏剂进行简单的分类如下。

1. 按黏结物质的性质分类

1) 无机胶黏剂

无机胶黏剂包括硅酸盐、磷酸盐、硼酸盐、陶瓷类及低熔点金属类。

2) 有机胶黏剂

有机胶黏剂包括天然系与合成系。其中天然系包括淀粉系类、蛋白系类、天然树脂系类、天然橡胶系列、沥青系类;合成系包括树脂型、橡胶型(氯丁橡胶、丁腈橡胶、丁苯橡胶、丁基橡胶、聚硫橡胶、羧基橡胶、有机硅橡胶、热塑性橡胶)及复合型。其中树脂型包括热塑性类(聚醋酸乙烯、聚乙烯醇、聚乙烯醇缩醛类、聚丙烯酸酯类、纤维素类、饱和聚酯、聚氨酯等)及热固性类(脲醛树脂、蜜醛树脂、酚醛树脂、间苯二酚甲醛树脂、环氧树脂、不饱和聚酯等)。

2. 按强度特性分类

1) 结构型胶黏剂

这种胶黏剂必须具有足够的黏接强度,不仅要求它有足够的剪切强度,且要求它有较高的不均匀扯离强度,能使黏接接头在长时间内承受振动、疲劳和冲击等各项载荷,同时要求这种胶黏剂必须具有一定的耐热性、耐候性,使黏结接头在较为苛刻的条件下进行工作。

2) 非结构型胶黏剂

这种胶黏剂的特点是在较低的温度下剪切强度、拉伸强度和刚性都比较高,但在一般情况下,随温度的升高,胶层容易发生蠕变现象,从而使黏接强度急剧下降。这类型的胶黏剂主要应用于黏接强度不太高的非结构部件。

3) 次结构型胶黏剂

这种胶黏剂具有结构型胶黏剂与非结构型胶黏剂之间的特性,它能承受中等程度的载荷。

3. 按固化条件分类

1) 溶剂型

溶剂从黏接面挥发或由被黏物吸收,形成黏接膜而产生接合力,是一种物理可逆过程。

主要胶黏剂种类有:酚醛树脂、脲醛树脂、环氧树脂、聚异氰酸酯等合成热固性材料胶;聚乙酸乙烯酯、聚乙烯-乙酯乙烯酯、丙烯酸酯、聚苯乙烯类、醇酸树脂、饱和聚酯、纤维素类等合成热塑性材料胶;氯丁橡胶、再生橡胶、丁苯橡胶、氰基橡胶等橡胶型胶黏剂。

2) 反应型

在主体化合物中加入催化剂,由不可逆的化学反应引起固化。按配制方法和固化工艺条件,可分为单组分、双组分、三组分,以及室温固化、加热固化等形式。

主要胶黏剂种类有:酚醛树脂、脲醛树脂、环氧树脂、不饱和聚酯、聚异氰酸酯、丙烯酸双酯、有机硅、聚苯并咪唑、聚酰亚胺等合成热固性材料胶;氰基丙烯酸酯、聚氨酯等合成热塑性材料胶;聚硫橡胶、硅橡胶、聚氨酯橡胶等橡胶型胶黏剂;环氧-酚醛、环氧-聚硫橡胶、环氧尼龙等热固性、热塑性材料与弹性复合而成的复合型胶黏剂。

3）热熔型

以热塑性高聚合材料为主要成分，不含水或溶剂的粒状、柱状、块状、棒状、带状或线状固体聚合物，通过加热熔融黏接，随后冷却固化产生接合力。牛皮胶、沥青、石蜡等早有应用，但随着涂胶设备及工艺的发展，热熔型胶黏剂有很大的发展。

主要胶黏剂种类有：聚乙酸乙烯、醇酸树脂、聚苯乙烯、聚丙烯酸酯、纤维素类等合成热塑性材料胶；丁基橡胶；松香、虫胶、牛皮胶等天然胶；还有石蜡、微晶石蜡、聚乙烯、聚丙烯、萜烯树脂等。

三、常用胶黏剂

1. 热塑性合成树脂胶黏剂

1）聚乙烯醇缩甲醛类胶黏剂

其黏强强度较高，耐水性、耐油性、耐磨性及抗老化性较好。主要用于粘贴壁纸、墙布、瓷砖等，可用于涂料的主要成膜物质，或用于拌制水泥砂浆，能增强砂浆层的黏结力。

2）聚醋酸乙烯酯类胶黏剂

该胶黏剂拥有常温固化快、黏结强度高、黏结层的韧性和耐久性好、不易老化、无毒、无味、不易燃爆、价格低，但耐水性差的特点。广泛用于粘贴壁纸、玻璃、陶瓷、塑料、纤维织物、石材、混凝土、石膏等各种非金属材料，也可作为水泥增强剂。

3）乙烯醇胶黏剂（胶水）

这是一种水溶性胶黏剂，无毒、使用方便、黏结强度不高。可用于胶合板、壁纸、纸张等的胶接。

2. 热固性合成树脂胶黏剂

1）环氧树脂类胶黏剂

其黏结强度高、收缩率小、耐腐蚀、电绝缘性好、耐水、耐油。用于黏接金属制品、玻璃、陶瓷、木材、塑料、皮革、水泥制品、纤维制品等。

2）酚醛树脂类胶黏剂

其黏结强度高、耐疲劳、耐热、耐气候老化。用于黏接金属、陶瓷、玻璃、塑料和其他非金属材料制品。

3）聚氨酯类胶黏剂

其黏附性好、耐疲劳、耐油、耐水、耐酸、韧性好、耐低温性能优异、可室温固化，但耐热差。适用于胶接塑料、木材、皮革等，特别适用于防水、耐酸、耐碱等工程中。

3. 合成橡胶胶黏剂

1）氯丁橡胶胶黏剂

其黏附力、内聚强度高，耐燃、耐油、耐溶剂性好。用于结构黏接或不同材料的黏接。如橡胶、木材、陶瓷、石棉等不同材料的黏接。

2）聚硫橡胶胶黏剂

聚硫橡胶胶黏剂拥有很好的弹性和黏附性。耐油、耐候性好,对气体和蒸气不渗透,防老化性好。一般作密封胶及用于路面、地坪、混凝土的修补、表面密封和防滑。还可用于海港、码头及水下建筑物的密封。

3）硅橡胶胶黏剂

硅橡胶胶黏剂拥有良好的耐紫外线、耐老化性,耐热、耐腐蚀性,黏附性好,防水防震。用于金属、陶瓷、混凝土、部分塑料的黏接。尤其适用于门窗玻璃的安装以及隧道、地铁等地下建筑中瓷砖、岩石接缝间的密封。

拓展内容

建筑胶黏剂的新技术

1. 纳米技术

纳米技术是 21 世纪颇具发展前途的新技术,将一些纳米材料加入到胶黏剂中,使黏接强度、韧性、耐热性、耐老化性和密封效果都大幅提高。

2. 共混与复合技术

不同材料按适当比例混合,可有效地将各基料的优良性能综合起来,从而得到比单一基料性能更好的胶黏剂和密封剂。这种共混方法具有协同效应,起到相得益彰的作用。

3. 生物工程技术

利用生物技术制造胶黏剂势在必行,可以产出类似贻贝液的胶黏剂,用于高耐水环境和海洋工程中。

4. 可降解技术

研究开发可生物降解的胶黏剂,减少某些胶黏剂对生态环境的危害,可降解胶黏剂将会迅速发展。

5. 清洁生产技术

胶黏剂和黏接技术也要适应环保要求,走可持续发展道路,不用有毒有害原材料,从源头控制,实现"零排放",生产环境较好的胶黏剂,应当采用清洁生产技术生产出清洁产品,更要采用清洁黏接工艺巩固清洁效果。

6. 辐射固化技术

辐射技术是 20 世纪 70 年代以来开发的一种全新绿色技术,是指经过紫外光、电子束的照射,使液相体系瞬间聚合、交联固化的过程。具有快速、高质量、低能耗、无污染、适合连续化生产等独特优点,被誉为面向 21 世纪的绿色工业技术。

任务实施

将市场上考察的胶黏剂产品信息进行汇总列表。

名　称	生产厂家、规格	价　格	特　性	用　途

课后练习与作业

一、填空题

1. 按固化条件的不同,胶黏剂可分为(　　　　)、(　　　　)和(　　　　)。

2. 目前使用的胶黏剂,主要由(　　　)、(　　　)、(　　　)和(　　　)组成。

二、选择题

1. 下列属于热熔型胶黏剂的是(　　　)。

A.聚苯乙烯　　　　　B.环氧树脂　　　　　C.醋酸乙烯　　　　　D.丁基橡胶

2. 下列不属于热固性树脂胶黏剂的是(　　　)。

A.环氧树脂胶黏剂　　　　　　　　　B.酚醛树脂胶黏剂

C.聚硫橡胶胶黏剂　　　　　　　　　D.聚氨酯胶黏剂

三、实践应用

1. 如何选用合适的胶黏剂?

2. 如何提高胶黏剂在工程中的黏结强度?

3. 列举几种常用的建筑胶黏剂,说明其特性及用途。

4. 胶接有哪些突出的优越性?

成绩评定单

成绩评定单如表11-5所示

表11-5　成绩评定单

检查项目	分项总分	个人自评(20%)	组内互评(30%)	教师评定(50%)
学习态度	20			
知识掌握	15			
技能应用	15			
任务完成	25			
爱护公物	10			
团队合作	15			
合计	100			

参 考 文 献

[1] 汪绯.建筑材料[M].北京:化学工业出版社,2015.

[2] 郭秋兰.建筑材料[M].2版.哈尔滨:哈尔滨工业大学出版社,2013.

[3] 谭平.建筑材料[M].2版.北京:北京理工大学出版社,2014.

[4] 闫宏生.建筑材料检测与应用[M].2版.北京:机械工业出版社,2015.

[5] 陈玉萍.建筑材料[M].武汉:华中科技大学出版社,2010.

[6] 杜兴亮.建筑材料[M].北京:中国水利水电出版社,2009.

[7] 魏鸿汉.建筑材料[M].4版.北京:中国建筑工业出版社,2012.

[8] 徐友辉.建筑材料[M].成都:西南交通大学出版社,2010.

[9] 邓荣榜,徐国强.建筑材料[M].广州:华南理工大学出版社,2014.

[10] 王鳌杰,许丽丽.建筑材料试验实训[M].西安:西北工业大学出版社,2012

[11] JC/T 479—2013.建筑生石灰[S].北京:中国标准出版社,2013.

[12] JC/T 481—2013.建筑消石灰[S].北京:中国标准出版社,2013.

[13] GB/T 9776—2008.建筑石膏[S].北京:中国标准出版社,2008.

[14] GB 175—2007.通用硅酸盐水泥[S].北京:中国标准出版社,2007.

[15] GB/T 12573—2008.水泥取样方法[S].北京:中国标准出版社,2008.

[16] GB/T 1345—2005.水泥细度检测方法(筛析法)[S].北京:中国标准出版社,2005.

[17] GB/T 8074—2008.水泥比表面积测定方法(勃氏法)[S].北京:中国标准出版社,2008.

[18] GB/T 1346—2011.水泥标准稠度用水量、凝结时间、安定性检验方法[S].北京:中国标准出版社,2011.

[19] GB/T 17671—1999.水泥胶砂强度检验方法(ISO法)[S].北京:中国标准出版社,1999.

[20] GB/T 14684—2011.建筑用砂[S].北京:中国标准出版社,2011.

[21] GB/T 14685—2011.建设用卵石、碎石[S].北京:中国标准出版社,2011.

[22] GB/T 50080—2002.普通混凝土拌合物性能试验方法标准[S].北京:中国标准出版社,2002.

[23] GB/T 50081—2002.普通混凝土力学性能试验方法标准[S].北京:中国标准出版社,2002.

[24] JGJ 55—2011.普通混凝土配合比设计规程[S].北京:中国标准出版社,2011.

[25] GB/T 50701—2010.混凝土强度检验评定标准[S].北京:中国标准出版社,2010.

[26] JGJ/T 70—2009.建筑砂浆基本性能试验方法标准[S].北京:中国建筑工业出版社,2009.

[27] JGJ/T 98—2010.砌筑砂浆配合比设计规程[S].北京:中国建筑工业出版社,2010.

[28] GB/T 700—2006.碳素结构钢[S].北京:中国标准出版社,2006.

[29] GB/T 1591—2008.低合金高强度结构钢[S].北京:中国标准出版社,2008.

[30] GB/T 699—2015.优质碳素结构钢[S].北京:中国标准出版社,2015.

[31] GB 1499.1—2008.钢筋混凝土用钢 第1部分:热轧光圆钢筋[S].北京:中国标准出版社,2008.

[32] GB 1499.2—2007.钢筋混凝土用钢 第2部分:热轧带肋钢筋[S].北京:中国标准出版社,2008.

[33] GB 13788—2008.冷轧带肋钢筋[S].北京:中国标准出版社,2008.

[34] GB/T 5223—2014.预应力混凝土用钢丝[S].北京:中国标准出版社,2014.

[35] GB/T 5224—2014.预应力混凝土用钢绞线[S].北京:中国标准出版社,2014.

[36] GB 5101—2003.烧结普通砖[S].北京:中国标准出版社,2003.

[37] GB 13544—2011.烧结多孔砖和多孔砌块[S].北京:中国标准出版社,2011.

[38] GB 13545—2014.烧结空心砖和空心砌块[S].北京:中国标准出版社,2014.

[39] GB 11968—2006.蒸压加气混凝土砌块[S].北京:中国标准出版社,2006.

[40] GB 326—2007.石油沥青纸胎油毡[S].北京:中国标准出版社,2007.

[41] GB/T 14686—2008.石油沥青玻璃纤维油毡[S].北京:中国标准出版社,2008.

[42] JC/T 84—1996.石油沥青玻璃布油毡[S].北京:中国标准出版社,1996.

[43] JC/T 690—2008.沥青复合胎柔性防水卷材[S].北京:中国标准出版社,2008.

[44] GB 18173.1—2012.高分子防水材料[S].北京:中国标准出版社,2012.

[45] JC/T 690—2008.沥青复合胎柔性防水卷材[S].北京:中国标准出版社,2008.

[46] GB 18243—2008.塑性体改性沥青防水卷材[S].北京:中国标准出版社,2008.

[47] GB 18242—2008.弹性体改性沥青防水卷材[S].北京:中国标准出版社,2008.

[48] GB 23441—2009.自黏聚合物改性沥青防水卷材[S].北京:中国标准出版社,2009.

[49] GBT 23457—2009.预铺湿铺防水卷材[S].北京:中国标准出版社,2009.